三维形状几何处理和交互式造型技术

缪永伟　赵　勇　著

科学出版社

北京

内 容 简 介

本书对三维形状几何处理和交互式造型的一些核心技术进行了详细介绍，包括三维形状的光顺去噪、三维形状的简化和重采样、三维形状的修复与拼接、三维形状的极值线绘制与交互着色、三维形状的交互式生成、三维形状的交互式编辑造型、三维形状的空间变形、三维形状的网格变形等，这些内容初步构成了一个较完整的三维形状数字几何处理框架，书中所提出算法下实现的大量应用实例验证了算法的有效性、实用性和通用性。

本书可以作为高等学校计算机、应用数学、机械工程、电子信息、工业设计、航空航天等专业高年级本科生或研究生的参考书，也可供计算机图形学、计算机辅助设计、计算机视觉、数字娱乐、文物保护等领域的科技人员阅读。

图书在版编目（CIP）数据

三维形状几何处理和交互式造型技术 / 缪永伟，赵勇著. — 北京：科学出版社，2020.5

ISBN 978-7-03-064794-8

Ⅰ. ①三… Ⅱ. ①缪… ②赵… Ⅲ. ①几何造型-研究 Ⅳ. ①TP391.41

中国版本图书馆 CIP 数据核字 (2020) 第 058699 号

责任编辑：任 静 / 责任校对：王 瑞
责任印制：师艳茹 / 封面设计：迷底书装

科 学 出 版 社 出版
北京东黄城根北街 16 号
邮政编码：100717
http://www.sciencep.com
天津市新科印刷有限公司 印刷
科学出版社发行 各地新华书店经销

*

2020 年 5 月第 一 版 开本：720×1 000 B5
2020 年 5 月第一次印刷 印张：16 插页：6
字数：320 000
定价：139.00 元
（如有印装质量问题，我社负责调换）

前　言

随着获取三维数据的计算机硬件设备和软件技术的不断发展，加上与计算机网络技术的日益融合，三维数字几何模型在工业设计、逆向工程、建筑机械设计、航空航天模拟、医学辅助诊断、文物数字化保护、影视娱乐等领域得到了广泛的应用，已经产生了越来越深远的影响。面向三维几何数据的数字几何处理已成为计算机图形学、计算机辅助设计、计算机视觉、数字信号处理等学科的前沿研究领域和热门课题。在这一领域中，新概念、新理论、新技术、新算法、新工具正在不断涌现、方兴未艾，人们有理由相信三维数字几何作为一种崭新的数字化媒体将改变现代数字多媒体和网络通信的基础结构，进而影响到社会生活的各个方面。

由于三维数字扫描仪几何获取能力的不断增强，将现实世界中高度复杂的物体数字化成三维几何模型已经成为可能，特别是现代三维扫描设备(如激光测距扫描仪、光学扫描仪、深度相机等)获取的三维数字几何普遍出现并得到了广泛使用。为了构建理想的三维场景，通常需要对从现实世界获取的或手工生成的原始数据作适当处理，这就涉及三维物体表示的几何处理和形状造型。众多的三维形状表示方式中，多边形网格模型和离散点云模型由于数据形式简单、表达精度高、具有相应的图形硬件支持等优点，已经成为三维数字几何处理的主流表达方式，本书主要介绍三维网格模型和离散点云模型表示的三维形状几何处理与交互式造型的一系列理论、方法和技术。

面向以多边形网格表示的三维网格模型和以离散采样点表示的三维点云模型的数字几何处理，结合作者多年来从事三维形状数字几何处理的研究成果，本书对三维形状几何处理和交互式造型的一些核心技术进行了详细介绍，内容主要包括三维形状的光顺去噪、三维形状的简化和重采样、三维形状的修复与拼接、三维形状的极值线绘制与交互着色、三维形状的交互式生成、三维形状的交互式编辑造型、三维形状的空间变形、三维形状的网格变形等，这些内容初步构成了一个较完整的三维形状数字几何处理框架，书中所提出算法下实现的大量应用实例验证了算法的有效性、实用性和通用性。

本书受国家自然科学基金项目(61972458、61303145)和杭州市钱江特聘专家计划(杭州师范大学)资助出版。在本书的编写过程中，得到浙江大学彭群生教授、冯结青教授、金小刚教授等计算机图形学专家的大力支持和指导。在此，特向多年来关心和支持我们开展计算机图形学研究的专家和学者表示衷心感谢。

由于作者水平有限，书中的疏漏在所难免，望读者能够给予批评指正。

作　者

2020 年 1 月于杭州

目　录

彩图

第 1 章 绪 论

随着工业设计、逆向工程、建筑机械设计、航空航天模拟、医学辅助诊断、文物数字化保护、影视娱乐等应用需求的推动，围绕三维数字几何数据的研究越来越受到学术界和工业界的广泛关注。计算机图形学、计算机辅助设计、计算机视觉、数字信号处理等各个相关科研领域的研究成果，为获取具有高度真实感的三维数字模型提供了众多有效的解决方案。

一般来说，三维数字模型的获取方法包括几何造型方法、基于图像的建模方法、基于三维扫描的方法等。利用传统的几何造型技术对三维模型直接进行设计，并把模型表示为 NURBS 曲面、三角形网格、四边形网格、细分曲面等形式，工业设计中则体现为组件的设计、制造、组装、性能测试等，每个组件都保留有原始的设计图，其优点在于可对未知物体比如机械零部件、建筑物组件等的设计加入个性化的创意，而缺点在于该方法很难通过这些简单的曲线曲面设计来表示一个现实生活中已经存在的具有丰富细节的三维物体，比如雕像、人脸、古董等。鉴于这些困难，人们提出通过相机获取单张或多张照片，然后基于这些照片重建三维物体几何信息的方法，简称为基于图像的建模方法。基于图像的建模方法对于规则的物体，特别是大型的、结构简单的建筑物几何形状获取和估计具有较大应用价值，结合图像配准、参数化、基于图像的绘制等技术，可以实现大型场景的建模和虚拟漫游，但是对于具有精致的表面细节和几何信息丰富的三维物体，该类方法无法精确重建几何细节。对于这类具有丰富表面细节的三维物体几何获取与重建，利用扫描设备(如激光测距扫描仪、光学扫描仪、深度相机等)获取其三维数字模型是较为有效的方法。随着三维扫描仪硬件设备和处理软件地不断更新，以三维扫描仪为硬件基础的三维数据获取系统既可获取扫描对象的几何信息又可获得其表面纹理与颜色信息，另一方面硬件价格的不断下降也为三维扫描技术的推广和普及带来了机遇。

随着工业界应用需求的不断增加以及数字化生产与消费的长期驱动，三维数字几何模型大量出现并被广泛使用，从而推动着学术界对三维数字模型的获取、存储、几何处理、编辑造型、真实感绘制等开展研究，导致了新的研究领域——数字几何处理(Digital Geometry Processing，DGP)的产生与快速发展(Botsch et al.，2007；周昆，2002；缪永伟，2007，2009；赵勇，2009；缪永伟等，2014)。这门从 20 世纪 90 年代中后期发展起来的学科，现已成为计算机图形学、计算机辅助设计、计算机视觉的一门交叉学科。

1.1　三维形状的表示

由于三维数字扫描仪几何获取能力的不断增强，将现实世界中高度复杂的物体数字化成三维几何模型已经成为可能，特别是现代三维扫描设备(如激光测距扫描仪、光学扫描仪、深度相机等)获取的三维数字几何普遍出现并得到了广泛使用。为了构建理想的三维场景，通常需要对从现实世界获取的或手工生成的原始数据进行适当处理，这就涉及三维物体表示的几何处理和形状造型。

如何在计算机中表示一个真实的三维物体？需要我们确定三维数字模型的表示方式，这是数字几何处理所面临的一个最基本的问题。选择一种适当的模型表示方式对后期的几何处理操作至关重要。为了满足各种不同的应用需求，研究人员提出了各种各样的三维数字模型表示方式，如参数曲面、隐式曲面、细分曲面、多边形网格模型、离散点云模型等(Edward，2005)。

(1)参数曲面表示：包括 Bezier 曲面表示、B 样条曲面表示、非均匀有理 B 样条曲面(NURBS)表示等(王国瑾等，2001)。参数曲面被广泛地应用于计算机辅助设计领域，如机械设计制造、汽车零部件设计等。以非均匀有理 B 样条曲面 NURBS 为例，它已经成为一种计算机辅助设计(CAD)的行业标准，用户可以通过操纵控制顶点来方便地调节所设计曲面的局部形状和曲面外形。

(2)隐式曲面表示：包括径向基函数(Radial Basis Function)(Ohtake et al.，2003)、水平集(Level Set)(Osher et al.，1988)、距离场(Distance Field)(Jones et al.，2006)等。隐式曲面主要应用于曲面重建、形状边界提取、医学辅助诊断等领域。以水平集为例，它是处理封闭运动界面在随时间的演化过程中出现拓扑改变的有效工具。

(3)细分曲面表示：细分曲面定义为一个无穷细化过程的极限。细分曲面由 Edwin Catmull 和 Jim Clark 以及 Daniel Doo 和 Malcom Sabin 在 1978 年同时引入，其中最基本的概念是细分(Subdivision)(Zorin et al.，2000)。从初始的多边形网格出发，根据一定的细分规则，通过反复细分可以生成一系列多边形网格，最终趋向于细分曲面。每个细分步骤将产生一个新的具有更多多边形元素并且更加光滑的网格表示。

(4)网格模型表示：包括三角形网格模型、四边形网格模型等(Botsch et al.，2007)。多边形网格模型是目前常用的模型表示方式之一，它是对三维物体的一种离散近似和离散表示。一般来说，三维物体的多边形网格模型至少包含几何位置和拓扑关系这两部分信息，除此之外，还可能包含纹理坐标、法向、材质等信息。图 1-1 给出了几个三维物体的多边形网格模型示例。多边形网格模型被广泛地应用于计算机图形学的各个领域，如虚拟现实、影视动画、真实感绘制等，而且也是众多商业软件(如 Maya、3DSMAX、Wavefront 等)支持的数据格式。

图 1-1　多边形网格模型示例(周昆，2002)

(5)点云模型表示：点云模型是通过扫描真实物体并获取其表面大量离散采样点得到的，其由成千上万的离散点元组成且通常并不包含任何拓扑信息。作为目前常用的模型表示方式之一，离散点云模型适合于表示形状高度复杂且采样率很高的三维物体或三维场景，例如雕塑、古董、室内场景等。点云模型最早是在绘制领域得到了人们的关注(Levoy et al.，1985)，主要是由于在绘制高分辨率的三维模型时，传统网格模型的多个面片会被投影到一个像素上从而在绘制时将失去意义，而且存储规模庞大的拓扑信息也需要巨大的开销。点云模型的研究在随后几年得到了很大的发展(胡国飞，2005；苗兰芳，2005；肖春霞，2006；缪永伟，2007；Gross et al.，2007)，但是缺乏拓扑信息会给一些几何处理操作带来困难，例如形状变形、形状插值等。

特别地，在众多的三维形状表示方式中，网格模型和点云模型已经成为三维数字几何处理的主流表达方式，这主要是因为它具有以下三方面的优势：

(1)数据形式简单。网格模型表示形状时只需要记录顶点的几何位置和以面片为索引的拓扑关系，点云模型则直接利用离散采样点数据表示形状，这非常便于计算机的读取和处理。

(2)表达精度高。网格模型和点云模型可以非常精准地逼近形状复杂且拓扑任意的物体，表达的精度由网格顶点数目或采样点个数决定。

(3)具有相应的图形硬件支持。

下面将对其中几种三维模型表示方式进行具体介绍。

1.1.1　参数曲线曲面表示

参数曲线曲面表示中，张量积样条曲面表示是当今计算机辅助设计和 CAD 系统中常用的标准曲面表示形式，其中典型的有非均匀有理 B 样条(Non-uniform Rational B-Spline，NURBS)曲面。NURBS 曲面经常用于构建高质量曲面以及自由形态曲面的编辑任务方面(王国瑾等，2001)。

作为 NURBS 曲面的特殊形式，样条曲面可以方便地用分段多项式或有理 B 样条基函数 $N_i^n(\cdot)$ 描述。一个双 n 阶张量积样条曲面 $f(u,v)$ 是一个分段多项式曲面，

它是通过光滑 C^{n-1} 方式连接多个多项式面片而建立的，其中矩形分段由 2 个节点向量 $\{u_0,\cdots,u_{m+n}\}$ 和 $\{v_0,\cdots v_{k+n}\}$ 定义，并通过

$$f:[u_n,u_m]\times[v_n,v_k]\to\mathbb{R}^3$$

$$(u,v)\mapsto\sum_{i=0}^{m}\sum_{j=0}^{k}\boldsymbol{p}_{ij}N_i^n(u)N_j^n(v)$$

获得整个样条曲面。其中控制点 $\boldsymbol{p}_{ij}\in\mathbb{R}^3$ 定义了所谓的样条曲面控制网格。由于 $N_i^n(u)\geq0$ 和 $\sum_i N_i^n(u)\equiv1$，每个表面点 $f(u,v)$ 是控制点 $\boldsymbol{p}_{ij}$ 的凸组合，即表面位于控制网格的凸包内。由于基函数的最小支撑性，每个控制点只具有局部影响。这两个性质使样条曲面紧密跟随控制网格，从而为通过调整其控制点建立曲面形状提供了一个几何直观的方式。

作为参数化映射 f 下矩形域的对象，张量积曲面始终表示嵌入在 $\mathbb{R}^3$ 中的矩形曲面片。如果用样条曲面表示更复杂拓扑结构的形状，则必须将模型分解为若干(可能经过修剪)张量积曲面片。由于这些拓扑约束，典型的 CAD 模型通常由大量的曲面片组成。为了表示高质量、全局平滑的曲面，这些面片必须以平滑的方式连接，从而导致在整个曲面处理阶段都必须给出额外的几何约束。大量曲面片以及由此产生的拓扑和几何约束使曲面构造变得非常复杂，特别是后期的曲面建模任务。经典张量积样条表示的另一个缺点是，只能通过分割参数间隔 $[u_i,u_{i+1}]$ 或 $[v_j,v_{j+1}]$ 来添加更多的控制顶点(精细化)，而这分别会影响控制网格的整行或整列。为了改善这种情况，T 样条是一种选择，因为它们可以实现控制网格的局部细化(Thomas et al., 2003)。

1.1.2 隐式曲面表示

三维数字模型的隐式表示或体表示的基本思想是通过每个三维空间点是位于曲面内、曲面外、曲面上，从而描绘物体的整个嵌入空间。

隐式函数有不同的表示，如代数曲面、径向基函数或离散体素化。在任何情况下，曲面 S 被定义为一个标量值函数 $F:\mathbb{R}^3\to\mathbb{R}$ 的零级等值面。按照惯例，函数 F 的负函数值表示物体内部的点，而正函数值表示物体外部的点；零级等值面 S 包含曲面上的点，将内部与外部分离。只要定义函数 F 是连续的，隐式曲面就没有任何孔洞。此外，由于隐式曲面是一个势函数的水平集，因此不会发生几何自相交，几何内部/外部的判断简化为函数 F 的函数求值和检查结果值的符号。这使得隐式表示非常适合于构造实体几(Constructive Solid Geometry，CSG)，其中复杂对象可以通过几何基元的布尔运算构造，如图 1-2 所示。在基于隐式曲面的几何构造中，不同的布尔运算可以很容易地通过基元隐式函数的相应运算组合来计算。

图 1-2　由布尔运算构成的复杂对象(Botsch et al.，2006)

隐式曲面可以通过局部减小(即增长)或增大(即收缩) F 的函数值来变形。由于 F 的结构(如体素网格)独立于水平集曲面的拓扑结构，我们可以很容易地改变曲面的拓扑结构和连通性。对于给定的曲面 S，其隐式函数 F 不是唯一确定的，因为乘以任意倍数后 λF 可以产生相同的零点集。然而，最常见和最自然的表示是所谓的有符号距离函数，它将每个三维空间点 x 映射为其到曲面 S 的有符号距离 $d(x)$，其中绝对值 $|d(x)|$ 表示 x 到 S 的距离，而符号表示点 x 是在由 S 包围的实体的内部还是外部。除了内部/外部的判断，这种表示还将距离计算简化为简单的函数计算，可用于计算和控制网格处理算法的全局误差(Wu et al.，2003)，或用于碰撞检测计算。

然而，在隐式曲面上生成采样点、查找测地邻域，甚至仅仅绘制曲面，却相对比较困难。此外，隐式曲面不提供任何参数化方法，因此很难将纹理一致地粘贴到隐式曲面上。隐式曲面表示最常见的空间数据结构是规则栅格和自适应数据结构。

1) 规则栅格

为了有效地处理隐式曲面表示，经典的方法是使用具有足够稠密节点 $g_{ijk} \in \mathbb{R}^3$ 的栅格对连续标量场 F 在物体的包围盒中进行离散。因此，最基本的表示形式是由采样值 $F_{ijk} = F(g_{ijk})$ 组成的规则栅格，其中体素中的函数值则通过三线性插值得到，从而能够提供二次逼近能力。但是，如果通过减少栅格体素的边长来提高表示精度，这种基本数据结构的内存消耗将会呈三次方增长。

2) 自适应数据结构

为了减少内存消耗，采样密度通常要和标量场 F 中的局部几何信息相适应：既然只在曲面附近才需要比较精确的有符号距离值，那么就可以仅在这些区域使用较高的采样率。因此，可以使用多层次八叉树来存储采样值，而不是均匀采样的三维栅格(Samet，1994)，进一步细化完全位于物体内部(黑色)或外部(白色)的八叉树腔胞不会提高对曲面 S 的逼近程度。细化过程中，仅对与曲面相交的腔胞(灰色)进行自适应细化，能够生成包裹曲面的叶子腔胞外壳，并将存储复杂度从三次方降低到二次方，如图 1-3 (a)所示。这种结构被称为三色八叉树，因为它由黑色、白色和灰色的腔胞组成。有些腔胞的三线性插值结果和实际距离场的差别会超过给定的阈值，如果将局部细化限制在这些腔胞上，那么得到的逼近结果能够很好地体现曲面的局部形状

(Frisken et al.，2000)，如图 1-3(b)。由于只有在曲率较大的区域才需要进行极端的细化，这种方法能够进一步降低存储复杂度，并且内存消耗与网格表示差不多。类似地，也可以使用叶子节点上带线性(而不是三线性)插值的自适应二叉空间分解(Wu et al.，2003)。虽然它们的渐进复杂度和逼近性能是相同的，后一种方法的腔胞没有那么紧致，但具有更好的内存效率，如图 1-3(c)。

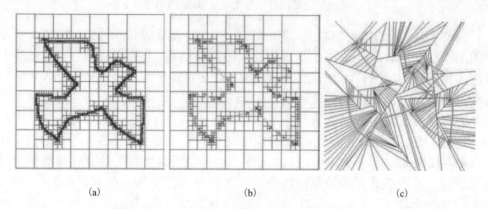

(a)　　　　　　　　　　(b)　　　　　　　　　　(c)

图 1-3　带符号距离场的具有相同精度的自适应逼近。(a)三色四叉树(12040 个单元格)；(b)自适应采样距离场(Frisken et al.，2000)(895 个单元)；(c)二叉空间划分树(Wu et al.，2003)(254 个单元)

1.1.3　细分曲面表示

细分曲面可以被视为样条曲面的扩展，由于它们都是通过粗糙的控制网格进行形状控制(Zorin et al.，2000)。但相比之下，细分曲面能够表示任意拓扑结构的曲面。由初始的控制多边形网格出发，根据一定的细分规则，通过不断细化控制网格生成细分曲面；细分过程中的每次拓扑细化操作都要根据一组局部平均准则调整新旧顶点的位置，如图 1-4 所示。对这些细分规则的分析表明，在极限情况下细分过程能够产生一个光滑的曲面，并且可以证明其光滑性(Peters et al.，2008)。

因此，与样条曲面不同，细分曲面不受拓扑约束和几何约束的限制，而其固有的多层次结构能够得到非常高效的算法。然而，细分技术仅限于生成具有半规则连接关系的网格，即曲面网格是对粗糙控制网格进行重复拓扑细化的结果。一般的任意网格并不能满足此约束，因此必须进行网格预处理，即将这些网格重网格化为半规则连接关系(Lee et al.，1998；Kobbelt et al.，1999；Guskov et al.，2000)。但是，由于重网格化时需要对曲面进行重采样，通常会导致采样瑕疵、信息丢失等。

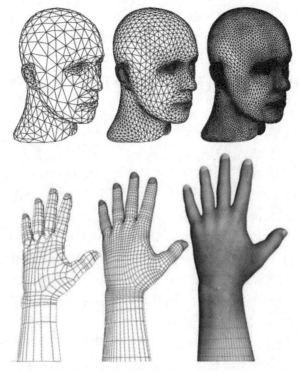

图 1-4　细分曲面是由粗糙控制网格经迭代细分而成(Zorin et al.，2000；Botsch et al.，2007)

1.2　网格模型表示

在数字几何处理中，三角形网格被认为是由一组没有任何特殊数学结构的三角形组成。但是理论上，每个三角形通过其重心参数化定义了分段线性的曲面表示。

一般地说，三角形 $[a,b,c]$ 内部的每个点 p 都可以唯一地写成顶点的重心坐标组合：

$$p = \alpha a + \beta b + \gamma c$$

其中

$$\alpha + \beta + \gamma = 1, \quad \alpha, \ \beta, \ \gamma \geqslant 0$$

通过在参数域中选择一个任意三角形 $[u,v,w]$，我们可以用如下公式定义一个线性映射 $f : \mathbb{R}^2 \to \mathbb{R}^3$。

$$\alpha u + \beta v + \gamma w \mapsto \alpha a + \beta b + \gamma c \tag{1.1}$$

基于这样逐三角形的映射关系，可以为每个顶点定义一个二维位置，从而得到整个三角形网格的全局参数化。

三角形网格 M 由几何部分和拓扑部分组成，其中拓扑部分是由顶点集合

$V = \{v_1, \cdots, v_v\}$ 以及连接顶点的三角形面片集合 $F = \{f_1, \cdots, f_F\}$，$f_i \in V \times V \times V$ 组成的图结构(单纯复形)来表示。某些情况下用图结构的边来表示三角形网格的连接关系更高效，即 $\varepsilon = \{e_1, \cdots, e_E\}$，$e_i \in V \times V$。

每个顶点 $v_i \in V$ 的三维坐标确定了三角形网格到 $\mathbb{R}^3$ 的几何嵌入：

$$P = \{p_1, \cdots, p_V\}, \quad p_i := p(v_i) = \begin{pmatrix} x(v_i) \\ y(v_i) \\ z(v_i) \end{pmatrix} \in \mathbb{R}^3$$

那么每个面片 $f \in F$ 就对应于三维空间中的一个三角形。需要注意的是，即使几何嵌入是通过离散顶点来定义的，最终的多边形曲面仍然是一个连续曲面，它由带线性参数化函数的三角形面片组成。

如果用这样的分段线性函数逼近一个足够光滑的曲面，逼近误差大约为 $O(h^2)$，其中 h 表示最大边长。由于这种二次逼近能力，当边缘长度减半时，逼近误差大约减小为原来的 $1/4$。这样的细化将每个三角形分为四个子三角形，因此三角形的数量从 F 增加到 $4F$，如图 1-5 所示。因此，三角形网格的逼近误差与其面片数量成反比，逼近误差的实际大小取决于泰勒展开的二阶项，即光滑曲面的曲率。由此，我们可以得到一个结论：通过中等采样的三角形网格模型可以充分地逼近一个光滑曲面。此时，顶点的采样密度必须和曲面的曲率相适应，即对平坦区域进行稀疏采样，而对弯曲区域进行稠密采样。

网格曲面表示中，是否为一个二维流形是曲面的一个重要拓扑特性，也就是说，每个顶点的局部邻域是否和圆盘同胚(在边界上是半个圆盘)。如果三角形网格中不包含非流形边、非流形顶点，也不自相交，那么它就是一个二维流形。如图 1-6 所示，非流形边有两个以上的相关联三角形，非流形顶点则与多个三角形邻域相关联。由于在非流形结构处不存在和圆盘同胚的局部测地邻域，所以大多数算法在处理非流形网格时是有问题的。

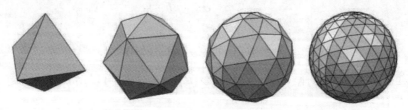

图 1-5　每次细分将边缘长度减半，将面片数增加 4 倍，
并将逼近误差减少为 1/4(Botsch et al.，2007)

著名的欧拉公式表明(Coxeter，1989)，对于一个封闭连通的网格模型，其顶点数 V、边数 E 和面片数 F 之间存在如下关系：

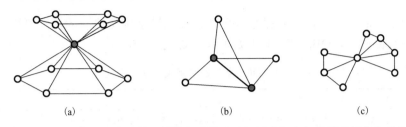

图 1-6　(a)两个曲面片在非流形顶点处相交；(b)有两个以上关联面的非流形边；
(c)局部不完整的非流形结构(Botsch et al.，2007)

$$V - E + F = 2(1 - g) \tag{1.2}$$

其中，g 是曲面的亏格，直观而言就是物体的孔洞数，如图 1-7 所示。由于在大多数实际应用中，与元素数量相比，亏格往往很小，因此可以假定式(1.2)的右侧可以忽略不计。此外，每个三角形由三条边组成，并且每条流形边都与两个三角形相关联，那么我们可以得出以下结论：

(1)面片数量是顶点数量的两倍：$F \approx 2V$。

(2)边数量是顶点数量的三倍：$E \approx 3V$。

(3)顶点的度(相关联的边的数目)平均为 6。

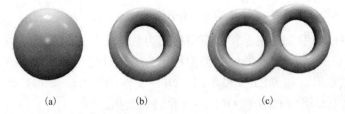

图 1-7　(a)亏格为 0 的球体；(b)亏格为 1 的环面；(c)亏格为 2 的双环面(Botsch et al.，2007)

网格模型表示的数据通常有多种存储格式，不同存储格式存储的内容略有差别，例如，OBJ 格式、OFF 格式、PLY 格式、STL 格式、W3D 格式、VRML 格式等。其中比较常见的是 OBJ 格式和 OFF 格式，因此这里主要对这两种格式进行介绍。这两种格式的存储都以记录网格模型的顶点以及面片信息为主。

1)OBJ 存储格式

OBJ 文件本质上属于一种 TXT 文件，可利用记事本直接查看源数据。该文件格式简单，不需要文件头(File Header)，可根据用户需要在文件开始部分以#开头添加注释行。此外，#开头的注释行也允许出现在文件的任意位置。为了增加文件里数据的可读性，允许用户在文件中增加若干空格和空行，而不影响网格模型的存储。网格模型通常以"关键字+参数"的形式存储，具体形式如下：

关键字　参数 1　参数 2　参数 3

其中参数的数值是由具体模型决定的，而关键字则是已知的，主要用来提示该行数据的具体含义，OBJ 文件的主要关键字如表 1-1 所示。

表 1-1　OBJ 文件的常用关键字及含义

关键字	具体含义
V	顶点坐标(Vertices)，用 3 个浮点型数据 x，y，z 表示某一顶点的坐标值
Vt	顶点纹理坐标(Vertex textures)，用 2 个整型数据 u，v 表示某一顶点的纹理坐标值
Vn	顶点法向坐标(Vertex normals)，用 3 个浮点型数据 x，y，z 表示某一顶点的法向坐标值
F	面片(Facets)，用 3 个整型数值指示组成面片的三个顶点的索引值，索引值从 1 开始

2) OFF 存储格式

OFF 格式的数据文件实际上是一种 ASCII 码文件，也可通过记事本查看源数据。OFF 文件也不需要文件头，但其首行必须是关键字 OFF。第二行通常有三个数据，用来说明模型的 V 集合中包含 v_i 的数量 a，E 集合中包含 e_i 的数量 b 和 F 集中包含 f_i 的数量 c，但边的数量 b 不是必须指定的，常省略。第三行到第 $a+2$ 行以 3 个浮点型数据 (x, y, z) 存储每个网格顶点的坐标信息。剩下的 c 行则用来存储每个面片的信息，面片信息的存储格式如下：

类型标识　索引值 1　索引值 2　索引值 3　…　索引值 n

其中类型标识用来说明存储的模型格式为三角面片存储还是多边形面片存储，若是模型是由三角面片组成的，则类型标识为 3，以此类推；索引值也就是组成网格面片的顶点索引。与 OBJ 文件不同，OFF 文件的索引值从 0 开始。图 1-8 给出Teddy 网格模型及相应 OBJ 和 OFF 格式存储的数据。

```
OFF
10879 21758 32637
-0.328757 -0.649738 0.502105
-0.314501 -0.624736 0.483322
-0.333644 -0.616759 0.480706
...
0.022490 -0.281013 -0.331632
-0.038479 -0.278411 -0.3310043
3 0 12 73
3 7 13 03
3 13 12 03
...
3 10877 10878 108713
3 10871 10878 10372
```

```
# saved by wang
# vertices 10879
v -0.328757 -0.649738 0.502105
v -0.314501 -0.624736 0.483322
...
v 0.022490 -0.281013 -0.331632
v -0.038479 -0.278411 -0.3310043

# faces 21758
f 1 13 74
f 8 14 04
...
f 10878 10879 108714
f 10872 10879 10873
```

(a)Teddy 网格模型　　　(b)OFF 存储格式　　　(c)OBJ 存储格式

图 1-8　Teddy 网格模型及对应的 OFF 和 OBJ 存储格式

1.2.1　网格模型表示的优缺点

在许多工业应用和商业软件(如 Alias、Softimage、Maya 和 3DMAX 等)中，三角形网格是目前最常用的几何物体表面的表达形式，特别是在处理性能要求较高的应用中，三角形网格已取代了传统的 NURBS 曲面等曲面表达形式，主要原因有：

(1)三角形网格具有强大的物体表面表达能力，任何拓扑和任意形状的模型外表面都能用三角形网格进行表达，而且这种表达方式不需要满足复杂的片内光滑条件。

(2)对三角形面片的几何处理和绘制已得到高速图形硬件的支持。

尽管三角形网格作为一种简单实用曲面表示方式在几何造型等领域中表现出其特有的优势，然而，随着现在实际使用的网格模型数据量越来越大，所表现的几何模型越来越复杂，三角形网格表示方法亦表现出了其局限性和不足，有些甚至是难以克服的困难，例如：

(1)三角形网格模型需要基于三维扫描仪等设备的原始采样点数据进行曲面重建而获得，而采样点数据由于含有噪声，采样曲面包含有裂缝，加上原始数据量巨大，有的甚至有数亿个点(Levoy et al.，2000)，因此现有的曲面网格重建算法难以取得满意的效果而且计算量巨大。

(2)大多数三角形网格的几何处理算法需要维护二维流形表面的拓扑一致性，从而使这些算法变得复杂。例如，在网格模型简化时，对删去一个顶点的空洞区域需要进行重新三角化；而频繁变形的模型表面则需进行动态的局部网格重建来避免极度变形后出现的网格过度拉伸和扭曲现象(周昆，2002)。

(3)从绘制的角度来看，由于三维网格模型的数据量越来越大，而显示器的分辨率却没有以相应的速度跟进，数百万个三角形的网格模型投影到计算机屏幕上后，一个屏幕像素可能含有多个待绘制的三角形，此时采用传统的累加光栅化三角形网格算法进行绘制已失去了意义，导致现有的高速网格图形硬件难以发挥其优势。对于高度复杂的几何模型基于采样点的绘制将是一种更好的绘制算法。

由于网格模型建模和绘制的上述缺点，研究者们提出了一种基于离散采样点的三维模型表面表示方法(Gross et al.，2007)。

1.2.2　网格模型的数字几何处理

从三维计算机图形学发展的初期开始，多边形网格就是最通用的表示物体形状的方法。多边形网格模型具有以下优点：

(1)多边形形状简单，便于计算和处理。

(2)多边形可以任意精度逼近一曲面物体，并可以表示拓扑非常复杂的物体。

(3)只需存储各多边形顶点的位置坐标及属性即可表示物体的几何信息，在计算多边形内任一可见点的光亮度时，所需的信息可由顶点的信息插值得到，这使得对多边形网格的绘制可采用硬件加速技术来实现。

多边形网格模型可以由各种商用动画软件(如 Alias、Wavefront、Softimage、Maya 和 3DMAX)生成，或者通过三维激光扫描仪在物体表面测得一系列离散点后由表面重构算法生成，或者由曲面模型离散得到。图1-9给出了几个三维网格模型的例子。

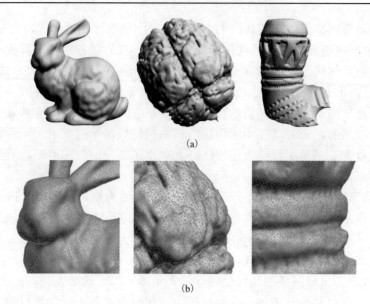

图 1-9　三维网格模型实例。(a)网格模型实例;(b)网格模型的局部放大效果

　　网格模型的数字几何处理主要包涵以下几个方面：数据获取、几何表示、光顺去噪、参数化、拟合与插值、重网格化、简化压缩、编辑、变形、动画等。一个三维扫描仪获取的原始模型经过这一系列的数字几何处理之后，再通过纹理映射给模型表面赋予顶点颜色、光泽度和透明度等属性值，可以让计算机生成的物体达到以假乱真的真实感效果。

　　针对三角形网格模型的数字几何处理已获得了广泛的研究(Botsch et al.,2007)，然而三角形网格尽管在处理时比 NURBS 曲面、隐式曲面等显得简单，但在某些应用领域也有它的限制和不足。例如，大多数三角形网格的算法需要维持二维流形表面的拓扑一致性，从而使这些算法变得复杂，在网格简化时，对删去一个顶点的空洞区域需进行重新三角化；而频繁变形的表面则需进行动态网格连接，通过局部重新网格化以避免极度变形后的网格的过度拉伸等。

　　有关网格模型的数字几何处理的综述请参考《ACM SIGGRAPH 教程》(Botsch et al.，2007)。

1.3　点云模型表示

　　在图形学和数字几何处理领域，三维点云模型通常采用离散的采样点集来表示连续的三维物体外表面。具体地说，在连续的模型外表面上，按一定的规则(如均匀采样、基于曲率变化的采样等)进行采样，产生一系列称之为曲面采样点的三维点坐标 p_i ($i=1, 2, \cdots, n$)，其中 n 为采样点数目，每一采样点 p_i 可能附加有法向量、表面外观属性(如纹理、颜色)及其他材料属性等。我们称这样的曲面为点采样曲面(Point-Sampled Surface)或点集曲面(Point Set Surface),称由离散采样点集表示的模型为点采样模型或点集模型,也简称为点云模型(Point Cloud),如图1-10所示。

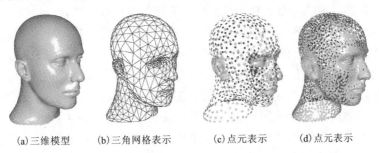

(a)三维模型 (b)三角网格表示 (c)点元表示 (d)点元表示

图 1-10 三维模型表面的三角网格和点元表示

"基于点的计算机图形学"(Point-Based Graphics,PBG)这一表述近年来常出现在一些国际会议或相关文献中,文献(Gross et al.,2007)中将基于点的计算机图形学的一般流程概括为点云的获取、点云的处理与建模、点云的绘制三个阶段。

首先利用 3D 扫描设备将物理对象进行数字化采样,得到原始的粗糙数据;然后转化为适当的表示形式,以便适合于后期处理与造型;最后采用合适的绘制方法显示三维模型。整个处理流水线如图1-11所示。

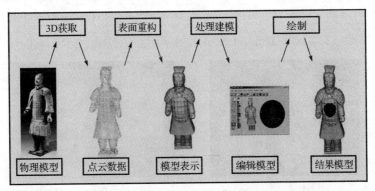

图 1-11 点云模型三维造型的流水线

点云的获取:点云模型的主要来源是 3D 扫描仪生成的原始数据,包括深度相机生成的深度图与激光三维扫描仪或者接触式机械探头等设备得到的三维空间中大量离散采样点位置,三维点云再配合光学照片可以得到带颜色或纹理色彩的三维实物模型。点云模型的另外一个来源是现存的几何模型,所有几何模型(多边形网格模型、样条面片模型、隐式曲面、粒子系统等)均能方便地转化成点云模型,不同的采样精度能得到不同分辨率的点云模型。

点云的处理与建模:点云模型的处理可以分为前期处理——物体表示(Object

Representation)以及后期处理——物体建模(Object Modeling)。扫描得到的原始数据具有噪声、拼接错位、空洞、不确定性和过度采样的问题,需要经过前期处理才能使用。前期处理的目标是从原始点云中构造出一个连续的表面模型,后期处理则在前期处理的结果上再作进一步的造型处理如重采样、光顺、多分辨率简化、编辑、变形、布尔运算等操作,得到各种各样的点云模型。对点云模型的数字几何处理也在后期处理阶段进行,其目标是在点云模型的流形表面邻域内拓展基本的信号处理概念。

点云的绘制:点云绘制的目标是在屏幕上输出一系列的点并构成连续的表面。从三维离散点采样直接重建出三维空间的连续信号,对连续信号进行滤波后重新采样并投影至二维屏幕进行光照计算。由于点云模型没有拓扑关系,利于重新采样和投影计算,因此点云绘制可以加快大规模数据构成场景的绘制过程。点云模型的绘制同样需要解决面绘制所含的基础问题,如光照计算、可见性计算、阴影计算、纹理映射、反走样等。另一方面,点云模型的离散性使得在视点靠近物体的时候,需要考虑点云模型和面模型的混合绘制。基于点的绘制技术的一个特点是离散点集映射到屏幕后需要在图像空间内作图像重构处理来填补空洞并重构物体表面。

自从重新发现将点作为绘制基元之后,研究者已经提出一系列基于点的绘制方法(Gross et al. 2007,缪永伟等 2014)。正是由于离散点在本质上是简单的,所以点作为绘制基元已经推动了一系列的研究工作,如造型建模技术、数据获取、数据简化、数据处理、绘制,以及新颖的点-多边形混合技术研究等。国际上许多著名研究机构在这方面已经开展了研究工作,并取得了巨大的进步,但是离广泛应用还有较大的距离。图 1-12 给出了 Dragon 模型采用基于点的绘制技术生成的结果。

(a)点绘制技术绘制的 Dragon

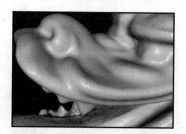
(b)Dragon 嘴部的近距离效果

(c)Dragon 嘴部的"点"示意图

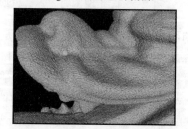
(d)Dragon 嘴部的"球体"示意图

图 1-12　Dragon 模型的点云表示

1.3.1　点云模型表示的优缺点

在计算机图形学领域，离散采样点（点元）表示作为一种新的曲面表示方法引起了学术界的极大关注，对三维点云模型的有效表示、几何处理、形状造型和绘制已有了相当多的研究。例如，国际电气和电子工程师协会（IEEE）和欧洲图形学学会（Eurographics）联合主办的基于点的图形学研讨会（Symposium on Point-Based Graphics）已经连续举行了多届。人们之所以对三维点云模型产生极大兴趣，除了三角形网格表示方法所面临的困境外，还有如下几个主要原因：

(1) 在当前计算机图形学应用中涉及的网格模型其数据量呈几何倍数增长。利用计算机进行有效管理、处理、操作如此庞大数量级的网格模型的拓扑连接关系需要巨大的开销，使得人们开始质疑三角形网格作为三维图形基本表示单元的前景。

(2) 先进的三维数字照相机和三维扫描仪系统不仅能获取现实世界中复杂物体的几何信息，还能获取表面外观属性（如物体表面颜色、纹理信息等），通过这些技术生成巨大数量的表面采样点。犹如图像中像素作为其基本的数字单元一样，这些表面采样点便构成了三维物体几何和外观属性的基石。人们希望直接基于这些离散采样点来表示复杂的三维几何模型，并能直接对点采样模型进行编辑造型，从而避免通过烦琐的曲面重建来获得三角形网格模型。

(3) 离散点云模型已拥有成熟的绘制技术，例如 Qsplat 方法、椭圆加权平均（Ellipse Weighted Average，EWA）方法等，它们已经能够快速生成高质量的绘制效果，可支持交互式编辑和造型操作，这使得学术界更加坚信点元作为曲面表示基元的巨大前景。

(4) 基于稠密采样和成熟的绘制技术，点云模型可以比网格模型表示更加丰富的表面细节。尤其在处理一些复杂三维模型时（例如雕塑模型），采用点云模型是一种更理想的表示方法。

1.3.2　点云模型的数字几何处理

针对上述网格模型的限制和不足，研究者提出了直接基于三维扫描仪获取的三维采样点数据的表示。这种基于点的表达由于不需要维持表面拓扑的一致性而显得特别灵活，在表面几何复杂的模型中，采用基于点云的表示是一种更简单更灵活的几何处理图元的发展方向。图 1-13 给出了几个点云模型的例子。

在点云模型的数字几何处理中，由成千上万离散采样点组成的点云模型通常具有以下两个特点：

(1) 无拓扑连接信息：每个采样点都是孤立存储的散乱点。

(2) 非均匀采样：由模型表面采样得到的采样点是任意分布的，不像在 NURBS 曲面上那样有结构化的控制顶点以及细分曲面那样有半正则的网格结构。

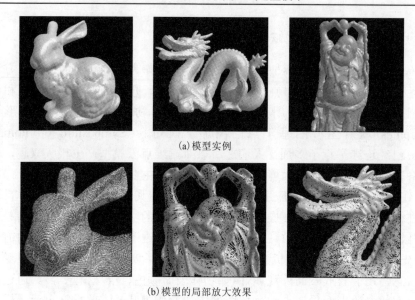

(a) 模型实例

(b) 模型的局部放大效果

图 1-13　点云模型实例

　　正是由于上述两个特点，使得点云模型数字几何处理具有与网格模型数字几何处理不一样的处理方式。通常，由三维数字相机、三维扫描系统等数据获取设备或采用基于图像的重建方法获取三维模型表面大量的采样点数据，由于技术上的原因和获取工艺的不完善，往往带有一定的噪声和失真，在将这些数据进一步使用之前，需要对其进行必要的预处理，如对采样点数据进行去噪、对重复扫描的模型表面采样点数据进行配准以及对于不完整的数据模型进行修复等。对经过预处理后的采样点数据模型，可以进行静态建模和动态造型处理：模型的静态建模是指对模型的形状和几何属性进行分析和处理，如模型的曲面重建、模型的几何属性分析、特征提取、曲面简化和重采样、几何造型、纹理合成等；模型的动态造型是指对模型的外形进行各种编辑和变形，如显式造型、隐式造型和基于物理的造型等。最后，为了能更好地理解对模型表面采样点数据的种种处理结果，需对处理后的采样点数据直接进行可视化，这就是点云模型的绘制过程。基于点的建模和绘制这两部分构成了基于点的处理流程(缪永伟等，2014)。

　　点云模型数字几何处理的研究内容包括模型的几何处理(Processing)和几何造型(Modeling)，模型的绘制等。对点云模型的几何处理主要有曲面分析、光顺去噪、重采样、简化压缩、修复拼接、形状分割等；而造型的研究内容有编辑变形、布尔求交、表面着色、纹理绘制、雕刻、动画等。点云模型的数字几何处理是一个十分广泛的研究领域，学术界已在该领域开展了大量工作(Adamson et al. 2003, Zwicker et al. 2002)，并且方兴未艾。

　　有关点云模型数字几何处理的综述可参考专著(Gross et al.，2007；缪永伟等，2014)。

1.4　本章小结

随着获取三维数据的计算机硬件设备和软件技术的不断发展，加上与计算机网络技术的日益融合，三维数字几何模型在工业设计、逆向工程、建筑机械设计、航空航天模拟、医学辅助诊断、文物数字化保护、影视娱乐等领域得到了广泛的应用，已经产生了越来越深远的影响。面向三维几何数据的数字几何处理已成为计算机图形学、计算机辅助设计、计算机视觉、数字信号处理等学科的前沿研究领域和热门课题。在这一领域中，新概念、新理论、新技术、新算法、新工具正在不断涌现、方兴未艾，人们有理由相信三维数字几何作为一种崭新的数字化媒体将改变现代数字多媒体和网络通信的基础结构，进而影响到社会生活的各个方面。

本章介绍了 5 种三维形状几何的表示方式，分别为参数曲面表示、隐式曲面表示、细分曲面表示、网格模型表示和离散点云模型表示。各种三维几何表示方式可以相互转化，它们之间是相互联系的。每一种三维几何表示方式都有各自的优势和不足。

1.5　全书内容组织结构

全书针对三维形状几何处理和交互式造型的若干方面，提出了新理论、新方法和新技术。各章节的内容安排如下：

(1) 第 1 章为绪论部分，介绍了三维形状几何的 5 种表示方式，并着重介绍了三维形状几何的网格模型表示和点云模型表示及其几何处理。

(2) 第 2 章讨论三维形状的光顺去噪问题。将视觉感知粗糙度度量引进三维模型去噪滤波的极小化能量中，提出了一种基于粗糙度的保细节滤波方法；利用 L_0 稀疏优化方法研究了三维几何模型的去噪问题，能够实现去除模型噪声、保留模型特征的目标。

(3) 第 3 章讨论三维形状的简化和重采样问题。将网格模型的视觉显著性度量引入模型简化中，提出了视觉显著度引导的特征敏感形状简化方法；将自适应带宽 Meanshift 理论引入点采样模型重采样中，提出了点采样模型的基于 Meanshift 聚类的自适应重采样方法；基于 Gaussian 球细分的形状 Isophotic $L^{2,1}$ 误差理论分析，提出了点采样模型的基于 Gaussian 球映射的模型简化重采样方法。

(4) 第 4 章讨论三维形状的修复与拼接问题。基于 Hermite 插值，提出了一种三维网格模型无缝光滑拼接和融合方法；将模型孔洞区域的修复分解为基曲面修复和孔洞区域的几何特征增强，提出了一种基于曲面特征的恢复孔洞细节的修复方法，能有效恢复模型孔洞区域的细节特征。

(5)第 5 章讨论三维形状的极值线绘制与交互着色问题。针对极值线绘制，提出了网格几何的显著性极值线提取和绘制方法，实现了平均曲率极值线和感知显著性极值线的提取；利用随机游走算法实现了三维几何数据的交互式着色，在模型着色时用跳转概率作为权值，将每个顶点的颜色表达为所有种子曲线颜色的加权平均，从而能够保证颜色在整个模型上连续变化，有效地为各种模型实现交互式着色。

(6)第 6 章讨论三维形状的交互式生成问题。在分析三维形状交互式生成已有方法的基础上，提出了一个手绘建模系统用于三维对称自由形体的建模生成，该类形体由 2 种类型的部分组成——自对称的部分和相互对称的部分；基于单幅输入图像，以交互手绘方式临摹描绘出图像中物体表示的线画图，直接利用用户手绘线画图的对称性特点计算其三维形状坐标信息，提出了一种三维对称自由形体的重建生成方法；基于输入的单幅花朵图像，利用花朵的倒圆锥结构特征，结合花朵三维建模和二维图像处理技术，提出一种基于圆锥代理的针对单幅花朵图像的有效的智能编辑方法。

(7)第 7 章讨论三维形状的交互式编辑造型问题。在分析三维形状交互式编辑造型的基础上，提出了用户交互方式生成三维模型表面手绘曲线，并实现基于手绘线条的三维模型雕刻方法；基于二维线画图案，提出了一种基于线画图案的三维模型雕刻方法；针对三维形状的编辑缩放问题，利用模型的显著性度量，提出了模型敏感度驱动的三维形状全局缩放和局部缩放方法。

(8)第 8 章讨论三维形状的空间变形问题。在分析三维形状空间变形的基础上，提出了一个统一的模型编辑框架，讨论了两种重要的编辑操作：形状变形和变形迁移。形状变形时，通过约束控制网格的刚性，能够在大尺度编辑过程中防止几何细节的扭曲和体积的变化，同时能够实现在不同胚物体之间的变形迁移操作。

(9)第 9 章讨论三维形状的网格变形问题。在分析三维形状的网格变形基础上，结合基于曲面的微分坐标技术，提出了大尺度变形过程中刚性约束的求解框架，并讨论了三维形状的网格变形操作，从而防止大尺度变形过程中出现局部塌陷、体积收缩等不自然的现象；同时提出了三维形状的一种保细节刚性变形算法。

1.6　未来工作展望

针对三维网格模型和离散点云模型表示的几何处理与造型涉及诸多方面，如三维数字模型的获取、三维数字几何的建模与造型、数字模型的纹理合成与绘制等，本书工作仅仅是其中的一小部分，还有许多工作有待完成，比如：

1. 基于表面特征刻画的三维形状建模和造型

在数字模型的静态形状建模中，模型表面的一些细微的表面细节，如模型的凹凸、折痕、皱纹、在视觉认知上属于非常敏感的特征，我们可以深入研究模型的视觉感知显著性刻画、表面细节特征的有效表示、模型表面相似度度量，同时研究其相应的高效建模和造型方法。如研究数字模型的视觉感知与理解、模型表面细节增强和迁移、基于相似度的模型修复、基于相似度的光顺去噪等。在点云模型的动态造型中，进一步可以研究表面细节保持的动态编辑，研究如何将已有模型的变形结果转移到当前模型上，使新模型具有原有模型的变形动作等。

2. 三维数字模型的高效处理技术

庞大的数字模型数据量对现有的三维图形引擎的处理能力和速度提出了巨大的挑战，亟需研究针对大规模三维数字模型在数据处理、模型造型等应用中能有效处理的新数据结构和相应的关键技术、关键算法。同时，随着网络图形学的发展，越来越多的应用需要通过网络来存取那些存储在异地的三维几何数据，这使得本已十分有限的网络带宽变得更加紧张。要解决这些问题，仅仅依靠提高三维图形引擎的处理速度和能力，以及增加网络带宽等硬件方面的措施是不够的，研究占用空间小、绘制速度快，适合于计算机网络传输的模型压缩方法有着十分重要的意义。

3. 基于离散点云表示的自然场景建模

基于点云表示的表面几何造型的最大特点是模型表面的采样点元之间无需建立任何拓扑关系，可充分利用这个特点去构造一些日常生活中不含拓扑连接关系的自然景物模型，如树、烟花、水面波光等等。上述自然景物采用传统的网格造型通常难以取得逼真的效果，尤其在处理其动态效果时采用网格表示时数据结构尤其复杂。

4. 任意拓扑和亏格的点云模型之间的 Morphing

现有的基于参数化(平面和球面参数化)和特征点匹配的点云模型 Morphing 算法或基于物理的 Morphing 算法，都不能处理任何拓扑、任意亏格的点云模型之间的形状 Morphing，如何实现任意亏格点云模型之间的 Morphing 是一项具有挑战性的工作，同时多个模型之间的连续 Morphing 和形状插值亦有研究价值。

5. 基于深度学习的点云数据处理

随着 PointNet 和 PointNet++的提出，将神经网络和深度学习技术应用到点云数据处理方面的研究成为可能，如基于深度学习的点云分割、基于深度学习的点云识别与分类、基于深度学习的点云修复、基于深度学习的点云三维重建等。

未来研究中，仍有很多方向值得探索。例如，如何进一步解决点云无序性问题，处理非均匀分布的点云数据的采样问题，对于点云非刚体变换的不变性问题，点云检测任务中的定位问题,减少用于点云处理的深度神经网络的参数和时间空间开销，处理真实扫描点云数据的噪声和遮挡等。

第 2 章　三维形状的光顺去噪

本章在分析三维形状光顺去噪的基础上，提出了基于粗糙度的保细节滤波方法和基于 L_0 稀疏优化的几何数据去噪方法。2.1 节分析了三维形状光顺去噪的研究背景；在此基础上，将视觉感知粗糙度度量引进三维模型去噪滤波的极小化能量中，2.2 节提出了一种基于粗糙度的保细节滤波方法；2.3 节利用 L_0 稀疏优化方法研究了三维数字模型的去噪问题，所提出的方法能有效实现去除模型噪声、保留模型特征的目的；最后是本章小结。

2.1　模型的光顺去噪概述

三维网格模型被广泛应用于计算机图形学、三维形状建模、数字文物保护、虚拟现实等领域。在三维网格模型的扫描获取中，尽管现有的扫描硬件设备具有高精度特点，但由于人为因素的干扰或者扫描仪本身的缺陷，使得获取的三维数据不可避免地带有某种程度的噪声(Botsch et al.，2007；Choi et al.，1998)。在对原始三维模型进行几何处理和形状造型之前进行光顺和剔除噪声预处理是一个重要的过程，其需要在去除模型噪声使得模型变得光顺的同时保持模型固有的细节特征(Weyrich et al.，2004；Xiao et al.，2006；肖春霞等，2006)。三维模型的保细节滤波器可以满足这些需求，它不仅能去除原始数据的噪声，而且能保留模型表面的丰富细节特征，提升三维模型的质量。此外，现实世界中经过扫描获得的三维模型(特别是古文物模型)往往由于模型本身已经年代久远，使一些重要的表面细节变得模糊不清，在许多应用中有必要对这些细节特征进行恢复和增强(Rusinkiewicz et al.，2006；Miao et al.，2012b；Kerber et al.，2012；Zhang et al.，2013)。三维模型保细节滤波器可以用来有效分离出这些被模糊的模型表面细节，并对其进行增强提升，从而改善数字模型的可视化效果。

在计算机图形学和数字几何处理领域,研究者们提出了各种不同的三维滤波器,如 Laplace 滤波器(Taubin，1995a)、基于曲率流的滤波器(Desbrun et al.，1999)、双边滤波器(Tomasi et al.，1998；Fleishman et al.，2003；Jones et al.，2003；肖春霞等，2010)、法向光顺滤波器(Lee et al.，2005；Sun et al.，2007；Tsuchie et al.，2012)和各向异性扩散滤波器(Perona et al.，1990；Clarenz et al.，2000；Bajaj et al.，2003；Hildebrandt et al.，2004；Wang et al.，2011)等。将图像处理中的传统 Laplace 滤波器应用到三维网格模型中，Taubin(1995a)提出一种基于 Laplace 算子的网格模

型光顺去噪方法；Desbrun 等(1999)提出了三角形网格表面的曲率法向算子的一种定义，并利用曲率流实现了网格模型的光顺去噪。然而，该类滤波器在光顺去噪过程中往往会导致模型特征变模糊或出现收缩变形现象。针对三维点采样模型，肖春霞等(2006)提出了一种基于平衡曲率流方程的各向异性点采样模型光顺算法和基于非局部几何信号的点模型去噪算法。

类似于图像处理中的双边滤波器(Tomasi et al.，1998)，三维模型双边滤波器(Fleishman et al.，2003；Jones et al.，2003；肖春霞等，2010)则将传统的 Gauss 滤波和保特征权函数相结合来确定模型顶点的新位置，在进行模型光顺去噪过程中能保持模型特征；然而，这类滤波器在处理稍大的模型噪声时会引起过光顺现象，不能有效地保持其表面细节特征。针对模型表面法向，研究人员提出了一种基于法向光顺的滤波器(Yagou et al.，2002；Lee et al.，2005；Sun et al.，2007；Tsuchie et al.，2012)，该滤波器先对模型表面面片法向量进行加权平均得到光顺法向量，并利用模型表面面片光顺法向量重建生成光顺模型的顶点位置。然而，为了获得较好的光顺去噪效果，利用此类滤波器通常需要进行多次迭代以重建其光顺模型，效率往往较低。

类似于图像去噪的非线性各向异性扩散滤波(Perona et al.，1990)，研究者将其推广到三维模型光顺去噪方面，如 Clarenz 等(2000)、Bajaj 等(2003)、Hildebrandt 等(2004)和 Wang 等(2011)分别提出了针对三维模型的各向异性扩散滤波器。该类滤波器在三维模型表面建立各向异性扩散方程，将图像去噪的各向异性扩散思想推广到三维模型上实现光顺去噪。另外，将图像去噪的经验模态分解方法(Subr et al.，2009)推广到三维模型，Wang H 等(2012)提出针对三维模型的经验模态分解滤波器；但是该滤波器在计算模型表面包络面时往往需要解大型线性方程组，计算开销较大。此外，类似图像去噪中的 L_0 滤波器，He 等(2013)将其推广到三维模型光顺去噪中，提出通过能量 L_0 极小化来确定光顺模型顶点新位置的方法。通过将基于曲率多尺度分析的视觉感知显著度引入光顺滤波器中，Dutta 等(2015)提出了三维模型的视觉感知敏感的一种光顺去噪方法。

受图像去噪中的加权最小二乘法(weighted least squares，WLS)滤波器(Farbman et al.，2008)和局部保边(local edge-preserving，LEP)滤波器(Gu et al.，2013)将图像梯度度量引进图像滤波器的极小化能量中，使得在图像滤波时能有效保持图像边缘特征的启发，本章将三维模型视觉感知粗糙度度量引进三维模型去噪滤波的极小化能量中，提出了一种基于粗糙度的保细节滤波器。利用该滤波器仅仅需要经过一次滤波，就能得到很好的三维模型光顺去噪效果，并能够有效保持模型细节特征；同时，该滤波器也可以应用在模型的细节增强应用中，表明了该滤波器的有效性和通用性。

由于网格模型往往具有稀疏的特征(比如 Laplacian 坐标)，研究人员考虑使用稀疏优化方法，即通过 L_0 范数将网格去噪归结为一个稀疏能量优化问题，从而能够全局地保持几何特征。由于 L_0 范数的非凸性，对其求解十分困难。为此，有些算法利用 L_1 范数替代 L_0 范数，转而求解一个凸优化问题(Avron et al.，2010；Wang et al.，2014；Wu et al.，2015)。然而在某些情况下，这种近似会带来较大的误差。Xu 等 (2011)在图像平滑中加入 L_0 约束，并且给出了一种交替极小化解法。He 等(2013)将该方法扩展到网格模型的去噪。然而，该算法只使用了顶点的位置信息，而忽略了其他的内在属性。Sun 等(2015)通过 L_0 约束研究了点云模型的去噪问题。与依赖于局部运算的传统算法不同，L_0 稀疏优化可以全局地保留几何特征。Xu 等(2011)利用 L_0 梯度最小化方法来处理二维图像的平滑问题。L_0 范数能够控制图像梯度的稀疏性(非零梯度的个数)，从而有效地保持图像的边缘。Cheng 等(2014)先对面片法向进行 L_0 去噪，再计算出顶点位置，并且给出了一种融合坐标下降法。然而，该算法将面片法向和顶点位置分开优化，忽略了它们之间的相关性，并且使用的是各向同性的加权方式。He 等(2013)定义了一种新的微分算子，将此方法推广到三维网格去噪。对于无噪声的网格模型，其局部区域要么是光滑的，要么含有几何特征。因此，本章提出了一种新的 L_0 稀疏约束来解决几何数据的去噪问题。考虑到位置信息和法向信息是相互补充的，如果单独优化它们，可能会忽略某些重要的表面特性。这里将网格顶点的位置和法向结合来共同衡量局部区域的光滑性和几何特征的稀疏性，从而能够准确地区分模型噪声和模型特征。即使在大尺度噪声下，本章算法也能够有效地恢复出模型的整体结构和局部细节。如图 2-1 所示，该算法很好地保持了显著的边和一些平缓的细节。

  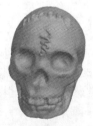

(a)原始模型　　　　　(b)带有 $0.3l_e$ 高斯噪声的模型　　　　　(c)去噪结果

图 2-1　Skull 网格模型的去噪结果(l_e 为原始模型的平均边长)

由于 L_0 范数是非凸的，对其求解是 NP 难的。常用的处理方法是用 L_1 范数代替 L_0 范数，从而求解一个凸优化问题(Candesy et al.，2006)。但是，只有满足某些条件，L_1 范数下的解才能与 L_0 范数下的解等价，而且 L_1 范数的稀疏性弱于 L_0 范数，有时未必可以获得稀疏解。根据文献(Xu et al.，2011；He et al.，2013)，本章给出了一种改进的交替极小化方法来求解 L_0 范数下的非凸优化问题。这里将非凸优化问题分解为两个容易求解的子问题，进而设计了一个两层迭代框架来寻求最优解。与原方法(Xu et al.，2011；He et al.，2013)相比，改进的求解方法具有更好的收敛性。

此外，该算法可以进一步扩展到点云模型的去噪。与网格模型不同，点云模型完全由空间散乱点组成且没有拓扑连接关系，将考虑在每个点的空间邻域中估算法向，进而衡量表面的光滑性和特征的稀疏性。

2.2　基于粗糙度的三维模型保细节滤波

受图像去噪中的加权最小二乘法滤波器和局部保边滤波器将图像梯度度量引进图像滤波器的极小化能量中，使得在图像滤波时能有效保持图像边缘特征的启发，将三维模型视觉感知粗糙度度量引进三维模型去噪滤波的极小化能量中，本节提出了一种基于粗糙度的保细节滤波方法。

2.2.1　基于粗糙度的模型保细节滤波

三维模型的去噪滤波问题可以看成是一个能量极小化问题，本节将视觉感知粗糙度度量引进去噪滤波的能量函数中实现模型的保细节滤波。该函数通常包含两项：模型的光顺项和细节保持项，并引进基于模型粗糙度度量的一个平衡系数来调节光顺项和细节保持项对最终滤波效果的影响。

1. 能量函数定义

在三维模型的光顺滤波中，假设滤波前的原始模型顶点为 v ，光顺滤波后的相应顶点为 b ，则该滤波过程可以用能量函数

$$F(\boldsymbol{b}) = \iint_{N^*(\boldsymbol{v})} ((\boldsymbol{v} - \boldsymbol{b})^2 + \lambda(\Delta \boldsymbol{b})^2)\,\mathrm{d}\boldsymbol{v} \tag{2.1}$$

表示为一个能量极小化问题。其中，$N^*(v)$ 表示顶点 v 的 1-邻域(包含顶点 v ,下文同)，Δ 是拉普拉斯算子，λ 是平衡滤波过程中的细节保持项 $(v-b)^2$ 和光顺项 $(\Delta b)^2$ 的平衡系数。在式(2.1)中，第 1 项的细节保持项 $(v-b)^2$ 表示滤波后的模型顶点和原始模型对应顶点保持相近位置；第 2 项的模型光顺项 $(\Delta b)^2$ 表示模型顶点 v 邻域经滤波后可以达到一定程度的光滑。平衡系数 λ 起到了平衡其光顺项和细节保持项的作用，λ 越小，则细节保持项在模型光顺滤波中起的作用就越大，使得滤波后模型能够保留原始模型更多的细节特征；相反，λ 越大，则模型光顺项在滤波中起的作用就越大，使得滤波后得到的模型表面更加平滑，模型噪声得到了有效去除。

2. 局部保细节滤波器的离散求解

针对三维离散网格模型，本节将对能量函数式(2.1)的极小化问题进行离散处理，根据输入的原始模型 $M = \{v_k, k = 1, 2, \cdots, N\}$ ，求解得到经过光顺滤波后的模型

$\overline{M} = \{\boldsymbol{b}_k, k = 1, 2, \cdots, N\}$，从而得到了局部保细节滤波器。

首先，式 (2.1) 可以写成离散形式

$$F(\boldsymbol{b}) = \sum_{i \in N^*(v_k)} ((\boldsymbol{v}_i - \boldsymbol{b}_i)^2 + \lambda_k (\Delta \boldsymbol{b}_i)^2) \tag{2.2}$$

其中，系数 λ_k 是平衡细节保持项 $(\boldsymbol{v} - \boldsymbol{b})^2$ 和光顺项 $(\Delta \boldsymbol{b})^2$ 的平衡系数。类似于图像滤波器 (Farbman et al., 2008；Gu et al., 2013) 假设在模型顶点 $\boldsymbol{v}_k$ 的邻域内原始模型顶点 $\boldsymbol{v}_i$ 和光顺模型对应顶点 $\boldsymbol{b}_i$ 之间存在某种线性关系，这种线性关系可以具体表示为

$$\boldsymbol{b}_i = a_k \boldsymbol{v}_i + \boldsymbol{c}_k, \quad i \in N^*(v_k) \tag{2.3}$$

其中，a_k 是与顶点 $\boldsymbol{v}_k$ 相关的系数，$\boldsymbol{c}_k$ 是与顶点 $\boldsymbol{v}_k$ 相关的常向量。将式 (2.3) 代入式 (2.2) 可以得到

$$F(\boldsymbol{b}) = \sum_{i \in N^*(v_k)} ((\boldsymbol{v}_i - a_k \boldsymbol{v}_i - \boldsymbol{c}_k)^2 + \lambda_k (a_k \Delta \boldsymbol{v}_i + \Delta \boldsymbol{c}_k)^2) \tag{2.4}$$

由于 $\boldsymbol{c}_k$ 是常向量，故 $\Delta \boldsymbol{c}_k = 0$，式 (2.4) 可简化为

$$F(\boldsymbol{b}) = \sum_{i \in N^*(v_k)} ((\boldsymbol{v}_i - a_k \boldsymbol{v}_i - \boldsymbol{c}_k)^2 + \lambda_k (a_k \Delta \boldsymbol{v}_i)^2) \tag{2.5}$$

然后，根据能量极小化函数的定义，为了求得极小化后式 (2.5) 中的系数 a_k 和向量 $\boldsymbol{c}_k$，可以求式 (2.5) 关于 a_k 和 $\boldsymbol{c}_k$ 的导数并使其分别等于 0，从而得到

$$\sum_{i \in N^*(v_k)} (-2\boldsymbol{v}_i \cdot (\boldsymbol{v}_i - a_k \boldsymbol{v}_i - \boldsymbol{c}_k) + 2\lambda_k (\Delta \boldsymbol{v}_i)^2 a_k) = 0 \tag{2.6}$$

$$\sum_{i \in N^*(v_k)} (-2(\boldsymbol{v}_i - a_k \boldsymbol{v}_i - \boldsymbol{c}_k)) = \boldsymbol{0} \tag{2.7}$$

从式 (2.7) 中可以解得

$$\boldsymbol{c}_k = (1 - a_k)\overline{\boldsymbol{v}}_k \tag{2.8}$$

其中，$\overline{\boldsymbol{v}}_k$ 是顶点 $\boldsymbol{v}_k$ 的 1-邻域顶点 (包含顶点 $\boldsymbol{v}_k$，下文同) 的平均值点 $\overline{\boldsymbol{v}}_k = \dfrac{1}{m_k} \sum\limits_{i \in N^*(v_k)} \boldsymbol{v}_i$，

而 m_k 是顶点 $\boldsymbol{v}_k$ 的 1-邻域中的顶点数目。将式 (2.8) 代入式 (2.6)，解得

$$a_k = \frac{\sum\limits_{i \in N^*(v_k)} \boldsymbol{v}_i(\boldsymbol{v}_i - \overline{\boldsymbol{v}}_k)}{\sum\limits_{i \in N^*(v_k)} \boldsymbol{v}_i(\boldsymbol{v}_i - \overline{\boldsymbol{v}}_k) + \lambda_k \sum\limits_{i \in N^*(v_k)} (\Delta \boldsymbol{v}_i)^2} = \frac{\sum\limits_{i \in N^*(v_k)} (\boldsymbol{v}_i - \overline{\boldsymbol{v}}_k)^2}{\sum\limits_{i \in N^*(v_k)} (\boldsymbol{v}_i - \overline{\boldsymbol{v}}_k)^2 + \lambda_k \sum\limits_{i \in N^*(v_k)} (\Delta \boldsymbol{v}_i)^2} \tag{2.9}$$

然而，假设原始模型 M 上每一顶点 $\boldsymbol{v}_k$ 的 1-邻域中有 m_k 个顶点，而这些顶点同时又被包含在其他顶点的 1-邻域中，顶点 $\boldsymbol{v}_k$ 的 1-邻域顶点中通常会有 m_k 个相关的系数 a_k 和相关的向量 $\boldsymbol{c}_k$，从而使得滤波后的顶点 $\boldsymbol{b}_i$ 就有 m_k 个不同的结果，如式 (2.3)

所示。为了得到一个最终的滤波效果，需要对这些滤波后的顶点进行加权平均，实验中简单地将所有权值取为相同。因此，对于原始模型 M 的每一顶点 $\boldsymbol{v}_k (k = 1, 2, \cdots, N)$，其光顺滤波后模型 $\bar{M}$ 的对应顶点 $\boldsymbol{b}_k (k = 1, 2, \cdots, N)$ 可以确定为

$$\boldsymbol{b}_k = \frac{1}{m_k} \sum_{i \in N^*(\boldsymbol{v}_k)} (a_i \boldsymbol{v}_k + \boldsymbol{c}_i) = \bar{a}_k \boldsymbol{v}_k + \bar{\boldsymbol{c}}_k \tag{2.10}$$

其中，$\bar{a}_k$ 表示顶点 $\boldsymbol{v}_k$ 的邻域点相关的系数 a_i 的平均值，权值点 $\bar{\boldsymbol{c}}_k$ 表示顶点 $\boldsymbol{v}_k$ 的邻域点相关的向量 $\boldsymbol{c}_i$ 的均值向量。应该指出的是，由式(2.10)可知，本节的局部保细节滤波器的时间复杂度仅为 $O(n)$，因而它是一种高效的滤波器。与大多数滤波器不同，该能量极小化方法通常仅仅需要进行一次滤波，就能获得比较好的光顺去噪效果。

3．结合模型粗糙度的保细节滤波

在三维网格模型光顺去噪中，为了实现保持细节特征的模型光顺效果，合理选择式(2.2)中的平衡系数 λ_k 非常重要。注意到，三维模型顶点的局部粗糙度(local roughness of final model，LRF)(Wang K et al.，2012)是先通过计算模型顶点的高斯曲率与其邻域顶点高斯曲率的加权均值的差，然后根据人类视觉的习惯通过函数调整得到的，因此模型顶点的 LRF 实际上是高斯曲率的拉普拉斯算子，它与模型顶点高斯曲率的变化直接相关，而与高斯曲率大小本身没有必然联系。例如，图 2-2(b) 和图 2-2(c) 分别给出了 Bimba 模型的粗糙度估计和高斯曲率估计(颜色越暖表示相应的值越大)，在模型发髻处高斯曲率低的区域仍然具有较高的粗糙度，这说明了 LRF 与曲率大小本身无关。另外，模型曲率的变化被认为与模型曲面的光顺程度有关，同时模型曲率的拉普拉斯算子可以避免错误地把高曲率的光滑区域认为是粗糙的区域。因此，一般来说对于有噪声的模型，如果模型局部区域噪声越大，其曲面光顺程度就越低，从而模型曲率变化越大，模型的 LRF 越大；反之，其曲面光顺程度越高，模型曲率变化越小，模型的 LRF 越小。简单地说，对于有噪声的模型，如果模型噪声越大，模型曲面越不光顺，那么模型表面就越粗糙；如果模型噪声越小，模型曲面越光顺，那么模型表面就越不粗糙。例如，图 2-3(b) 对整个 Bimba 模型添加了均匀分布随机噪声，图 2-3(c) 给出图 2-3(b) 相应的模型粗糙度估计(颜色越暖表示相应值越大)，可以看到，噪声模型的 LRF 明显与高斯曲率大小本身无关，而与曲面局部光顺程度有关。

此外，模型的 LRF 还考虑到了视觉掩盖效应(Breitmeyer，2007；Lavoué，2009)对于光顺去噪效果的影响。视觉掩盖效应是指一个视觉信号的存在可能会隐藏另一个视觉信号的存在。具体来说，光顺去噪问题中的视觉掩盖效应表现为：对于同等程度的噪声，在模型光滑部分往往比在模型粗糙的部分表现得更明显，也就是说模

型的粗糙部分隐藏了噪声的存在。例如，图 2-3(b)中对 Bimba 模型添加了均匀分布随机噪声，使得 Bimba 模型每一部分噪声都具有相同强度；但是，Bimba 模型的噪声在诸如模型胸脯和脸部处光滑的部分却表现得比在像模型发髻处粗糙的部分更加显著，而图 2-3(c)中的粗糙度估计也反映了这一点。因而模型的 LRF 更符合人类的视觉习惯，使得其曲面光顺程度的衡量符合人类的视觉习惯。所以，本节将模型的 LRF 作为噪声模型局部光顺程度的一种度量，换句话说，噪声模型越不光顺的区域其 LRF 越大，而模型的光顺区域其 LRF 越小。

(a)原始模型　　　　　　　　(b)粗糙度估计　　　　　　　　(c)高斯曲率估计

图 2-2　Bimba 模型的粗糙度估计和高斯曲率估计(见彩图)

(a)原始模型　　　　　　　　(b)噪声模型　　　　　　　　(c)噪声模型粗糙度估计

图 2-3　Bimba 噪声模型的粗糙度估计(见彩图)

对于给定的三维网格模型 $M = \{v_1, v_2, \cdots, v_N\}$，其每一个顶点对应的 LRF 可以如文献(Wang K et al.，2012)估计。为了简单起见，本节将模型边界顶点的粗糙度取为零，并把整个模型各顶点 LRF 归一化映射到[0,1]。同时，将式(2.2)中的平衡系数 λ_k 设置为与顶点 v_k 的 LRF 呈正比关系，这样可以使得对于视觉感知越粗糙的区域其顶点 v_k 对应的 λ_k 越大。式(2.2)中的模型光顺项在滤波中起的作用就越大，从而使得滤波后模型表面更加平滑，模型噪声得到了有效去除和抑制；相反，对于视觉感知越光顺的区域其顶点 v_k 对应的 λ_k 越小；式(2.2)中的细节保持项在模型光顺滤波中起的作用就越大，从而使得滤波后的模型能够保留原始模型更多的细节特征。因此，可以取

$$\lambda_k = \alpha \cdot \text{LRF}_k \tag{2.11}$$

其中，α 是经验参数。

为了使模型光顺去噪效果的评判更加符合人类视觉的习惯，这里进一步使用视距(fast mesh perceptual distance，FMPD)(Wang K et al.，2012)来判断滤波结果的优劣，这是由于 FMPD 不仅考虑到了视觉遮盖现象对于去噪效果的影响，而且可以通过待评估模型和参考模型的视距来评判待评估模型与参考模型之间的差异。本节把原始模型看成参考模型 M_r，滤波后的模型看成待评估模型 M_d，利用文献(Wang K et al.，2012)中的定义可以计算出原模型和滤波后模型之间的 FMPD，FMPD 越小，表示滤波后的模型和原始模型越接近，滤波质量越好。

图 2-4 比较了当式(2.11)中的参数 α 值取 100，500 和 1000，以及当 λ_k 取常数 500 时不同模型的滤波效果，其中的噪声模型中添加了方差为 0.2 倍平均边长的高斯噪声。对于带有字母"i"和"H"的 Bunny 模型，当式(2.11)中 α 取 100，500 和 1000，以及当 λ_k 取常数 500 时，滤波后模型和原始模型间的 FMPD 分别为 0.323580，0.081105，0.156476 和 0.179357；对于 Armadillo 模型，当式(2.11)中 α 取 100，500 和 1000，以及 λ_k 取常数 500 时，滤波后模型和原始模型间的 FMPD 则分别为 0.185574，0.110824，0.154259 和 0.163480。从中可以发现，当式(2.11)中 α 取 500 时，模型光顺项在滤波中所起的作用较大，滤波后模型和原始模型之间的视距 FMPD 达到最小，滤波前后模型从视觉上看非常接近。此外，滤波前后模型从视觉上和 FMPD 值来看，当 λ_k 取 LRF 倍数比 λ_k 取常值滤波效果更好，说明了式(2.11)的有效性。实验中，通常取式(2.11)中的参数 α 为 500。

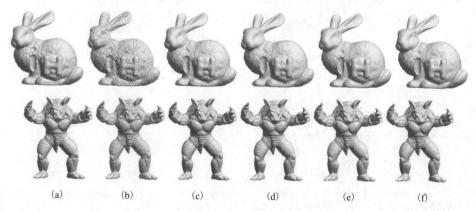

(a)　　　　(b)　　　　(c)　　　　(d)　　　　(e)　　　　(f)

图 2-4　α 取不同值及 $\lambda_k = 500$ 时滤波效果比较。(a)原始模型；(b)噪声模型；(c)滤波模型(α=100)；(d)滤波模型(α=500)；(e)滤波模型(α=1000)；(f)滤波模型(λ_k=500)

图 2-5 给出了复杂 Meduse 模型当式(2.11)中的参数 α 取 500 时的滤波效果，其中的噪声模型中添加了方差为 0.2 倍平均边长的高斯噪声。从图 2-5(c)中可以看到，本节方法在去除模型噪声的同时很好地保持了模型细节特征。图 2-6 给出了对直接用扫描得到的带噪声 Isidore horse 模型的滤波效果。图 2-6(b)是利用本节方法去噪

后得到的效果,可以看到,本节方法能够在去除原始模型噪声的同时有效地保持模型的细节特征。表 2-1 所示为参数 α 取 500 时,对 Buddha 模型、Meduse 模型以及 Isidore horse 模型经本节方法滤波的数据统计,可以看到,本节方法能高效地实现较好的最终滤波效果。

(a) 原始模型　　　　　　(b) 噪声模型　　　　　　(c) 滤波模型(α=500)

图 2-5　Meduse 模型的滤波效果

(a) 扫描得到的带噪声模型　　　　　　(b) 滤波模型(α=500)

图 2-6　Isidore horse 模型的滤波效果

表 2-1　不同模型利用本节方法滤波的数据统计

模型	顶点数	面片数	滤波时间/s	FMPD
Buddha	249940	499876	7.734	0.094149
Meduse	358726	716128	12.484	0.169151
Isidore horse	1104470	2208936	29.172	/

4. 实验分析和讨论

将三维模型的视觉感知粗糙度度量引进模型去噪滤波的极小化能量中,本节实现了基于粗糙度的保细节滤波。与传统的双边滤波(Fleishman et al.,2003)及基于显著度的滤波方法(Dutta et al.,2015)相比,本节提出的保细节滤波具有更好的滤波效果。

图 2-7 给出了 Bunny 模型利用不同滤波方法滤波效果的比较(噪声模型中添加了

方差为 0.2 倍平均边长的高斯噪声），具体地说，对带有字母"i"和"H"的 Bunny 模型分别利用传统双边滤波滤波 5 次的最佳效果、基于显著度的滤波滤波 1 次的最佳效果和本节方法滤波 1 次后的效果比较（实验结果中不同方法分别取其滤波前后模型之间的视距 FMPD 最小情况下的最佳效果）。可以看出，传统的双边滤波光顺效果较好，但丢失了模型部分细节；基于显著度的滤波较好地保留了模型细节，但其光顺效果不好；本节方法在去除模型噪声的同时较好地保留了模型细节。

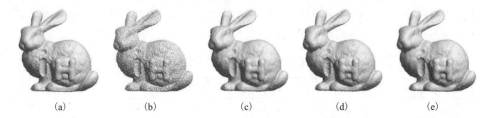

图 2-7　Bunny 模型利用不同方法滤波下最佳效果的比较。(a)原始模型；(b)噪声模型；(c)双边滤波方法(Fleishman et al.，2003)；(d)基于显著度的滤波方法(Dutta et al.，2015)；(e)本节方法

　　图 2-8 分别给出了 Bust 模型利用不同滤波方法滤波后的效果比较（噪声模型中添加了方差为 0.2 倍平均边长的高斯噪声），第 1 行是 Bust 模型分别利用传统的双边滤波滤波 5 次的最佳效果、基于显著度的滤波滤波 1 次的最佳效果和本节方法滤波 1 次后的效果比较；第 2 行分别是第 1 行滤波效果的对应均方根曲率图(Gatzke et al.，2005)（颜色越暖表示均方根曲率值越大）。从均方根曲率图中可以看出，双边滤波方法滤波后的光顺模型在噪声较大情况下不能很好地保持原始模型的明显特征，基于显著度的滤波方法滤波后的光顺模型能够部分保持原始模型的明显特征，而本节方法滤波后的光顺模型能很好地保持原始模型的明显特征。

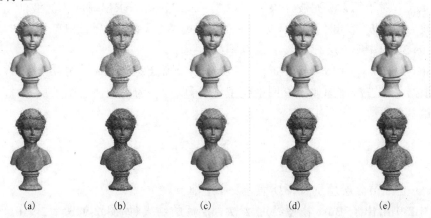

图 2-8　Bust 模型利用不同方法滤波下最佳效果的比较。(a)原始模型；(b)噪声模型；(c)双边滤波方法(Fleishman et al.，2003)；(d)基于显著度的滤波方法(Dutta et al.，2015)；(e)本节方法(见彩图)

　　表 2-2 所示为 Bunny 模型和 Bust 模型分别利用不同滤波方法滤波后的结果统计。可以看出，对不同模型利用本节滤波方法滤波得到的滤波后模型与原始模型间的视距 FMPD 最小，与双边滤波方法及基于显著度的滤波方法相比，本节方法滤波后的模型具有更好的视觉效果。需要指出的是，基于显著度的滤波方法（Dutta et al.，2015）在预先计算模型的显著度时需遍历顶点的 k-邻域并利用多尺度方法计算，这是一个较费时的过程，往往导致其滤波效率较低；相对而言，本节方法在计算模型的 LRF 时仅需遍历顶点的 1-邻域，因而比基于显著度的滤波方法效率高。

表 2-2　不同滤波方法滤波后的结果统计

滤波方法	模型	顶点数	面片数	FMPD	滤波时间/s
双边滤波	Bunny	34834	69451	0.192299	1.328
	Bust	239629	479246	0.638296	5.500
基于显著度的滤波	Bunny	34834	69451	0.181468	129.032
	Bust	239629	479246	0.360107	864.094
本节方法	Bunny	34834	69451	0.083897	1.703
	Bust	239629	479246	0.019079	7.609

2.2.2　基于保细节滤波的分层细节增强

　　利用三维模型的保细节滤波器可以对原始模型进行有效分层，进一步可以实现模型表面细节的分层细节增强。对于给定的三维网格模型 $M = \{v_1, v_2, \cdots, v_N\}$，假设经过 n 次滤波后得到模型的光滑基曲面为 $U_n = \{v_{n,1}, v_{n,2}, \cdots, v_{n,N}\}$，利用本节的视觉感知局部保细节滤波器可以实现模型分层，步骤如下：

　　Step1. 初始化基层 $U_0 = \{v_{0,i}\}$（其中 $v_{0,i} = v_i$），将滤波次数 k 初始化为 1。

　　Step2. 对于第 k 次滤波，根据式（2.8）～（2.11）可以求出对应于滤波前顶点 $v_{k-1,i}$ 的滤波后顶点 b_i，同时令 $v_{k,i} = b_i$，从而得到模型第 k 次分层结果 $U_k = \{v_{k,i}\}$。

　　Step3. 模型第 k 层细节表示为 $D_k = U_{k-1} - U_k$。

　　Step4. 令 $k = k + 1$，重复 Step2～ Step3，直至 k 达到规定的分层层数 n。

　　根据上述方法，原始三维网格模型 M 可以表示为模型所有细节层 D 和基曲面层 B 的和

$$M = B + \sum_{i=1}^{n} D_i, \quad B = U_n$$

其中，n 是细节分层总层数，D_i 表示第 i 层细节。

　　图 2-9 给出了 Bust 模型经过 2 次分层后的结果（如图 2-9(b)、2-9(d)所示），图 2-9(c)和图 2-9(e)分别是第 1 层和第 2 层细节图，顶点颜色越暖表示该点细节层

点距离前一层模型位移越大。从中可以看出，模型粗糙度较大的区域往往能够获取更多的细节信息。

在将三维网格模型分解为基曲面层和多个细节层后，本节采取如下简单的线性增强方式实现模型的分层细节增强效果

$$M' = U_n + a\sum_{i=1}^{n} D_i \tag{2.12}$$

其中，a 为线性增强系数，一般取 $1.5 \leqslant a \leqslant 3.0$；$M'$ 是经细节增强后的三维模型；D_i 表示模型的第 i 层细节；n 是细节分层总层数。为了避免对复杂模型细节进行简单线性增强中可能会导致模型面片自相交现象，线性增强系数必须设定在一个合理范围内。

(a) 原始模型 U_0　　(b) 第 1 次分层结果 U_1　　(c) 第 1 层细节图 D_1　　(d) 第 2 次分层结果 U_2　　(e) 第 2 层细节图 D_2

图 2-9　Bust 模型的二次细节分层（见彩图）

例如，要求增强系数 a 满足

$$(a-1)\|D_{i,k}\| \leqslant \frac{e_k}{n} \tag{2.13}$$

其中，e_k 是原模型 M 顶点 v_k 最长相邻边长；n 是细节分层总层数；$\|D_{i,k}\|$ 是顶点 v_k 的第 i 细节层的模长（$i = 1, 2, \cdots, n$）。式 (2.13) 保证了经细节增强后的模型顶点和原始模型对应顶点之间的距离不超过模型顶点相邻边的最长边长，从而可以有效地避免经细节增强后的模型顶点过度位移导致面片相交现象的发生。

图 2-10 给出了对 Armadillo 模型分层 5 次后进行分层细节增强的效果，第 2 行是第 1 行的腿部局部放大图。图 2-10(b) 是对原始模型分层 5 次后得到的光滑基层；图 2-10(c)～图 2-10(e) 分别给出了增强系数 a 分别取 1.5，2.0 和 3.0，利用式 (2.12) 进行分层细节增强的结果。从图 2-10 中可以看到，Armadillo 模型表面细节特征在增强系数 a 取不同值的情况下得到了不同程度的增强，较大的增强系数 a 往往导致明显的细节增强效果，在 a 取 2.0 情况下的增强效果相对于 a 取 1.5 情况下的增强效果显得更加明显，而相对于 a 取 3.0 情况下的增强效果显得较自然。图 2-11 给出了对 Gargo 模型分层 5 次后进行分层细节增强的效果，第 2 行是第 1 行的局部放大图。图 2-11(b) 是对原始模型分层 5 次后得到的光滑基层，图 2-11(c) 是增强系数 a 取 2.0 下利用式 (2.12) 进行分层细节增强的结果。

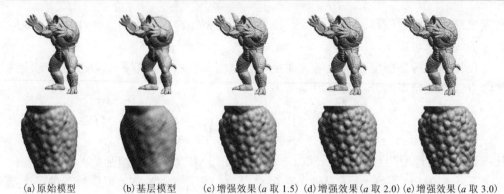

(a) 原始模型　　(b) 基层模型　　(c) 增强效果 (a 取 1.5)　(d) 增强效果 (a 取 2.0)　(e) 增强效果 (a 取 3.0)

图 2-10　Armadillo 模型在 a 取不同值下的分层细节增强效果

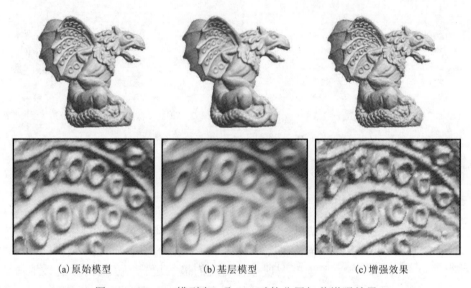

(a) 原始模型　　　　　　　(b) 基层模型　　　　　　　(c) 增强效果

图 2-11　Gargo 模型在 a 取 2.0 时的分层细节增强效果

2.3　基于 L_0 稀疏优化的几何数据去噪方法

为了实现几何数据的去噪，本节提出了一种新的 L_0 稀疏约束优化方法，该方法能够实现去除模型噪声、保留模型特征的目标。

2.3.1　几何去噪算法

设有噪声的三角形网格模型为 $M = \{P, K\}$，其中 $P = \{\boldsymbol{p}_i^* \in \mathbb{R}^3 \mid 1 \leqslant i \leqslant n\}$ 是网格顶点的集合，K 是顶点连接关系的集合。

1. L_0 稀疏约束

对于一个无噪声的网格模型，其局部区域要么是光滑的，要么含有几何特征。网格模型的位置信息和法向信息是互补的，共同体现网格曲面的本质属性。在平坦的区域，网格顶点的法向应该与其邻域边垂直。而在包含特征的区域，由于几何变化剧烈，网格顶点的法向与其邻域边并不垂直。

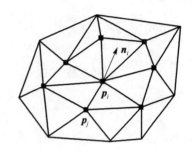

因为网格模型的特征往往是稀疏的，所以就可以利用 L_0 范数来约束这种垂直性，从而达到区分噪声和特征的目的。

如图 2-12 所示，设网格顶点 $\boldsymbol{p}_i$ 的单位法向为 $\boldsymbol{n}_i$，1 环-邻域点集为 $N_i = \{\boldsymbol{p}_j \mid (i,j) \in K\}$。若 $\boldsymbol{p}_i$ 的局部邻域是平坦的，则 $\boldsymbol{n}_i$ 应该垂直于 $\boldsymbol{p}_i$ 的 1 环邻域边 $\{\boldsymbol{p}_i - \boldsymbol{p}_j\}$。若 $\boldsymbol{p}_i$ 的局部邻域中包含几何特征，则垂直关系不成立。那么相应的约束条件可以表达为：

图 2-12　网格顶点 $\boldsymbol{p}_i$ 的局部邻域（$\boldsymbol{n}_i$ 为单位法向，$\boldsymbol{p}_j$ 为一环邻域点）

$$\sum_{\boldsymbol{p}_j \in N_i} \left\| \boldsymbol{n}_i (\boldsymbol{p}_i - \boldsymbol{p}_j) \right\|_0 \tag{2.14}$$

将所有的顶点位置 $\{\boldsymbol{p}_i\}_{i=1}^n$ 和顶点法向 $\{\boldsymbol{n}_i\}_{i=1}^n$ 分别记为向量 $\boldsymbol{p}$ 和向量 $\boldsymbol{n}$。那么，将所有网格顶点的约束条件进行累加就可以得到整个网格模型的 L_0 稀疏约束：

$$E_{sc}(\boldsymbol{p},\boldsymbol{n}) = \sum_{i=1}^n w_i \sum_{\boldsymbol{p}_j \in N_i} \left\| \boldsymbol{n}_i (\boldsymbol{p}_i - \boldsymbol{p}_j) \right\|_0 \tag{2.15}$$

其中，w_i 是 $\boldsymbol{p}_i$ 的权值，这里将其定义为 1 环邻域 N_i 的面积。

此外，去噪后的网格模型应该和去噪前的网格模型具有相似的结构。因此，我们进一步约束网格顶点的位置和法向在去噪过程中不能发生过大的偏移，从而可以得到如下的数据保真项：

$$E_{df}(\boldsymbol{p},\boldsymbol{n}) = \sum_{i=1}^n \left\| \boldsymbol{p}_i - \boldsymbol{p}_i^* \right\|_2^2 + \sum_{i=1}^n \left\| \boldsymbol{n}_i - \boldsymbol{n}_i^* \right\|_2^2 \tag{2.16}$$

其中，$\boldsymbol{n}_i^*$ 是 $\boldsymbol{p}_i$ 的初始单位法向。

因此，最终的能量优化问题就可以表达为：

$$\min_{\{\boldsymbol{p},\boldsymbol{n}\}} \{ E_{df}(\boldsymbol{p},\boldsymbol{n}) + \lambda E_{sc}(\boldsymbol{p},\boldsymbol{n}) \} \tag{2.17}$$

其中，λ 是权值，用于平衡两个能量项。

2. 改进的求解框架

L_0 由于稀疏优化问题是非凸的，对其求解是 NP 难的。基于文献(Xu et al., 2011; He et al., 2013)，我们给出了一种改进的交替极小化方法来解决这个问题。

通过引入一组辅助变量，将能量优化问题(2.17)改写为：

$$\min_{\{\boldsymbol{p},\boldsymbol{n},\boldsymbol{\delta}\}}\left\{\sum_{i=1}^{n}\left\|\boldsymbol{p}_i-\boldsymbol{p}_i^*\right\|_2^2+\sum_{i=1}^{n}\left\|\boldsymbol{n}_i-\boldsymbol{n}_i^*\right\|_2^2+\beta\sum_{i=1}^{n}w_i\sum_{\boldsymbol{p}_j\in N_i}\left\|\boldsymbol{n}_i(\boldsymbol{p}_i-\boldsymbol{p}_j)-\delta_{ij}\right\|_2^2+\lambda\left\|\boldsymbol{\delta}\right\|_0\right\} \tag{2.18}$$

其中，δ_{ij} 是 $\boldsymbol{n}_i\cdot(\boldsymbol{p}_i-\boldsymbol{p}_j)$ 的辅助变量；$\boldsymbol{\delta}$ 是所有辅助变量组成的向量；β 是一个权值。由 L_0 范数的定义可知，$\left\|\boldsymbol{\delta}\right\|_0=\sum_{i=1}^{n}\sum_{\boldsymbol{p}_j\in N_i}\left\|\delta_{ij}\right\|_0$。$\beta$ 决定了 $\boldsymbol{n}_i\cdot(\boldsymbol{p}_i-\boldsymbol{p}_j)$ 与 δ_{ij} 的相近程度。显然，β 越大，能量优化问题(2.18)的解越接近能量优化问题(2.17)的解。

能量优化问题(2.18)可以被分解为两个相对容易求解的子问题。第一个子问题是固定 $\boldsymbol{p}$ 和 $\boldsymbol{n}$，最小化 $\boldsymbol{\delta}$。去掉与 $\boldsymbol{\delta}$ 无关的项，第一个子问题如下式所示：

$$\min_{\{\boldsymbol{\delta}\}}\left\{\beta\sum_{i=1}^{n}w_i\sum_{\boldsymbol{p}_j\in N_i}\left\|\boldsymbol{n}_i(\boldsymbol{p}_i-\boldsymbol{p}_j)-\delta_{ij}\right\|_2^2+\lambda\left\|\boldsymbol{\delta}\right\|_0\right\} \tag{2.19}$$

该子问题中 δ_{ij} 之间是相互独立的，可以单独进行优化，即可以改写为：

$$\sum_{i=1}^{n}\sum_{\boldsymbol{p}_j\in N_i}\min_{\{\delta_{ij}\}}\left\{\beta w_i\left\|\boldsymbol{n}_i(\boldsymbol{p}_i-\boldsymbol{p}_j)-\delta_{ij}\right\|_2^2+\lambda\left\|\delta_{ij}\right\|_0\right\} \tag{2.20}$$

根据文献(Xu et al., 2011)，可以得到如下的解析解：

$$\delta_{ij}=\begin{cases}0, & w_i\left\|\boldsymbol{n}_i(\boldsymbol{p}_i-\boldsymbol{p}_j)\right\|_2^2\leqslant\dfrac{\lambda}{\beta}\\ \boldsymbol{n}_i(\boldsymbol{p}_i-\boldsymbol{p}_j), & w_i\left\|\boldsymbol{n}_i(\boldsymbol{p}_i-\boldsymbol{p}_j)\right\|_2^2>\dfrac{\lambda}{\beta}\end{cases} \tag{2.21}$$

第二个子问题是固定 $\boldsymbol{\delta}$，最小化 $\boldsymbol{p}$ 和 $\boldsymbol{n}$。去掉与 $\boldsymbol{p}$ 和 $\boldsymbol{n}$ 无关的项，第二个子问题如下式所示：

$$\min_{\{\boldsymbol{p},\boldsymbol{n}\}}\left\{\sum_{i=1}^{n}\left\|\boldsymbol{p}_i-\boldsymbol{p}_i^*\right\|_2^2+\sum_{i=1}^{n}\left\|\boldsymbol{n}_i-\boldsymbol{n}_i^*\right\|_2^2+\beta\sum_{i=1}^{n}w_i\sum_{\boldsymbol{p}_j\in N_i}\left\|\boldsymbol{n}_i(\boldsymbol{p}_i-\boldsymbol{p}_j)-\delta_{ij}\right\|_2^2\right\} \tag{2.22}$$

由于 $\boldsymbol{p}$ 和 $\boldsymbol{n}$ 是耦合在一起的，我们交替地求解该子问题：首先固定 $\boldsymbol{n}$ 最小化 $\boldsymbol{p}$，然后固定 $\boldsymbol{p}$ 最小化 $\boldsymbol{n}$。无论是固定 $\boldsymbol{n}$ 还是固定 $\boldsymbol{p}$，能量优化问题(2.22)都是一个二次线性优化问题，可以转化为求解线性方程组。

如算法 2-1 所示，文献(Xu et al., 2011; He et al., 2013)是采用一层的迭代框架来交替求解上述两个子问题。在迭代过程中，权值 λ 始终保持不变。权值 β 的初

始值为 β_0（一个很小的正数），每次迭代乘以一个大于 1 的常量 κ，直到超过 β_{max}（一个足够大的正数）。但是，在大尺度噪声或复杂模型上，该算法会出现不收敛的现象，从而导致不自然的去噪结果。记第 r 次迭代的权值分别为 λ 和 $\beta^{(r)}$，此时能量优化问题(2.18)是非凸的，只求解两个子问题一次无法得到最优解。而且下一次迭代时权值 β 发生变化，则第 r 次迭代不能为第 $r+1$ 次迭代提供良好的初始值。因此，数值误差会不断累积，最终造成求解过程的失败。

算法 2-1：文献(Xu et al., 2011；He et al., 2013)的求解框架

输入：有噪声的三角形网格模型 $p^* = (p_1^*, p_2^*, \cdots)$、$n^* = (n_1^*, n_2^*, \cdots)$，权值 λ，参数 β_0、β_{max}，
　　　常量 κ

初始化：$p^{(0)} \leftarrow p^*$，$n^{(0)} \leftarrow n^*$，$\beta \leftarrow \beta_0$，$t \leftarrow 0$

开始迭代
　　　固定 $p^{(t)}$ 和 $n^{(t)}$，求解能量优化问题(3.19)得到 $\delta^{(t+1)}$
　　　固定 $\delta^{(t+1)}$，求解能量优化问题(3.22)得到 $p^{(t+1)}$ 和 $n^{(t+1)}$

　　　$t++$

　　　$\beta \leftarrow \kappa\beta$

直到 $\beta \geq \beta_{max}$

输出：去噪后的三角形网格模型

算法 2-2：改进的求解框架

输入：有噪声的三角形网格模型 $p^* = (p_1^*, p_2^*, \cdots)$、$n^* = (n_1^*, n_2^*, \cdots)$，权值 λ，参数 β_0、β_{max}、
　　　s_{max}，常量 κ

初始化：$p^{(0)} \leftarrow p^*$，$n^{(0)} \leftarrow n^*$，$\beta \leftarrow \beta_0$，$t \leftarrow 0$

开始迭代
　　　$s \leftarrow 1$
　　　开始迭代
　　　　　固定 $p^{(t)}$ 和 $n^{(t)}$，求解能量优化问题(3.19)得到 $\delta^{(t+1)}$
　　　　　固定 $\delta^{(t+1)}$，求解能量优化问题(3.22)得到 $p^{(t+1)}$ 和 $n^{(t+1)}$
　　　　　$s++$，$t++$
　　　直到 $s \geq s_{max}$
　　　$\beta \leftarrow \kappa\beta$
直到 $\beta \geq \beta_{max}$

输出：去噪后的三角形网格模型

　　基于以上分析，本节的改进方法是：每次迭代时都需要交替求解两个子问题直至收敛，从而能够得到当前权值下（比如 λ 和 $\beta^{(r)}$）能量优化问题(2.18)的最优解。

算法 2-2 中是两层迭代求解框架，外层迭代对应于权值 β 的更新，内层迭代对应于当前权值下两个子问题的交替求解。内层迭代由变量 s 控制，若将 s_{max} 设为 1，那么算法 2-2 会退化为算法 2-1。也就是说，算法 2-1 是算法 2-2 的一个特例。

在图 2-13 中，将文献（Xu et al.，2011；He et al.，2013）的求解框架和本节改进的求解框架进行了比较。图 2-13(b) 的模型表面凹凸不平，且有些区域出现了明显的瑕疵（比如放大的局部区域）。相比之下，本节方法的结果较光顺，且保持了显著的边、角等特征。

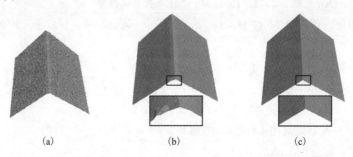

(a)   (b)   (c)

图 2-13 L_0 稀疏优化求解框架的比较。(a) 带有 $0.3l_e$ 高斯噪声的网格模型；(b) 使用文献（Xu et al.，2011；He et al.，2013）的求解框架得到的结果；(c) 使用本节改进的求解框架得到的结果

3．算法的扩展

上述算法具有良好的延拓性，进一步将其推广到点云模型的去噪。点云模型是由一组空间散乱点构成的。设有噪声的点云模型为 $S = \{v_1^*, v_2^*, \cdots\}$。利用协方差分析（Pauly et al.，2002）估计出每个采样点的法向，进而通过改进的最小生成树方法（Huang et al.，2009）来保证法向朝向的一致性。记第 i 个采样点的初始单位法向为 u_i^*。不同于网格模型，点云模型缺乏拓扑连接关系，因此用 k 最近邻域来表示个采样点的局部邻域。第 i 个采样点的 k 最近邻域记为 C_i。那么，我们就可以在该局部邻域中衡量曲面的光滑性和特征的稀疏性。

相应地，能量优化问题 (2.17) 中的目标函数可以改写为：

$$\sum_i \left\| v_i - v_i^* \right\|_2^2 + \sum_i \left\| u_i - u_i^* \right\|_2^2 + \lambda \sum_i w_i \sum_{v_j \in C_i} \left\| u_i(v_i - v_j) \right\|_0 \tag{2.23}$$

其中，v_i、u_i 分别是第 i 个采样点去噪后的位置和单位法向，w_i 是 v_i 的权值。这里用圆盘来拟合 C_i，并把 w_i 定义为该圆盘的面积。进而通过 2.4.1 节第二部分的求解框架最小化该目标函数，最终可以得到去噪结果。

2.3.2   实验结果与讨论

本节利用 C++编程实现了上述算法，计算机的配置为 Intel Core i5-3320M CPU。

实验数据中，有些模型带有高斯噪声，有些模型带有真实噪声。高斯噪声是人为加入的，其强度与原始模型的平均边长 l_e 成比例。而真实噪声是实际扫描时产生的。该算法包含 5 个参数：λ、β_0、β_{max}、κ、s_{max}。λ 是 L_0 稀疏约束的权值，取值 $[10^{-4},10^{-2}]$ 可以得到较好的去噪结果。β_0、β_{max}、κ 控制外层迭代，设定的默认值分别是 10^{-3}、10^3、$\sqrt{2}$。s_{max} 控制内层迭代，一般 3～8 次迭代即可收敛。

　　图 2-14 的模型中包含显著的几何特征。即使在大尺度噪声下，本节算法依然能够鲁棒地恢复出它们。图 2-15 的模型具有丰富的几何细节，算法在去除噪声的同时，能有效地保留住了这些细节。图 2-16 和图 2-17 的模型中带有真实噪声，本节算法可以准确地区分出噪声和特征，进而得到令人满意的去噪结果。图 2-18 给出了点云模型的去噪结果，整体形状和局部细节都得到了很好的保持，充分体现了本节算法的灵活性。

(a)原始模型　　　(b)带有 $0.4l_e$ 高斯噪声的模型　　　(c)去噪结果

图 2-14　FanDisk 网格模型的去噪结果

(a) 原始模型　　　(b)带有 $0.2l_e$ 高斯噪声的模型　　　(c)去噪结果

图 2-15　Turtle 网格模型的去噪结果

(a)带有真实噪声的模型　　　　　(b)去噪结果

图 2-16　Rabbit 网格模型的去噪结果

(a) 带有真实噪声的模型　　　　　　　　　(b) 去噪结果

图 2-17　Angel 网格模型的去噪结果

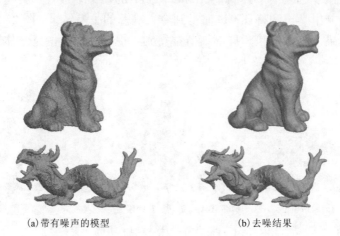

(a) 带有噪声的模型　　　　　　　　　(b) 去噪结果

图 2-18　点云模型的去噪结果

图 2-19 中将本节算法与已有的几种经典去噪算法进行了比较。在大尺度噪声下，文献 (Fleishman et al.，2003；Sun et al.，2007；Zheng et al.，2011) 的结果中出现了明显的瑕疵。文献 (He et al.，2013) 的结果并不光顺，有些区域凹凸不平。相比之下，本节算法可以有效地去除噪声，恢复显著的边和平面区域。图 2-20 中给出了另一组比较结果，该网格模型采样不均匀，左半边的采样比较稠密，因此左半边的噪声强度比较大。文献 (Fleishman et al.，2003；Sun et al.，2007；Zheng et al.，2011；He et al.，2013) 的算法不能很好地处理这种情形，模型左半边的噪声还没有被完全去除，右半边已经出现了过光顺的现象。本节算法能够适应不均匀采样，获得令人满意的去噪结果。

表 2-3 中列出了本节所用三维模型的几何信息和时间统计，算法时间主要取决于模型的顶点数、特征类型、噪声强度等因素。例如，若模型中包含显著的边、角等特征，那么就需要更多次迭代才能使得算法收敛，恢复出这些特征。求解能量优化问题 (2.22) 时，需要求解大型线性方程组，这会消耗较多的时间。本节算法的效率略低于已有算法，但是可以得到更好的去噪结果。

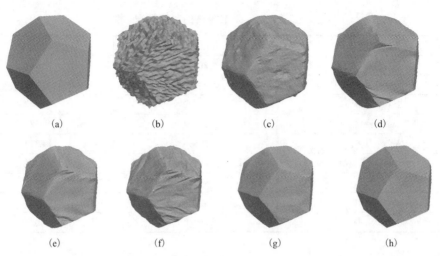

图 2-19　各种去噪算法的比较。(a) 原始 Dodecahedron 网格模型；(b) 带有 $0.35l_e$ 高斯噪声的
模型；(c) 文献 (Fleishman et al., 2003) 的结果；(d) 文献 (Sun et al., 2007) 的结果；
(e) 文献 (Zheng et al., 2011) 局部方法的结果；(f) 文献 (Zheng et al., 2011) 全局方法
的结果；(g) 文献 (He et al., 2013) 的结果；(h) 本节方法的结果

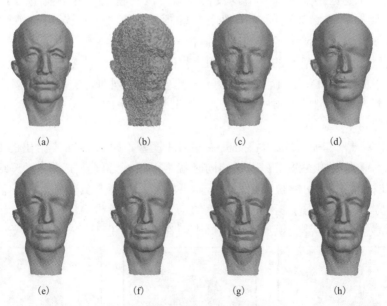

图 2-20　各种去噪算法的比较。(a) 原始 Max Planck 网格模型；(b) 带有 $0.4l_e$ 高斯噪声的模型；
(c) 文献 (Fleishman et al., 2003) 的结果；(d) 文献 (Sun et al., 2007) 的结果；
(e) 文献 (Zheng et al., 2011) 局部方法的结果；(f) 文献 (Zheng et al., 2011)
全局方法的结果；(g) 文献 (He et al., 2013) 的结果；(h) 本节方法的结果

表 2-3　本节算法的时间数据

模型	顶点个数	算法时间/s
Skull 网格模型	20002	42.184
FanDisk 网格模型	6475	33.752
Turtle 网格模型	42522	56.217
Rabbit 网格模型	37394	48.581
Angel 网格模型	24566	14.249
Dog 点云模型	67181	83.901
Asian Dragon 点云模型	90307	105.374
Dodecahedron 网格模型	4610	46.652
Max Planck 网格模型	30942	69.071

2.4　本 章 小 结

　　本章将三维网格模型的视觉感知粗糙度度量引进模型去噪滤波的极小化能量中，提出一种视觉感知的保细节滤波器。该滤波器将三维网格模型的 LRF 度量作为平衡系数来调节滤波器能量函数中光顺项和细节保持项对最终滤波效果的影响，从而使得其在去除模型噪声的同时能够很好地保持模型表面的细节特征。从滤波后模型与原始模型间的视距 FMPD 来看，和传统滤波方法相比，本章方法通常具有较小的 FMPD，从而具有更好的滤波质量。同时，将提出的局部保细节滤波器应用到三维模型的光顺去噪和分层细节增强应用中，表明了该滤波器的有效性和通用性。

　　然而，对于一些带尖锐形状的机械零部件模型，如图 2-21 中给出的 FanDisk 模型，利用本章提出的滤波器在去噪的同时就难以很好地保持尖锐边缘。这是由于局部保细节滤波器中使用的拉普拉斯算子是通过模型顶点与其 1-邻域平均值位置差来计算，该方法仅仅考虑了三维模型顶点的位置信息，并没有充分考虑三维模型顶点的法向量信息，对于带尖锐形状的机械零部件模型来说还不够鲁棒，无法有效地区

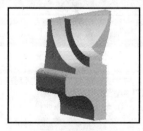

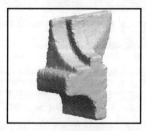

(a)原始模型　　　　　　　　　(b)噪声模型　　　　　　　　　(c)本章方法

图 2-21　FanDisk 模型的滤波失败例子

分机械零部件模型的尖锐形状特征部分和其余部分，从而无法有效地保持光顺模型的尖锐形状部分。

本章还利用 L_0 稀疏优化方法研究了三维几何模型的去噪问题，能够实现去除噪声、保留特征的目标。对于网格模型，通过 L_0 范数将顶点位置和顶点法向相结合，用于区分模型噪声和特征。改进的求解框架能够有效地求解 L_0 优化问题，具有良好的收敛性。即使在大尺度噪声或复杂模型上，本章算法也可以重建出模型原有的全局结构和局部细节。此外，我们还推广了上述算法，用于点云模型的去噪。由于 L_0 优化问题的复杂度非常高，可以考虑使用 GPU 进行加速。

第 3 章 三维形状的简化和重采样

本章在分析三维形状简化和重采样的基础上，提出了基于特征敏感的网格形状简化方法，基于 Meanshift 聚类的点模型重采样方法，基于 Gaussian 球映射的点模型重采样方法。3.1 节分析了三维形状简化和重采样的研究背景；3.2 节分析了网格模型的视觉显著性度量，并提出了视觉显著度引导的特征敏感形状简化方法；3.3 节介绍了自适应带宽 Meanshift 理论，并提出了点采样模型的基于 Meanshift 聚类的自适应重采样方法；3.4 节基于 Gaussian 球细分的形状 $L^{2,1}$ 误差分析，提出了点采样模型的基于 Gaussian 球映射的点采样模型简化重采样方法；最后是本章小结。

3.1 模型的简化和重采样概述

由于三维数字摄影技术(Digital Photographic Technique)和各种数字扫描设备的快速发展，大规模网格模型或点云模型变得越来越普遍(Levoy et al.，2000；Gross et al.，2007)。大规模三维数字模型在表示复杂和表面细节丰富的物理模型方面具有其强大的优势；然而，在大规模三维数字模型的获取中，利用三维扫描设备获取的均匀采样点数据通常并不依赖于模型的内在特征，大量采样点数据通常具有许多冗余信息。庞大的采样数据通常具有很高的复杂度，处理大规模数字几何模型在内存需求和算法时间复杂度方面提出了更高的要求和挑战。为了使大规模数据模型能适合于几何处理和绘制(例如数据存储、曲面编辑、曲面分析、累进数据传输、高效绘制)，必须对采样数据进行相应的简化以满足诸如数字娱乐、工业设计、虚拟现实等方面应用的实时性需求。

在数字几何处理领域，研究者提出了许多针对点采样几何的简化和重采样方法，例如基于 Voronoi 图的简化方法(Dey et al.，2001)，基于内在特性的方法(Moenning et al.，2004)，基于统计的方法(Kalaiah et al.，2003)，基于聚类简化的方法、基于迭代简化的方法以及基于粒子的重采样方法(Pauly et al.，2002)等。

利用离散采样点的三维 Voronoi 胞腔结构的特性，Dey 等(2001)提出了一种点模型的内在简化方法，但是该方法不适用于采样点分布不均匀的模型。Moenning 等(2004)提出了一种内在的重采样方法，他们的方法是一种逐步求精的简化，得到的简化模型能够满足模型的采样率要求，自适应地反映模型的特征，但是对采样点需要进行复杂的内在测地 Voronoi 图的计算，效率不高。Kalaiah 等 (2003)提出了一种基于统计的点采样几何表示方法，利用该表示可以实现点模型的简化。Nehab 等 (2004) 将点模型进行体素化(Voxelize)，并在每一个体素单元中选取一个采样点以达到简化点模型的目的。然而，这些基于信息熵、基于统计方法和基于体素化的方法在简化过程中并没有充分考虑到模型的内在几何特性。

基于网格模型的简化和重采样方法(Garland et al.，1997；Katz et al.，2003)，研究者将一些针对网格模型的聚类简化方法推广应用到点采样模型的简化方面。然而，一个困难的问题是如何在简化模型的同时能够方便地控制模型的重采样密度和模型的近似误差。Pauly 等(2002)提出了一种基于均匀聚类和层次聚类的点模型简化方法。他们的方法由于聚类过程简单，是一种高效的聚类简化方法，但难以控制简化模型的近似误差，产生的简化模型具有较大的误差。为了控制简化过程所产生的误差，类似于网格模型的简化方法(Garland et al.，1997)，Pauly 等(2002)进一步提出了一种在误差控制下的迭代简化，在简化过程的每一步去除具有较大误差的采样点以实现模型的简化。但是该方法在有关模型的采样密度的控制方面并不理想。Wu 等(2004)在物体空间利用稀疏圆盘形或椭圆形面元(Splats)来重采样点模型，但是它是一个费时的过程。

基于粒子的方法在点采样模型中发挥了重要的应用。Turk(1992)提出了一种基于粒子模拟的网格重采样方法。该方法首先在模型表面随机分布若干粒子，随后再根据其曲率分布通过采样点排斥推动(Repulsion)方法以实现采样点的均匀分布。Witkin 等(1994)提出了一种基于能量极小原理的采样点排斥推动方法以实现采样点的简化。Pauly 等(2002)也提出了一种粒子模拟方法以实现点采样模型的自适应简化。Proenca 等(2007)提出了一种基于模型特征的多层次剖分方法(Multi-level Partition of Unity，MPU)隐式曲面的采样方法，该方法能够在具有丰富特征细节的模型区域产生较高密度的简化采样点然而，一般来说，基于粒子的模拟方法通常计算复杂，也是一种费时的方法。

在网格离散化过程中通常采用均匀采样的方式，获得的模型通常具有等密度的网格顶点分布，而在模型细节程度不同的区域往往包含的特征信息量也会相应的有差别。因此，在模型细节程度较低的区域，往往包含了冗余的拓扑信息。于是，需要在保持模型主要特征的前提下对模型进行适当的简化。作为一种低层人类视觉焦点的有效度量，本章提出的复杂模型视觉显著性图能够影响用户观察和焦点投放区域的选择。明显地，这些视觉显著的表面区域应当有效地通过引入较小的简化误差得以保留并且在形状重采样中保持高视觉精细度，而视觉上重要性较小的区域则可以在满足一定预期简化率的情况下进行简化并用较少的三角面片表示，因为这些区域的简化误差将难以引起用户注意。本章引入了视觉感知显著性图作为复杂形体浮雕微观结构的重要性度量，通过加权顶点对收缩合并的高维特征空间二次误差度量以及视觉显著性度量，实现了一种显著性引导的网格形状简化方法。

在大规模点采样模型的简化中，一个关键问题是如何有效地选取合适的代表点（简化采样点）使得简化模型在几何和拓扑上能很好地近似原始点采样模型。相比较而言，在简化中点采样模型几何特征的保持是至关重要的和困难的，该问题的研究引起了研究者的广泛关注。为了能够更好地近似原始模型和保持模型的显著几何特征，在简化模型中的采样点分布应该自适应地反映模型的几何特征，比如，在模型的高曲率区域要求相对稠密，在模型的低曲率区域要求相对稀疏。基于 Meanshift 方法在多模特征空间分析中的有效性（Comaniciu et al.，1999，2002），本章提出了一种几何特征敏感（特别是曲率敏感）的 Meanshift 聚类简化方法，该方法在模型的欧氏空间域和特征空间域进行聚类分析以生成简化采样点集。由于 Meanshift 聚类所固有的双边滤波特性，该方法具有特征保持和噪声鲁棒等优势。同时，由于采用了自适应 Meanshift 聚类，本章该方法也适用于采样点分布不均匀的点采样模型的简化。但是，值得指出的是，对于采样点数据高度不均匀和具有强噪声的点采样模型，在进行模型简化之前还是需要对它们进行某些预处理（Weyrich et al.，2004），然后利用本章的自适应重采样方法进行简化。基于 Gaussian 球的正则三角化和曲面采样点法向量在 Gaussian 球上的投影，本章提出了一种基于 Gaussian 映射的模型重采样方法。基于该方法所产生的形状 Isophotic 误差（$L^{2,1}$ 距离误差）的理论分析，本章提供了一种方便的方法以控制重采样结果产生的形状误差。同时，本章给出了一个针对点采样数据的重采样框架，在该框架下产生的简化采样点能够很好地反映模型的内在特征，是一种特征敏感的自适应简化方法。

3.2　视觉显著度引导的特征敏感形状简化

3.2.1　基于视觉感知的模型显著性度量

对于高度精细的三维形体，其丰富的几何细节，亦称为浮雕纹理或者表面微观结构，总是能够在低层人类视觉中有效地引入观察者的视觉焦点（Shilane et al.，2007；Miao et al.，2012b）。对于浮雕表面，Miao 等（2012b）结合三个特征图给出了多通道显著性度量的定义，即局部高度分布的零阶特征图、法向差的一阶特征图以及平均曲率变化的二阶特征图。不同于已有网格显著性的定义（Lee et al.，2005；Liu et al.，2007），本节为复杂浮雕形状提出了一种新颖的内容敏感显著性度量。该显著性度量以依赖尺度的方式在高斯加权浮雕高度上使用了一种中心环绕算子。

给定一个复杂的多边形模型 S（通常表示为一个三元素集合 $S = \{V, E, F\}$，V 代表顶点集，E 代表边集，F 代表面集），每个顶点 $v \in V$ 的浮雕高度 $h(v)$ 可以用 Zatzarinni 等（2009）的间接方法隐式确定。换言之，浮雕高度值可以通过最小化如下的能量函数进行估算，

$$\min_{h(\boldsymbol{v}_i),i=1,2,\cdots,n} \sum_{\boldsymbol{e}_{ij}\in E}\Big[h(\boldsymbol{v}_i)-h(\boldsymbol{v}_j)-\mathrm{d}h(\boldsymbol{e}_{ij})\Big]^2 \tag{3.1}$$

其中，n 是模型顶点的数量。能量函数 (3.1) 的求解可以使用共轭梯度方法 (Press et al.，1992)。此处，两个相邻顶点的高度差 $\mathrm{d}h(\boldsymbol{e}_{ij})$ 通过投影边 $(\boldsymbol{v}_i,\boldsymbol{v}_j)=\boldsymbol{e}_{ij}\in E$ 到其平均法向得到，即：

$$\mathrm{d}h(\boldsymbol{e}_{ij})=(\boldsymbol{v}_i-\boldsymbol{v}_j)\cdot N_B(\boldsymbol{e}_{ij})$$

其中：

$$N_B(\boldsymbol{e}_{ij})=(N_B(\boldsymbol{v}_i)+N_B(\boldsymbol{v}_j))\big/\big\|N_B(\boldsymbol{v}_i)+N_B(\boldsymbol{v}_j)\big\|$$

每个顶点 $\boldsymbol{v}$ 的基法向 $N_B(\boldsymbol{v})$ 可以简单地计算为关联面片基准面的归一化平均法向，其可以由 Ohtake 等 (2002) 的各向异性高斯平均滤波方法得到。

由于已经估算得到浮雕高度分布，对每个顶点的视觉感知显著性度量可以定义为在表面浮雕高度分布上多尺度下使用中心环绕方法。在实验中，首先在每个顶点 $\boldsymbol{v}$ 上 2σ 半径范围内搜索邻域点 $\boldsymbol{x}$ 并计算浮雕高度 $h(\boldsymbol{x})$ 的高斯加权平均如下：

$$G(h(\boldsymbol{v}),\sigma)=\frac{\displaystyle\sum_{\boldsymbol{x}\in N(\boldsymbol{v},2\sigma)}h(\boldsymbol{x})\exp(-\|\boldsymbol{x}-\boldsymbol{v}\|^2\big/(2\sigma^2))}{\displaystyle\sum_{\boldsymbol{x}\in N(\boldsymbol{v},2\sigma)}\exp(-\|\boldsymbol{x}-\boldsymbol{v}\|^2\big/(2\sigma^2))} \tag{3.2}$$

于是，顶点 $\boldsymbol{v}$ 的单一尺度显著性度量计算为精细尺度和粗糙尺度下高斯加权平均的绝对值之差，即：

$$\zeta(\boldsymbol{v})=\big|G(h(\boldsymbol{v}),\sigma)-G(h(\boldsymbol{v}),2\sigma)\big| \tag{3.3}$$

为了估计多尺度下的视觉感知网格显著性，令顶点 $\boldsymbol{v}$ 在尺度 i 下的顶点显著性为 $\zeta_i(\boldsymbol{v})$，高斯滤波标准差为 σ_i。类似于 Lee 等 (2005)，本节使用五个尺度 $\sigma_i\in\{2\varepsilon,3\varepsilon,4\varepsilon,5\varepsilon,6\varepsilon\}$ 来估算不同尺度下的网格顶点显著性。实验中 ε 为原始模型包围盒的对角线长度的 0.15%。最后，每个顶点 $\boldsymbol{v}$ 的内容敏感显著性度量 $s(\boldsymbol{v})$ 可以通过应用非线性抑制归一化所有 5 个尺度上的显著性图来估算。

图 3-1 给出了在山体浮雕模型上的视觉感知显著性估算以及其与传统显著性测量的比较 (如图 3-1(a))。对不同的复杂形体首先提取浮雕高度图，本节的视觉感知显著性图能够在表面浮雕高度分布上使用中心环绕方法在多尺度下计算得到 (如图 3-1(b))。图 3-2 同样展示了一些本节的显著性图与其他传统显著性度量的比较例子，如模型 Horse、Stanford Bunny 和 Lion (如图 3-2(a))。相比于本节的显著性图，对不同的模型，图 3-1(c) 和 3-2(c) 显示了 Lee 等 (2005) 的网格显著性估计，图 3-1(d) 和图 3-2(d) 显示了 Liu 等 (2007) 的网格显著性估计。

(a) 原始模型　　　　　　　　　　(b) 本节方法的显著性图

(c) (Lee et al.，2005) 显著性图　　　(d) (Liu et al.，2007) 显著性图

图 3-1　山体浮雕模型视觉显著性图（见彩图）

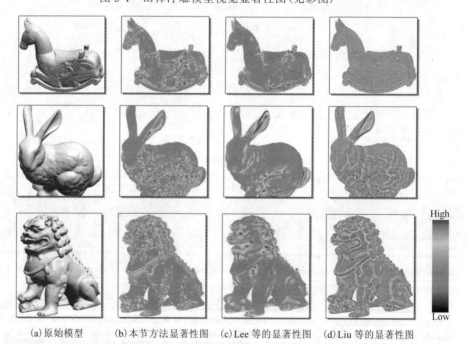

(a) 原始模型　　(b) 本节方法显著性图　　(c) Lee 等的显著性图　　(d) Liu 等的显著性图

图 3-2　不同模型的视觉显著性图（从上到下依次为模型 Horse，Stanford Bunny，Lion）（见彩图）

不同于 Lee 等（2005）和 Liu 等（2007）的网格显著性定义，本节的内容敏感显著性图能够表现出视觉显著的几何细节并突出原始模型上吸引观察者视觉焦点的微观结构。

3.2.2　视觉显著度引导的特征敏感形状简化

通过在重采样过程中引入复杂模型的视觉显著性图，本节提出了一种特征敏感的形状简化方法。不同于传统的 QSlim 简化方法(Garland et al., 1997)，本节通过结合表面顶点的位置和法向信息将其置于六维特征空间中。使用六维特征空间的原因是顶点位置和法向方向的变化将影响模型固有几何特征，从而可以作为生成视觉感知简化模型顶点分布的一种线索。

对于给定三维网格模型 S 的每个顶点 v，其 6 维特征点表示为 $\bar{v}=(v_x, v_y, v_z, n_x, n_y, n_z)^T$，其中包括位置信息 (v_x, v_y, v_z) 和法向信息 (n_x, n_y, n_z)。对于原始模型的每个三角面片 $\Delta=(p,q,r)$，一个相应的二维超平面 $\bar{\Delta}=(\bar{p},\bar{q},\bar{r})$ 能在六维特征空间中获得，并且可以构建一个三维超平面的正交基。例如，令 $\bar{p}$ 为六维特征空间的坐标原点，$\bar{e}_1$ 为沿着方向 $\overline{pq}$ 的单位向量，$\bar{e}_2$ 为 $\bar{e}_1$ 的正交单位向量，如图 3-3 所示。

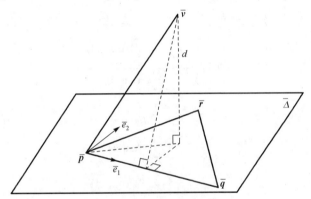

图 3-3　顶点到二维超平面距离平方的计算

根据二次误差度量分析(Garland et al., 1997，1998)，高维的二次误差度量可以确定为顶点 $\bar{v}$ 到二维超平面 $\bar{\Delta}=(\bar{p},\bar{q},\bar{r})$ 的距离平方(图 3-3)，即：

$$\begin{aligned}
D^2(\bar{v},\bar{\Delta}) = d^2 &= \left\|\bar{v}-\bar{p}\right\|^2 - [(\bar{v}-\bar{p})^T\bar{e}_1]^2 - [(\bar{v}-\bar{p})^T\bar{e}_2]^2 \\
&= (\bar{v}^T-\bar{p}^T)(\bar{v}-\bar{p}) - (\bar{v}^T-\bar{p}^T)\bar{e}_1\bar{e}_1^T(\bar{v}-\bar{p}) \\
&\quad -(\bar{v}^T-\bar{p}^T)\bar{e}_2\bar{e}_2^T(\bar{v}-\bar{p}) \\
&= \bar{v}^T(I-\bar{e}_1\bar{e}_1^T-\bar{e}_2\bar{e}_2^T)\bar{v} - 2\bar{p}^T(I-\bar{e}_1\bar{e}_1^T-\bar{e}_2\bar{e}_2^T)\bar{v} \\
&\quad +\bar{p}^T(I-\bar{e}_1\bar{e}_1^T-\bar{e}_2\bar{e}_2^T)\bar{p} \\
&= \bar{v}^T(I-\bar{e}_1\bar{e}_1^T-\bar{e}_2\bar{e}_2^T)\bar{v} + 2[(\bar{p}^T\cdot\bar{e}_1)\bar{e}_1 + (\bar{p}^T\cdot\bar{e}_2)\bar{e}_2 - \bar{p}]^T\bar{v} \\
&\quad +\bar{p}^T\cdot\bar{p} - (\bar{p}^T\cdot\bar{e}_1)^2 - (\bar{p}^T\cdot\bar{e}_2)^2
\end{aligned}$$

于是，有如下误差度量公式：

$$D^2(\overline{\boldsymbol{v}}, \overline{\varDelta}) = \overline{\boldsymbol{v}}^{\mathrm{T}} A(\overline{\boldsymbol{v}}, \overline{\varDelta})\overline{\boldsymbol{v}} + 2b(\overline{\boldsymbol{v}}, \overline{\varDelta})^{\mathrm{T}}\overline{\boldsymbol{v}} + c(\overline{\boldsymbol{v}}, \overline{\varDelta}) \tag{3.4}$$

这里，式(3.4)中误差的三项可以分别计算为：

$$A(\overline{\boldsymbol{v}}, \overline{\varDelta}) = I - \overline{\boldsymbol{e}}_1\overline{\boldsymbol{e}}_1^{\mathrm{T}} - \overline{\boldsymbol{e}}_2\overline{\boldsymbol{e}}_2^{\mathrm{T}}$$

$$b(\overline{\boldsymbol{v}}, \overline{\varDelta}) = (\overline{\boldsymbol{p}}^{\mathrm{T}} \cdot \overline{\boldsymbol{e}}_1)\overline{\boldsymbol{e}}_1 + (\overline{\boldsymbol{p}}^{\mathrm{T}} \cdot \overline{\boldsymbol{e}}_2)\overline{\boldsymbol{e}}_2 - \overline{\boldsymbol{p}}$$

$$c(\overline{\boldsymbol{v}}, \varDelta) = \overline{\boldsymbol{p}}^{\mathrm{T}} \cdot \overline{\boldsymbol{p}} - (\overline{\boldsymbol{p}}^{\mathrm{T}} \cdot \overline{\boldsymbol{e}}_1)^2 - (\overline{\boldsymbol{p}}^{\mathrm{T}} \cdot \overline{\boldsymbol{e}}_2)^2 \tag{3.5}$$

最终，顶点 v 的误差度量可以定义为相关二维相邻超平面集的二次误差加权和如下

$$\mathrm{Error}(\boldsymbol{v}) = \overline{\boldsymbol{v}}^{\mathrm{T}} A(\overline{\boldsymbol{v}})\overline{\boldsymbol{v}} + 2b(\overline{\boldsymbol{v}})^{\mathrm{T}}\overline{\boldsymbol{v}} + c(\overline{\boldsymbol{v}}) = \frac{\sum\limits_{\overline{\varDelta}} D^2(\overline{\boldsymbol{v}}, \overline{\varDelta})\mathrm{Area}(\overline{\varDelta})}{\sum\limits_{\overline{\varDelta}} \mathrm{Area}(\overline{\varDelta})} \tag{3.6}$$

为方便起见，将二次误差度量表示为三元素集 $\mathrm{Error}(\boldsymbol{v}) = (A(\overline{\boldsymbol{v}}), b(\overline{\boldsymbol{v}}), c(\overline{\boldsymbol{v}}))$，其中：

$$A(\overline{\boldsymbol{v}}) = \frac{\sum\limits_{\overline{\varDelta}} A(\overline{\boldsymbol{v}}, \overline{\varDelta})\mathrm{Area}(\overline{\varDelta})}{\sum\limits_{\overline{\varDelta}} \mathrm{Area}(\overline{\varDelta})}$$

$$b(\overline{\boldsymbol{v}}) = \frac{\sum\limits_{\overline{\varDelta}} b(\overline{\boldsymbol{v}}, \overline{\varDelta})\mathrm{Area}(\overline{\varDelta})}{\sum\limits_{\overline{\varDelta}} \mathrm{Area}(\overline{\varDelta})}$$

$$c(\overline{\boldsymbol{v}}) = \frac{\sum\limits_{\overline{\varDelta}} c(\overline{\boldsymbol{v}}, \overline{\varDelta})\mathrm{Area}(\overline{\varDelta})}{\sum\limits_{\overline{\varDelta}} \mathrm{Area}(\overline{\varDelta})} \tag{3.7}$$

从而，由视觉显著性度量引导，误差度量可以用如下从网格显著性衍生得到的加权图 $\varpi(\boldsymbol{v})$ 进行加权，即：

$$\mathrm{Error}(\boldsymbol{v}) = (\varpi(\boldsymbol{v})A(\overline{\boldsymbol{v}}), \varpi(\boldsymbol{v})b(\overline{\boldsymbol{v}}), \varpi(\boldsymbol{v})c(\overline{\boldsymbol{v}})) \tag{3.8}$$

为了保证显著性较强的顶点具有较高的收缩合并代价，加权图 $\varpi(\boldsymbol{v})$ 可以具体表示为：

$$\varpi(\boldsymbol{v}) = \begin{cases} \kappa \cdot s(\boldsymbol{v}), & \text{if } s(\boldsymbol{v}) - \overline{s} > \lambda\sigma_s \\ s(\boldsymbol{v}), & \text{else} \end{cases} \tag{3.9}$$

其中，$s(\boldsymbol{v})$ 是顶点 v 的显著性度量值；$\overline{s}$ 和 σ_s 分别表示平均值和显著性分布 $s(\boldsymbol{v})$ 的标准差。本节实验中，$\kappa = 50.0$，$\lambda = 1.33$。

在顶点对收缩合并的过程中按照误差损失增大的顺序，对每个顶点对 $(\boldsymbol{v}_i, \boldsymbol{v}_j)$ 的

加权二次误差度量能够通过如下方式计算：

$$\text{Error}(\boldsymbol{v}_i, \boldsymbol{v}_j) = \begin{pmatrix} \varpi(\boldsymbol{v}_i)A(\overline{\boldsymbol{v}}_i) + \varpi(\boldsymbol{v}_j)A(\overline{\boldsymbol{v}}_j), \\ \varpi(\boldsymbol{v}_i)b(\overline{\boldsymbol{v}}_i) + \varpi(\boldsymbol{v}_j)b(\overline{\boldsymbol{v}}_j), \\ \varpi(\boldsymbol{v}_i)c(\overline{\boldsymbol{v}}_i) + \varpi(\boldsymbol{v}_j)c(\overline{\boldsymbol{v}}_j) \end{pmatrix} \tag{3.10}$$

顶点对 $(\boldsymbol{v}_i, \boldsymbol{v}_j)$ 的收缩合并顶点 $\boldsymbol{v}^*$ 可以通过最小化式 (3.10) 中给出的二次误差损失 $\text{Error}(\boldsymbol{v}_i, \boldsymbol{v}_j)$ 确定。如果顶点对 $(\boldsymbol{v}_i, \boldsymbol{v}_j)$ 被收缩合并为一个新的顶点 $\boldsymbol{v}^*$，则收缩合并顶点 $\boldsymbol{v}^*$ 的权可以更新为 $\varpi(\boldsymbol{v}^*) = \varpi(\boldsymbol{v}_i) + \varpi(\boldsymbol{v}_j)$。顶点 $\boldsymbol{v}^*$ 的加权二次误差度量可以简单地计算如下：

$$\text{Error}(\boldsymbol{v}^*) = \begin{pmatrix} \varpi(\boldsymbol{v}^*)(A(\overline{\boldsymbol{v}}_i) + A(\overline{\boldsymbol{v}}_j)), \\ \varpi(\boldsymbol{v}^*)(b(\overline{\boldsymbol{v}}_i) + b(\overline{\boldsymbol{v}}_j)), \\ \varpi(\boldsymbol{v}^*)(c(\overline{\boldsymbol{v}}_i) + c(\overline{\boldsymbol{v}}_j)) \end{pmatrix} \tag{3.11}$$

对每个顶点对收缩合并 $(\boldsymbol{v}_i, \boldsymbol{v}_j) \to \boldsymbol{v}^*$ 后，原来相邻于顶点 $\boldsymbol{v}_i$ 或者顶点 $\boldsymbol{v}_j$ 的顶点集应当与新的顶点 $\boldsymbol{v}^*$ 相连，并且它们的误差损失也应当被更新。

最终，利用一个以误差损失代价作为键值的堆数据结构，本节的视觉显著性引导形状简化方法将迭代地收缩合并堆中具有最小加权二次误差损失代价的顶点对，直到满足用户定义的模型简化率为止。

3.2.3　实验结果与讨论

本节提出的视觉显著性引导的形状简化算法在配置为 Pentium IV 3.0 GHz CPU，1024MB 内存的电脑上实现。作为预处理步骤，基于浮雕高度分布，首先提取原始网格模型的视觉感知显著性图。由显著性度量引导，本节的特征敏感形状简化方法应用于各种三维复杂形状的模型简化时表现稳定且有效。

1. 特征敏感自适应简化

通过在重采样过程中引入视觉显著性度量，本节提出的特征敏感形状简化方法可以通过顶点对收缩合并实现，这使得在应用本节显著性加权下二次误差度量时简化模型更加接近于原始模型。其中，二次误差度量定义在高维特征空间用于度量边收缩合并误差。

图 3-4 给出了视觉显著性引导下对模型 Horse 和 Lion 进行特征敏感形状简化的结果。图 3-4 (b) ～ (d) 分别是用本节显著性引导形状简化方法在简化率为 80.0%、90.0%、95.0% 下的重采样结果。实验结果说明了对于原始网格模型的视觉显著特征，本节的形状简化方法具有很好的适应性。最终简化模型的采样顶点在视觉特征显著区域较为密集，而在视觉特征较为不明显或者相对平坦的区域则较为稀疏。

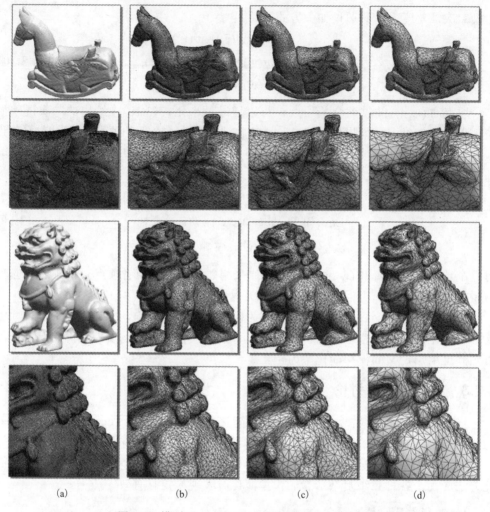

图 3-4　模型 Horse 和 Lion 的特征敏感形状简化

　　此外，为了衡量本节特征敏感重采样算法生成的简化结果质量，类似于网格 Metro 分析工具（Cignoni et al.，1998），我们度量原始模型 S 和简化模型 S' 归一化后最大的几何误差（式 3.12）以及归一化后均方根误差（式 3.13），即：

$$\Delta^*_{\max}(S,S') = \frac{\max_{v \in S} d(v,S')}{\text{bb\_diag}} \tag{3.12}$$

$$\Delta^*_{\text{RMS}}(S,S') = \frac{\sqrt{\dfrac{1}{\|S\|} \displaystyle\sum_{v \in S} d^2(v,S')}}{\text{bb\_diag}} \tag{3.13}$$

其中，几何距离误差 $d(v, S')$ 是顶点 $v \in S$ 到简化表面 S' 的欧氏距离，近似为顶点到简化离散表面采样点集的最小距离。尺度 bb_diag 是原始模型包围盒的对角线长度。需要指出的是，用户可以指定简化率，并且简化前后的模型之间的几何误差可以直接估计。

表 3-1 列出了对不同模型重采样的数据统计和几何误差数据的量化估计，即每个网格模型在简化率分别为 80.0%、90.0%、95.0%下的归一化最大几何误差和归一化后均方根误差。例如，原模型 Lion 的顶点总数为 152807，那么在简化率分别为 80.0%、90.0%、95.0%时，简化模型顶点分别降为原顶点数 20.0%(30501)、10.0%(15280)、5.0%(7640)。使用本节的视觉显著性引导的特征敏感简化方法，在简化率为 80.0%时归一化最大几何误差为 0.0060，均方根误差为 0.0015。而如果简化率增大到 90.0%时，归一化最大几何误差和归一化均方根误差则分别为 0.0086 和 0.0023。此外，如果简化率增大到 95.0%，则归一化最大几何误差和归一化均方根误差分别为 0.0130 和 0.0034。实验结果证明，正如预期的那样，简化率的增大使得最终简化模型采样顶点数目减少并产生更大的几何误差。

表 3-1　不同模型简化重采样的数据统计

模型	原始顶点数	简化率 80.0%			简化率 90.0%			简化率 95.0%		
		简化顶点数	最大误差	RMS误差	简化顶点数	最大误差	RMS误差	简化顶点数	最大误差	RMS误差
Blade	195156	39031	0.0041	0.0009	19515	0.0055	0.0011	9757	0.0075	0.0021
Lion	152807	30561	0.0060	0.0015	15280	0.0086	0.0023	7640	0.0130	0.0034
Mountain	131584	26316	0.0050	0.0010	13158	0.0094	0.0015	6579	0.0112	0.0022
Horse	117690	23537	0.0053	0.0013	11769	0.0076	0.0019	5884	0.0096	0.0028
Bunny	72027	14405	0.0069	0.0018	7202	0.0088	0.0026	3601	0.0124	0.0038
Hand	53054	10610	0.0071	0.0019	5305	0.0088	0.0029	2652	0.0183	0.0043

2. 与传统简化方法的比较

实际上，本节特征敏感简化方法在简化过程中通过迭代收缩合并点对并跟踪更新近似误差来重采样三维模型。因此，为考虑一致性，我们将比较限制在基于二次误差度量的三维网格简化方法上，例如传统 QSlim 方法(Garland et al.，1997)。然而，本节的形状简化方法通过加权顶点对收缩合并的特征空间二次误差度量和视觉感知度量以特征敏感的方式重采样三角形网格模型。我们分别在模型 Blade 和 Stanford Bunny 上用本节提出的显著性引导的简化方法与传统的 QSlim 简化方法(Garland et al.，1997)进行了比较。对于模型 Blade(原始模型顶点总数为 72027)，简化到了原模型的 20%。如图 3-5 所示，本节特征敏感简化方法生成的最终简化模型的自适应顶点分布能保持显著的模型特征并体现很好的视觉显著性，即简化模型的顶点在特征显著区域较为密集，而在特征不显著的区域相对较为稀疏。

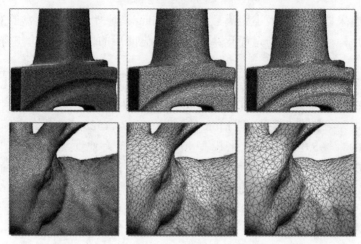

(a)原始模型的放大视图　(b)QSlim 方法的简化结果　(c)本节方法的简化结果

图 3-5　本节方法与 QSlim 方法对模型 Blade 和 Stanford Bunny 简化的结果比较

　　此外，图 3-6 给出了用本节显著性引导的重采样方法在不同显著性图下对模型 Hand 的不同简化结果比较。模型 Hand 的原始模型顶点总数为 53504，并且被简化到原始顶点的 10.0%。如图 3-6 所示，最终简化模型的顶点分布将受不同显著性定义的影响。相比用 Lee 等(2005)和 Liu 等(2007)的网格显著性图的显著性引导的重采样方法，本节使用视觉感知显著性引导的形状简化方法得到的最终简化模型的顶点分布能够更有效地反映原始模型的视觉显著特征。

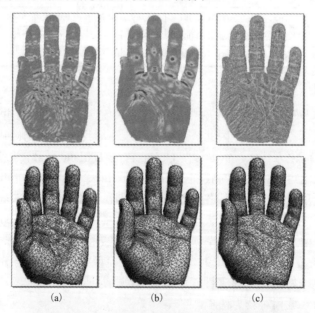

(a)　　　　　　　(b)　　　　　　　(c)

图 3-6　模型 Hand 在不同显著性图下简化的比较

3.3　基于 Meanshift 聚类的自适应重采样方法

3.3.1　自适应带宽 Meanshift 理论

基于在欧氏空间域和特征空间域的多模特征空间分析，Meanshift 方法 (Comaniciu et al.，1999，2002)是一种有效的高维散乱点数据的非参数特征空间聚类技术。在多维特征空间里，那些对指定特征具有相似性的元素点形成一个密集的区域，而在每个元素点上的密集性度量可以定义为相邻元素点度量值的一个加权平均。其中每个权值由一个核函数来决定，通常在本点的权值最大，距离近的点权值稍大，远的点则稍小。Meanshift 算法可以寻找每个元素点密度估计的局部模式(Local Mode)即密度估计的局部最大值。理论上，所有具有相同局部模式的元素点被认为是具有局部相似性的，从而被界定为同一个类。不同于其他的参数聚类技术往往需要预先指定聚类的个数，Meanshift 方法能够完全根据数据点的内在特性自动确定聚类的个数，被认为是一种更好的聚类技术。

根据定义在欧氏空间域和特征空间域的密度函数 $f(x): \boldsymbol{R}^{d_1+d_2} \mapsto \boldsymbol{R}$，对于离散采样点集：

$$\chi = \{X_i = (\boldsymbol{p}_i, \boldsymbol{q}_i): \boldsymbol{p}_i \in P \subseteq R^{d_1}, \boldsymbol{q}_i \in Q \subseteq R^{d_2}\}, \quad i = 1, 2, \cdots, n$$

我们需要估计在采样点 $x = (\boldsymbol{p}, \boldsymbol{q})$ 处的多变量概率密度。通常，考虑欧氏空间域和特征空间域 $P \times Q$，其中 P 表示离散数据点的维度为 d_1 的空间位置信息，Q 表示数据点的维度为 d_2 的特征信息如采样点的法向信息等。为了较好地分析空间和内在特征信息，可以将多变量的密度函数分成两部分，一部分称为空间核 $K_1(\cdot)$，另一部分称为特征核 $K_2(\cdot)$。从而密度函数可以表示为：

$$\hat{f}(\boldsymbol{p}, \boldsymbol{q}) = \frac{1}{nh_1^{d_1} h_2^{d_2}} \sum_{i=1}^{n} K_1\left(\frac{\boldsymbol{p} - \boldsymbol{p}_i}{h_1}\right) K_2\left(\frac{\boldsymbol{q} - \boldsymbol{q}_i}{h_2}\right)$$

其中，$K(\cdot)$ 称为核函数满足 $\int_{\boldsymbol{R}^d} K(\boldsymbol{x}) \mathrm{d}\boldsymbol{x} = 1$，参数 h_1 和 h_2 被称为带宽的光顺因子。一般地，取径向对称的核函数 $K(\boldsymbol{x}) = ck(\|\boldsymbol{x}\|^2)$，其中 $k(\cdot)$ 被称为剖面函数(Profile Function)，c 是归一化常数。从而，密度函数被定义成：

$$\hat{f}(\boldsymbol{x}) = \hat{f}(\boldsymbol{p}, \boldsymbol{q}) = \frac{c_1 c_2}{n h_1^{d_1} h_2^{d_2}} \sum_{i=1}^{n} k_1\left(\left\|\frac{\boldsymbol{p} - \boldsymbol{p}_i}{h_1}\right\|^2\right) k_2\left(\left\|\frac{\boldsymbol{q} - \boldsymbol{q}_i}{h_2}\right\|^2\right)$$

Meanshift 过程是一个迭代的过程，同时考虑欧氏空间域和特征空间域，它将采样点沿着其最大密度梯度的方向移动，利用梯度最快上升的策略寻求密度估计的局部最大值点。对于密度函数的梯度，可以计算如下：

$$\nabla \hat{f}(\boldsymbol{x}) = \frac{c_1 c_2}{n h_1^{d_1} h_2^{d_2}} \left(\begin{array}{l} \dfrac{2}{h_1^2} \displaystyle\sum_{i=1}^{n} g_1 \left(\left\| \dfrac{\boldsymbol{p} - \boldsymbol{p}_i}{h_1} \right\|^2 \right) k_2 \left(\left\| \dfrac{\boldsymbol{q} - \boldsymbol{q}_i}{h_2} \right\|^2 \right) (\boldsymbol{p}_i - \boldsymbol{p}), \\ \dfrac{2}{h_2^2} \displaystyle\sum_{i=1}^{n} g_2 \left(\left\| \dfrac{\boldsymbol{q} - \boldsymbol{q}_i}{h_2} \right\|^2 \right) k_1 \left(\left\| \dfrac{\boldsymbol{p} - \boldsymbol{p}_i}{h_1} \right\|^2 \right) (\boldsymbol{q}_i - \boldsymbol{q}) \end{array} \right)$$

其中记 $-k_1'(x)$ 为 $g_1(x)$，记 $-k_2'(x)$ 为 $g_2(x)$。

现在取形如 $k(x) = \exp\left(-\dfrac{x}{\sigma^2} \right)$ 的正规核（Normal Kernel），其导数 $g(x) = -k'(x) = \dfrac{1}{c} k(x)$。为了抑制模型的噪声，我们分别取采样点位置的 σ 为 3.0 和采样点法向的 σ 为 10.0。采取如上定义的正规核的优势在于正规核与其导数仅相差一个常数，使得密度函数局部最大值点的确定变得简单。

$$\nabla \hat{f}(\boldsymbol{x}) = \frac{c_1 c_2}{n h_1^{d_1} h_2^{d_2}} \left(\begin{array}{l} \dfrac{2c}{h_1^2} \displaystyle\sum_{i=1}^{n} g_1 \left(\left\| \dfrac{\boldsymbol{p} - \boldsymbol{p}_i}{h_1} \right\|^2 \right) g_2 \left(\left\| \dfrac{\boldsymbol{q} - \boldsymbol{q}_i}{h_2} \right\|^2 \right) (\boldsymbol{p}_i - \boldsymbol{p}), \\ \dfrac{2c}{h_2^2} \displaystyle\sum_{i=1}^{n} g_2 \left(\left\| \dfrac{\boldsymbol{q} - \boldsymbol{q}_i}{h_2} \right\|^2 \right) g_1 \left(\left\| \dfrac{\boldsymbol{p} - \boldsymbol{p}_i}{h_1} \right\|^2 \right) (\boldsymbol{q}_i - \boldsymbol{q}) \end{array} \right)$$

可以通过求解如下方程组得到密度函数的局部最大值点：

$$\frac{\displaystyle\sum_{i=1}^{n} g_1 \left(\left\| \dfrac{\boldsymbol{p} - \boldsymbol{p}_i}{h_1} \right\|^2 \right) g_2 \left(\left\| \dfrac{\boldsymbol{q} - \boldsymbol{q}_i}{h_2} \right\|^2 \right) (\boldsymbol{p}_i - \boldsymbol{p})}{\displaystyle\sum_{i=1}^{n} g_1 \left(\left\| \dfrac{\boldsymbol{p} - \boldsymbol{p}_i}{h_1} \right\|^2 \right) g_2 \left(\left\| \dfrac{\boldsymbol{q} - \boldsymbol{q}_i}{h_2} \right\|^2 \right)} = 0$$

$$\frac{\displaystyle\sum_{i=1}^{n} g_2 \left(\left\| \dfrac{\boldsymbol{q} - \boldsymbol{q}_i}{h_2} \right\|^2 \right) g_1 \left(\left\| \dfrac{\boldsymbol{p} - \boldsymbol{p}_i}{h_1} \right\|^2 \right) (\boldsymbol{q}_i - \boldsymbol{q})}{\displaystyle\sum_{i=1}^{n} g_1 \left(\left\| \dfrac{\boldsymbol{p} - \boldsymbol{p}_i}{h_1} \right\|^2 \right) g_2 \left(\left\| \dfrac{\boldsymbol{q} - \boldsymbol{q}_i}{h_2} \right\|^2 \right)} = 0$$

这些局部最大值点可以方便地转化为以下 Meanshift 迭代过程的不动点：

$$I(\boldsymbol{p}) = \frac{\displaystyle\sum_{i=1}^{n} g_1 \left(\left\| \dfrac{\boldsymbol{p} - \boldsymbol{p}_i}{h_1} \right\|^2 \right) g_2 \left(\left\| \dfrac{\boldsymbol{q} - \boldsymbol{q}_i}{h_2} \right\|^2 \right) \boldsymbol{p}_i}{\displaystyle\sum_{i=1}^{n} g_1 \left(\left\| \dfrac{\boldsymbol{p} - \boldsymbol{p}_i}{h_1} \right\|^2 \right) g_2 \left(\left\| \dfrac{\boldsymbol{q} - \boldsymbol{q}_i}{h_2} \right\|^2 \right)} = \boldsymbol{p}, \quad I(\boldsymbol{q}) = \frac{\displaystyle\sum_{i=1}^{n} g_2 \left(\left\| \dfrac{\boldsymbol{q} - \boldsymbol{q}_i}{h_2} \right\|^2 \right) g_1 \left(\left\| \dfrac{\boldsymbol{p} - \boldsymbol{p}_i}{h_1} \right\|^2 \right) \boldsymbol{q}_i}{\displaystyle\sum_{i=1}^{n} g_1 \left(\left\| \dfrac{\boldsymbol{p} - \boldsymbol{p}_i}{h_1} \right\|^2 \right) g_2 \left(\left\| \dfrac{\boldsymbol{q} - \boldsymbol{q}_i}{h_2} \right\|^2 \right)} = \boldsymbol{q}$$

　　在带宽固定的 Meanshift 聚类中，具有固定邻域半径的采样点邻域的确定方法由于严重依赖于采样点数据在高维空间中的分布，在分布稠密区域邻域点较多，在分布稀疏区域邻域点较少。这种采样数据的不规则分布往往导致最终的错误聚类结果 (Georgescu et al.，2003)。在自适应带宽 Meanshift 聚类中，对于 d 维特征空间 $\boldsymbol{R}^d$ 中的每一采样点 $\boldsymbol{p}$，可以根据采样点邻域 $N(\boldsymbol{p})$ 自适应地确定 Meanshift 聚类中的带宽如下：

$$h(p) = \max_{q \in N(p)}(\mathrm{dist}(p,q))$$

　　对于每一采样点，传统的 k-最近点邻域仅仅考虑采样点的位置关系而忽视了采样点之间的法向变化。一种更好的方案是自适应邻域的选取，它能同时反映采样点之间的位置关系和法向变化。关于每一采样点 $\boldsymbol{p}$，首先根据 k-最近点确定传统邻域 N_k。然后依赖于采样点处的采样密度和局部特征，所有 N_k 中的采样点法向形成一个法向锥，我们可以根据传统邻域中采样点法向的分布来确定采样点 $\boldsymbol{p}$ 处的自适应邻域如下：将 N_k 中其法向偏差小于某一给定用户定义的阈值的所有采样点定义为采样点 $\boldsymbol{p}$ 处的邻域。在实验中，传统邻域 N_k 中的参数 k 取为 16，用户定义的法向偏差阈值取为15°，每一采样点的自适应邻域的大小为 6~16 个邻域点。事实上，上述参数的选取对实验结果的影响并不是很大。图 3-7 表明了参数的不同选取对模型重采样结果的影响。

　　为了寻求模型的局部最大值点，首先计算位于采样点邻域窗口中的数据点的加权平均，然后通过迭代移动以获取模型的局部模式点。在欧氏空间域和特征空间域的多模特征空间中，Meanshift 局部极值点可以通过如下迭代过程获得。

$$M_h^v(\boldsymbol{p}) := \frac{\sum_{i=1}^n g_1\left(\left\|\frac{\boldsymbol{p}-\boldsymbol{p}_i}{h_1}\right\|^2\right) g_2\left(\left\|\frac{\boldsymbol{q}-\boldsymbol{q}_i}{h_2}\right\|^2\right)\boldsymbol{p}_i}{\sum_{i=1}^n g_1\left(\left\|\frac{\boldsymbol{p}-\boldsymbol{p}_i}{h_1}\right\|^2\right) g_2\left(\left\|\frac{\boldsymbol{q}-\boldsymbol{q}_i}{h_2}\right\|^2\right)} - \boldsymbol{p}\,; \qquad \boldsymbol{p}^{t+1} := \boldsymbol{p}^t + M_h^v(\boldsymbol{p}^t)$$

$$M_h^v(\boldsymbol{q}) := \frac{\sum_{i=1}^n g_2\left(\left\|\frac{\boldsymbol{q}-\boldsymbol{q}_i}{h_2}\right\|^2\right) g_1\left(\left\|\frac{\boldsymbol{p}-\boldsymbol{p}_i}{h_1}\right\|^2\right)\boldsymbol{q}_i}{\sum_{i=1}^n g_1\left(\left\|\frac{\boldsymbol{p}-\boldsymbol{p}_i}{h_1}\right\|^2\right) g_2\left(\left\|\frac{\boldsymbol{q}-\boldsymbol{q}_i}{h_2}\right\|^2\right)} - \boldsymbol{q}\,; \qquad \boldsymbol{q}^{t+1} := \boldsymbol{q}^t + M_h^v(\boldsymbol{q}^t)$$

上述 Meanshift 迭代过程的收敛点 $\boldsymbol{p}^*$ 被称为 Meanshift 局部模式点，迭代过程的初始值即为 $\boldsymbol{p}$，$M_h^v(\boldsymbol{p})$ 是自适应带宽下的 Meanshift 向量。

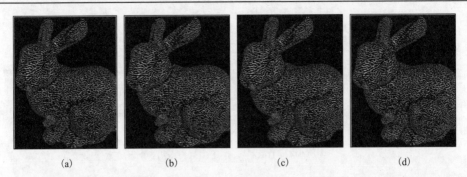

(a)　　　　　　　(b)　　　　　　　(c)　　　　　　　(d)

图 3-7　采样点邻域的不同选取对模型重采样结果的影响，其局部模式点聚类位置变化和
法向变化的权值分别取为(0.2，0.8)。(a)每个采样点邻域大小取 6～16，简化模型的
采样点数目为 16729；(b)，(c)和(d)：每个采样点邻域大小分别取 12～16，6～24 和
12～24，简化模型的采样点数目分别为 16728，16546 和 16553

3.3.2　基于 Meanshift 聚类的点采样模型简化重采样

根据 Meanshift 迭代过程，我们可以得到模型的若干 Meanshift 局部模式点。下面将根据采样点的 Meanshift 局部模式点对原始模型上采样点进行聚类，从而实现点采样模型的自适应简化(Miao et al.，2009b)。本节分别阐述针对局部模式点的层次聚类以及利用基于投影的曲率估计方法生成每一聚类的代表面元(Representative Splats)。

1．Meanshift 局部模式点的层次聚类

针对点采样几何处理应用，可以在采样点的特征空间中实现点模型的有效简化。在上述 Meanshift 局部模式点的基础上，我们提出利用 Meanshift 局部模式点层次聚类实现模型简化。通常具有近似相同的局部模式点的采样点由于具有内在特征的相似性，从而可以被聚成一类。将本节的方法用在离散采样数据中，将生成具有相似局部模式的若干类，它们对应于特征空间中的密集分布区域。针对局部模式点的聚类，这里采用如下的两种分割准则：

(1)子类中的局部模式点数目大于用户给定的聚类点数目最大阈值；

(2)同一类中的局部模式点的特征变化过大，超过用户给定的阈值。

在实验中，取子类中的局部模式点数目阈值为 30。另外，可以利用协方差分析的方法估计位于同一类中的局部模式点的特征变化，该特征变化通常包含两部分：位置变化 Δ_{position} 和法向变化 Δ_{normal}。位于同一类中的局部模式点的特征变化可以通过它们的组合 $\omega_{\text{position}}\Delta_{\text{position}} + \omega_{\text{normal}}\Delta_{\text{normal}}$ 来估计。如果上述两个准则不满足，该类中的局部模式点具有相似的内在特性而被聚成一类，否则将该类一分为二。从而可以建立模型局部模式点的二叉树，树中的每一个叶子结点对应一个类。相应地将其局部模式点位于同一类的采样点提取为一个代表面元最终得到简化点云模型。

2. 曲面 Splat 面元表示

对于每一个聚类，其代表面元可以通过主成分分析 (Principal Component Analysis，PCA) 的方法得到 (Pauly et al.，2002；Wu et al.，2004)。面元的位置通常取为聚类中的采样点的中心 (Centroid)，面元法向则取为聚类中的采样点协方差矩阵的最小特征值对应的特征向量。利用我们的估计曲面微分属性的投影方法 (Miao et al.，2007)，采样点投影到面元的法平面上，利用沿三个切方向处的法曲率值可以估计聚类的主方向和主曲率。最后，由主方向和主曲率可以确定代表聚类的椭圆面元，利用椭圆面元可以很好地绘制简化的点采样模型 (Wu et al.，2004)。

3.3.3　实验结果与讨论

在 Pentium IV 3.0 GHz CPU，1024MB 内存的微机环境上实现了上述点采样几何的自适应重采样算法。在 Meanshift 聚类算法中，特征空间的定义和局部模式点的聚类准则对最终的简化结果有较大的影响。在 Meanshift 局部模式点聚类中，局部模式点变化将影响最终的聚类结果，同时引进了相应的位置变化权值和法向变化权值来调整最终的聚类结果。

1. 由位置和法向属性决定的自适应重采样

一般来说，采样点处的法向属性反映了采样点附近曲面变化的一阶信息，而法向的变化在一定程度上则反映曲面的曲率分布。为了实现基于曲面曲率的自适应采样，算法在采样点的位置信息欧氏空间域和法向信息特征空间域上执行聚类操作。图 3-8 给出了不同模型的重采样实例。在这些例子中，Meanshift 聚类的阈值取为 0.10，局部模式点聚类的位置变化和法向变化权值取为 $(\omega_{position}，\omega_{normal}) = (0.2，0.8)$。实验结果表明本节方法的重采样结果能够很好地反映模型的曲率分布特征，在模型的高曲率区域采样点较稠密，在模型的低曲率平坦区域采样点较稀疏。

利用相同的聚类阈值和权值，图 3-8 和图 3-9 给出了另两个针对原始采样模型的重采样结果。实验结果表明，即使对于采样点非均匀分布的 Dragon 模型和噪声 Max-Planck 模型，本节提出的自适应重采样方法都能得到较好的采样结果，简化采样点的分布能够很好地反映模型的曲率分布特征。

2. 利用不同权值调整简化模型的重采样率

在本节提出的自适应采样方法中，可以很方便地调整简化模型的重采样率以满足不同的采样需求。简化模型的采样率可以通过两种途径来调整，其一是调整 Meanshift 聚类的阈值，其二是调整局部模式点聚类的位置变化和法向变化权值。

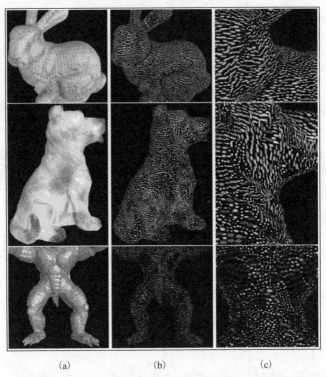

(a)　　　　　　　　(b)　　　　　　　　(c)

图 3-8　由采样点位置和法向属性决定的自适应重采样结果。(a)原始点采样模型；(b)在位置信息欧氏空间域和法向信息特征空间域上执行 Meanshift 聚类操作的重采样结果，其中不同的颜色反映了聚类的不同大小，粉红色表示相对较小的聚类，蓝色表示相对较大的聚类；(c)模型采样结果的局部放大图(见彩图)

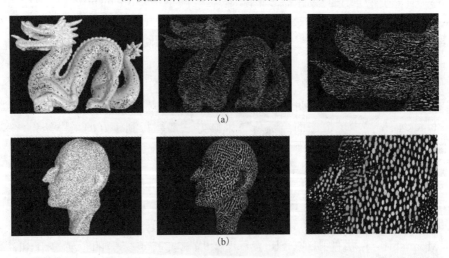

(a)

(b)

图 3-9　由采样点位置和法向属性决定的自适应重采样结果。(a)采样点非均匀分布的 Dragon 模型的重采样结果；(b)带有噪声的 Max-Planck 模型的重采样结果(见彩图)

　　通过调整 Meanshift 聚类的阈值能够生成不同的重采样结果。图 3-10 给出了 Stanford Bunny 模型在不同聚类阈值的设置下的重采样结果。如果 Meanshift 聚类的阈值取为 0.10，则简化模型中的采样点数目是 16729；如果阈值取为 0.05，简化模型中的采样点数目是 23304；而如果阈值取为 0.20，简化模型中的采样点数目是 14381。实验结果表明较大的聚类阈值下的重采样结果的采样点数目较少，相反，较小的聚类阈值下的重采样结果的采样点数目较多，但它们都能很好地反映模型的内在曲率分布。

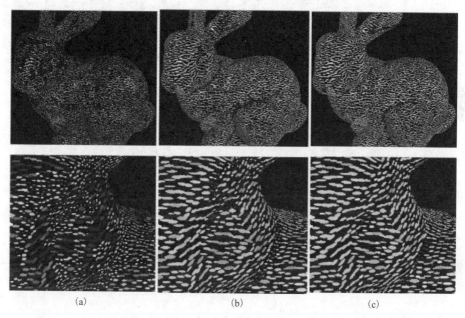

(a)　　　　　　　　　　(b)　　　　　　　　　　(c)

图 3-10　Meanshift 聚类阈值的不同选取对模型重采样结果的影响，其局部模式点聚类位置变化和法向变化的权值分别取为 (0.2，0.8)。(a)，(b) 和 (c)：Meanshift 聚类阈值分别取 0.05，0.10 和 0.20 下的模型重采样结果，下一行是相应重采样结果的放大图 (见彩图)

　　此外，局部模式点聚类的位置变化和法向变化的不同权值 ω_{position} 和 ω_{normal} 也能调整简化模型的重采样率。图 3-11 表明在不同权值设置下的不同重采样结果。简化模型的采样点数目严重依赖于位置变化和法向变化的不同权值选取。对具有 137062 个采样点的 Balljoint 点云模型，其局部模式点聚类位置变化和法向变化的权值如果取为 (0.2，0.8)，则简化模型的采样点数目为 9857；如果位置变化和法向变化的权值取为 (0.8，0.2)，则简化模型的采样点数目为 7062；而如果位置变化和法向变化的权值取为 (0.5，0.5)，则简化模型的采样点数目为 8485。实验结果表明较大的法向变化的权值 ω_{normal} 使得重采样结果能很好地反映模型的内在曲率分布，而较大的位置变化的权值 ω_{position} 将导致均匀的采样结果。

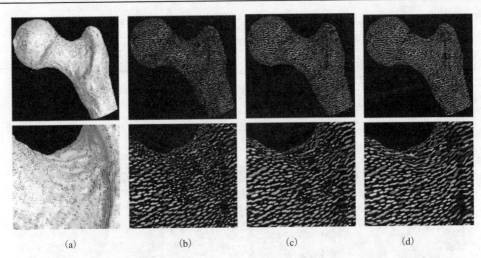

(a)　　　　　　　　　(b)　　　　　　　　　(c)　　　　　　　　　(d)

图 3-11　局部模式点聚类的位置变化权值和法向变化权值的不同选取对模型重采样结果的影响，其中 Meanshift 聚类阈值取为 0.10。(a) Balljoint 模型的原始采样；(b)，(c)，(d) 为局部模式点聚类的位置变化权值和法向变化权值分别取 (0.2，0.8)，(0.5，0.5) 和 (0.8，0.2) 下的模型重采样结果。下一行是相应重采样结果的放大图（见彩图）

3. 简化模型的几何误差分析

为了评价由本节提出的重采样方法生成的简化模型的质量，必须采用衡量原始模型和简化模型之间几何误差的一些方法来估计简化模型的几何误差。类似于三维网格 Metro 误差分析工具(Cignoni et al.，1998)，利用原始模型 S 和简化模型 S' 之间的最大 Hausdorff 距离误差和平均距离误差来度量简化模型的几何误差，即：

$$\Delta_{\max}(S,S') = \max_{q \in S} d(q, S')$$

和

$$\Delta_{\mathrm{avg}}(S,S') = \frac{1}{\|S\|} \sum_{q \in S} d(q, S')$$

相应的规范化几何误差可以利用上述误差除以模型的包围盒对角线长度得到。对于每一采样点 $q \in S$，采样点与简化模型的几何距离 $d(q, S')$ 可以近似定义为该采样点 q 与其在简化模型 S' 上的投影点 $\bar{q}$ 之间的欧氏距离来定义。投影点 $\bar{q}$ 可以利用文献 (Alexa et al.，2004) 中的简单"近似"正交投影得到。

图 3-12 给出了 Rabbit 简化模型的实体绘制结果和几何误差分析。其中 Rabbit 模型的采样点数目从原始的 67038 简化为 4493（局部模式点聚类的位置变化和法向变化的权值取为 0.2 和 0.8，聚类的阈值取为 0.10），简化模型的规范化平均几何误差为 $\Delta^*_{\mathrm{avg}} = 10.28 \times 10^{-4}$，简化模型的规范化最大几何误差为 $\Delta^*_{\max} = 0.0062$。表 3-2 给出了模型简化算法的数据统计和运行时间统计。例如，对于 Stanford Bunny 模型，

其原始采样点数目为 280792，简化模型的采样点数目为 16729，其中算法中的微分属性估计，Meanshift 迭代和 Meanshift 局部模式点聚类的运行时间分别为 2.55s，15.01s 和 2.73s。简化模型的规范化平均几何误差为 $\Delta^*_{avg} = 4.73 \times 10^{-4}$。从表中看出本节方法的有效性。图 3-13 给出了本节的自适应重采样方法和 Pauly 等(2002)基于聚类的简化方法之间的比较实例。实验结果给出了 Stanford Bunny 简化模型的采样点数目为原始模型的采样点数目 6%的情况下，不同简化方法产生的几何误差比较。通常均匀聚类简化往往导致较大的几何误差，层次聚类方法可以改善其几何误差。而本节的自适应 Meanshift 重采样方法可以得到更好的重采样结果，所产生的简化模型的几何误差较小。

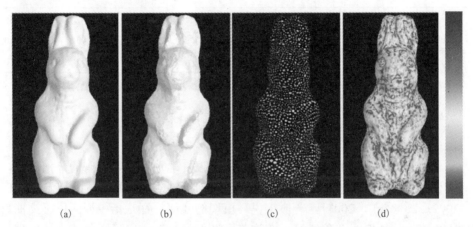

(a)　　　　　　(b)　　　　　　(c)　　　　　　(d)

图 3-12　简化 Rabbit 模型的几何误差分析。(a)和(b)：Rabbit 模型的原始模型和简化模型；(c)局部模式点聚类的位置变化权值和法向变化权值取(0.2, 0.8)下的模型重采样结果和简化模型的几何误差分析，其中不同颜色反映了简化采样点处规范化几何误差的不同大小(见彩图)

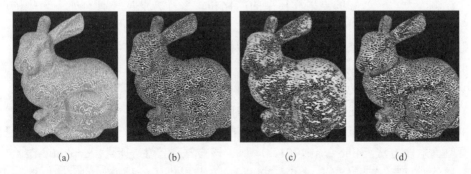

(a)　　　　　　(b)　　　　　　(c)　　　　　　(d)

图 3-13　利用基于聚类的不同简化方法的重采样结果和几何误差比较。(a) Stanford Bunny 模型的原始采样；(b)利用均匀聚类简化的重采样结果；(c)利用层次聚类简化的重采样结果；(d)利用本节的自适应 Meanshift 聚类简化的重采样结果。在三种聚类方法中，简化模型的采样点数目为原始模型采样点数目的 6%

表 3-2　针对不同点采样模型自适应重采样算法的时间统计

点采样模型	原始模型采样点数目	时间统计/s			简化模型采样点数目	规范化平均几何误差为 Δ_{avg}^{*}
		微分属性估计	Meanshift 迭代	Meanshift 聚类		
Dragon	437645	3.93	38.16	11.51	34049	5.29×10^{-4}
Bunny	280792	2.55	15.01	2.73	16729	4.73×10^{-4}
Dog	195586	1.77	11.97	1.92	14159	6.31×10^{-4}
Armadillo	172974	1.51	9.56	1.67	15482	8.24×10^{-4}
Balljoint	137062	1.24	6.92	1.29	9857	6.54×10^{-4}
Santa	75781	0.67	5.05	0.65	6983	9.90×10^{-4}
Rabbit	67038	0.60	3.16	0.58	4493	10.28×10^{-4}
Noisy Planck	96844	0.86	4.04	2.49	5873	11.14×10^{-4}

3.4　基于 Gaussian 球映射的点模型简化重采样

在大规模采样数据的简化重采样中,如何很好地保持模型固有的几何特征,即模型特征保持的重采样方法是数字几何处理应用中的一个关键技术问题(Pauly et al.,2002;Lai et al.,2007)。一般来说,模型的几何特征是指模型的位于高曲率区域的特征边、特征脊线和谷线等,在这些区域的曲面法方向场变化较大,呈现了一定程度的不连续性。从微分几何的观点来看,这些法方向的变化可以通过曲面 Gaussian 映射的导数得出(doCarmo,1976)。

普遍认为,一个好的点采样模型的简化和重采样方法应该具有如下一些特点:①方法的有效性,针对大规模模型的简化方法在时间上是高效的;②方法保持模型的几何特征,简化方法应该尽可能好地保持模型地内在几何特征;③模型简化的质量和用户可控的简化误差,简化模型的质量应是较高的,并能够提供比较方便的方法控制简化过程产生的几何误差。

为了得到满足上述要求的点采样模型的简化方法,基于 Gaussian 球的正则三角化和曲面采样点法向量在 Gaussian 球上的投影,本节提出了一种基于 Gaussian 映射的模型重采样方法(Miao et al.,2012a)。基于该方法所产生的形状 Isophotic 误差($L^{2,1}$ 距离误差)的理论分析(Miao et al.,2009a),本节提供了一种方便的方法以控制重采样结果产生的形状误差。同时,给出了一个针对点采样数据的重采样框架,在该框架下产生的简化采样点能够很好地反映模型的内在特征是一种特征敏感的自适应简化方法。本节特征敏感的模型重采样流程图可参考图 3-14。

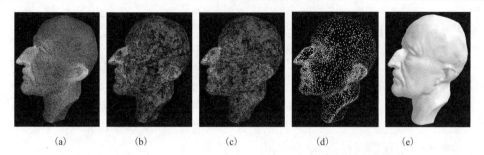

(a)　　　　　　(b)　　　　　　(c)　　　　　　(d)　　　　　　(e)

图 3-14　特征敏感的模型重采样流程。(a) Max Planck 模型的原始均匀采样；(b) 利用顶点
索引扩散过程的模型初始聚类；(c) 利用聚类的正则化和孤立点合并后的模型优化聚类；
(d) Max Planck 模型的特征敏感的重采样结果；(e) 简化模型的 Splatting 绘制结果（见彩图）

3.4.1　特征敏感重采样算法框架

　　与传统的 L^2 度量相比，$L^{2,1}$ 形状度量在表征模型的细节和各向异性特性方面更加优越(Cohen-Steiner et al.，2004；Pottmann et al.，2004)，本节将描述基于 Gaussian 球的重采样方法，可以生成自适应特征敏感的采样点分布。在本节方法中，将点模型上的 $L^{2,1}$ 形状度量定义为采样点法向量场 Gaussian 映射像之间的欧氏距离。首先，将 Gauss 球进行正则三角化，可以通过对球的内接正则多面体进行递归细分得到。本节重采样方法的关键一步是将其法向量位于 Gaussian 球上同一个 Gaussian 三角形的采样点进行聚类，并生成每一类的代表面元。根据用户指定的 Gaussian 球的细分层次将法向量位于 Gaussian 球上同一个 Gaussian 三角形的采样点进行聚类，从而可以控制不同聚类之间的 $L^{2,1}$ 误差度量，实现简化模型的误差可控目的。我们可以非常方便地通过指定 Gaussian 球的细分层次控制模型的重采样结果误差。

　　随着各种针对离散采样点数据的法向估计技术(Pauly et al.，2002；Weyrich et al.，2004)的提出，许多基于点模型的处理方法通常假设输入的采样点数据包含法向量信息和采样位置信息。本节算法也假设以大规模离散面元(Surfels)作为输入，它包含位置和法向信息 $\{(\boldsymbol{p}_i, \boldsymbol{n}_i)\}$。本节基于 Gaussian 球的针对大规模点采样模型的特征敏感重采样方法的流程如下。

　　(1) 采样点邻域选取：根据采样点的法向偏差自适应地确定每一采样点的邻域。

　　(2) 初始采样：利用索引扩散技术(Index Propagation)和堆栈数据结构，模型中的所有采样点进行初始聚类。

　　(3) 优化采样：包括迭代地执行以下两个步骤，直至收敛。

　　一是聚类正则化，即将非正则的聚类分开生成正则的圆盘形分布的聚类；

　　二是孤立点合并，即将位于 Gauss 球角点处的孤立点吸入邻近的聚类中。

　　(4) 生成简化面元：每一个聚类被表示成一个代表面元。

　　(5) 面元绘制：生成的简化模型可以利用椭圆 Splatting 技术绘制。

3.4.2　利用索引扩散的采样点初始聚类

对于点采样模型 S 上的每一采样点 p，其自适应邻域 $N(p)$ 可以通过法向锥约束确定如下：首先确定传统的 k-最近点邻域 N_k，从而采样点 p 的自适应邻域取为 N_k 中与 p 的法向偏差小于一定阈值的采样点全体。然后，根据采样点之间的位置信息和邻域关系，可以建立一个无向非对称的抽象邻域图 $G=(P,E)$。在该邻域图中，边 (i,j) 属于边集 E 当且仅当采样点 $p_j \in N(p_i)$。

本节的自适应重采样方法的基本思想是：其法向位于同一 Gaussian 三角形的相邻采样点认为是位于模型的非特征区域，从而应属于同一个类中。相反，其法向位于不同的 Gaussian 三角形的相邻采样点应属于两个不同的类中。利用上述建立的模型的抽象邻域图，算法的目标是赋予每一图顶点一个索引 Index，并将具有相同索引的图顶点聚成一类。因此，我们的索引扩散过程需要在下列准则下进行：对于每一条图边，若其两个端点的法向量位于同一 Gaussian 三角形中则赋以相同的索引值，若其两个端点的法向量位于不同 Gaussian 三角形中则赋以不同的索引值。

现在，确定顶点索引的方法执行如下。算法首先选取一个种子点，并赋以一个索引值。该索引被传递扩散到其法向量位于同一 Gaussian 三角形中的相邻采样点。在索引扩散过程中，将采用一个堆栈数据结构。堆栈元素记录了采样点的索引值和其邻域信息。开始时堆栈用一个无索引种子点初始化。随着索引扩散过程的进行，每一次都弹出栈顶元素作为当前元素进行处理。若此当前元素有一个直接相邻但未索引的邻域点而且其法向量位于同一 Gaussian 三角形中，则该邻域点的索引被标记为当前元素的索引值。同时，该邻域点被压入堆栈中并继续进行索引扩散过程。如果堆栈元素为空，我们选取剩下的未索引采样点作为种子点压入堆栈并继续进行索引扩散过程。直到所有采样点都被赋予相应的索引值时算法结束。索引扩散过程算法伪码如下。

算法 3-1　索引扩散算法

输入原始点模型 $S = \{(p_k, n_k)\}_{k=1,2,3,\cdots,n}$；

　　确定点模型 S 中每个采样点的自适应邻域；

　　while 堆栈中还有未索引采样点 p_l **do**

　　　　为采样点 p_l 创建索引值；

　　　　将采样点 p_l 压入堆栈；

　　　　while 堆栈非空 **do**

　　　　　　从堆栈中弹出栈顶元素 p_i 作为当前元素；

　　　　　　for（采样点 p_i 的每一个邻域点 $p_j \in N(p_i)$）

　　　　　　　　if 邻域点 p_j 与采样点 p_i 直接相邻且它们的法向量位于同一 Gaussian 三角形中 **then**

```
                将采样点 p_i 的索引值赋给邻域点 p_j；
                将邻域点 p_j 压入堆栈；
            end if
        end for
    end while
end while
```

然而，为了避免产生较坏的聚类，在索引扩散过程中引进了一些约束条件。当两个相邻采样点的法向量在 Gaussian 球上的投影刚好位于同一 Gaussian 三角形的两个角点时，它们很可能应该位于不同的聚类而不应被归为同一类。因此这里引进了一个法方向的距离约束以避免该例外情况。具体地说，规定其法向量位于同一 Gaussian 球而被赋予同一索引值的采样点，其法向量之间的距离不能超过 Gaussian 三角形内接圆的半径。只有当两个相邻采样点的法向量位于同一 Gaussian 三角形并且法向量的欧氏距离小于 $\dfrac{1}{2\sqrt{3}} d_{max}$，才将当前元素的索引值传递到下一个相邻采样点。其中 d_{max} 表示在 Gaussian 球细分层次为 n 时的 Gaussian 球上的最大边长，可以计算为 $d_{max} = \sqrt{\dfrac{7\pi^2}{8(n-1)^2}}$。

另一方面，在相对平坦的模型区域，为了防止所产生的聚类过大，我们需要增加采样点位置的距离约束。也就是说，在顶点索引扩散过程中，需要增加图遍历的深度约束。在实验中，我们限制该深度约束为 6，此时产生的结果比较理想。

3.4.3　合并孤立采样点

经过顶点索引扩散过程后，所有的离散采样点均被赋予相应的索引值。然而，为了消除可能产生的孤立聚类采样点，一个顶点索引校正过程可以将这些孤立采样点合并入相邻的聚类。具体地说，对每一个其法向量通常位于 Gaussian 三角形角点的孤立采样点 p，首先搜索出其相邻的聚类 C_i。相邻聚类的法向可以取为其所属采样点法向的加权平均，对应孤立采样点 p，聚类 C_i 可被赋予一个得分 $1- <n, n_i>$，其中 n 和 n_i 分别表示孤立采样点 p 和其相邻聚类 C_i 的法向量。最终孤立采样点 p 被合并到具有最小得分的相邻聚类中去。

3.4.4　优化聚类生成正则化的圆盘形聚类

由初始聚类所产生的类可能是奇异非正则的，也就是说，产生的类不是正规圆盘形或椭圆形的。这些聚类的纵横比(Aspect Ratio)通常较大或较小。因而为了生成正则圆盘形聚类，此时需要将该类沿着其聚类中心和主轴方向一分为二以形成近似正则的聚类。

对每一个非正则聚类，类似于 Pauly 等(2002)的方法，采用聚类的协方差分析估计聚类的局部特性。具体地说，首先确定聚类 $C_i = \{\boldsymbol{p}_1, \boldsymbol{p}_2, \cdots, \boldsymbol{p}_k\}$ 的协方差矩阵如下：

$$\begin{pmatrix} \boldsymbol{p}_1 - \overline{\boldsymbol{p}} \\ \boldsymbol{p}_2 - \overline{\boldsymbol{p}} \\ \vdots \\ \boldsymbol{p}_k - \overline{\boldsymbol{p}} \end{pmatrix}^{\mathrm{T}} \begin{pmatrix} \boldsymbol{p}_1 - \overline{\boldsymbol{p}} \\ \boldsymbol{p}_2 - \overline{\boldsymbol{p}} \\ \vdots \\ \boldsymbol{p}_k - \overline{\boldsymbol{p}} \end{pmatrix}$$

其中，中心点 $\overline{\boldsymbol{p}}$ 被确定为类中采样点的中心。不像通常的协方差方法估计曲率(Pauly et al.，2002)，我们取两个较大特征值的特征向量 $\boldsymbol{v}_1$ 和 $\boldsymbol{v}_2$ 表示面元主轴。利用相应的两个较大特征值 $\lambda_1 \geqslant \lambda_2$ 估计聚类的正则性程度如下：

$$\deg_{\mathrm{Nor}} = \lambda_1 / \lambda_2$$

如果一个聚类的正则性程度超过给定的阈值，则该聚类被一分为二，其分裂平面为过聚类中心点并垂直于聚类的最长的主轴，也即对应于最大特征值的特征向量。这两个过程——孤立采样点合并和聚类正则化将被迭代进行直至所生成的聚类满足正则性准则为止，从而得到了优化聚类的结果。

3.4.5　生成简化代表面元

对于通过顶点索引扩散技术生成的每个聚类，我们可以通过极小化 $\mathrm{L}^{2,1}$ 误差度量(Cohen-Steiner et al.，2004)确定其代表面元。具体地说，关于面元 $(\boldsymbol{p}_i, \boldsymbol{n}_i)$ 的 $\mathrm{L}^{2,1}$ 误差 $L^{(\boldsymbol{p}_i, \boldsymbol{n}_i)}(\boldsymbol{p}, \boldsymbol{n})$ 度量为采样点 Splat 和聚类代表面元之间的法向偏差：

$$L^{(\boldsymbol{p}_i, \boldsymbol{n}_i)}(\boldsymbol{p}, \boldsymbol{n}) = d^2(\boldsymbol{n}, \boldsymbol{n}_i) = (\boldsymbol{n} - \boldsymbol{n}_i)^{\mathrm{T}}(\boldsymbol{n} - \boldsymbol{n}_i)$$

从而将聚类中的所有采样点的 $\mathrm{L}^{2,1}$ 法向偏差相加，得到关于面元 $(\boldsymbol{p}, \boldsymbol{n})$ 的总体误差度量：

$$L(\boldsymbol{p}, \boldsymbol{n}) = \sum_{\boldsymbol{p}_i \in C_i} \omega_i L^{(\boldsymbol{p}_i, \boldsymbol{n}_i)}(\boldsymbol{p}, \boldsymbol{n}) = \sum_{\boldsymbol{p}_i \in C_i} \omega_i (\boldsymbol{n} - \boldsymbol{n}_i)^{\mathrm{T}}(\boldsymbol{n} - \boldsymbol{n}_i) = \sum_{\boldsymbol{p}_i \in C_i} \omega_i (\boldsymbol{n}^{\mathrm{T}}\boldsymbol{n} - \boldsymbol{n}^{\mathrm{T}}\boldsymbol{n}_i - \boldsymbol{n}_i^{\mathrm{T}}\boldsymbol{n} + \boldsymbol{n}_i^{\mathrm{T}}\boldsymbol{n}_i)$$

上述误差度量关于 $(\boldsymbol{p}, \boldsymbol{n})$ 的极小化可以通过梯度方程得到 $\dfrac{\partial L(\boldsymbol{p}, \boldsymbol{n})}{\partial \boldsymbol{n}} = 0$。为了简单起见，如果权值 ω_i 取成仅仅依赖于曲面法向，误差度量的梯度计算如下：

$$\frac{\partial L(\boldsymbol{p}, \boldsymbol{n})}{\partial \boldsymbol{n}} = 2 \sum_{\boldsymbol{p}_i \in C_i} \omega_i (\boldsymbol{n} - \boldsymbol{n}_i)$$

从而误差度量的极小化得到聚类代表面元的法向量如下：

$$\boldsymbol{n} = \frac{\displaystyle\sum_{\boldsymbol{p}_i \in C_i} \omega_i \boldsymbol{n}_i}{\displaystyle\sum_{\boldsymbol{p}_i \in C_i} \omega_i}$$

巧合的是，这里得到的结果和文献(Alexa et al.，2004)中的法向量加权平均类

似。其中权值取为 $\omega_i = \theta(\|\boldsymbol{p} - \boldsymbol{p}_i\|)$，权函数 θ 是光滑的、正的、单调递减函数，比

如可取 Gaussian 加权函数 $\theta(r) = \exp\left(-\dfrac{r^2}{h^2}\right)$（Alexa et al.，2001，2003）。

另外，聚类代表面元的位置与 $L^{2,1}$ 极小化无关。在实验中，我们简单地取聚类代表面元的位置为聚类中所有采样点的中心 $\boldsymbol{p} = \dfrac{1}{\|C_i\|} \sum_{\boldsymbol{p}_i \in C_i} \boldsymbol{p}_i$。

3.4.6　利用椭圆 Splatting 技术绘制简化点模型

通常，基于点的绘制方法简单地使用圆盘形面元作为物体空间的 Surfel 表示进行绘制（Gross et al.，2007；Kobbelt et al.，2004）。然而，和圆盘形面元相比，椭圆形面元（Elliptical Splat）能够更好地面元覆盖模型表面（Wu et al.，2004）。透视准确的圆盘形或椭圆形面元在使用 Shaders 和 α-textured 多边形绘制中得到了较好的绘制结果（Botsch et al.，2004；Guennebaud et al.，2006；Pajarola et al.，2004）。为了更好地显示简化模型，我们使用椭圆形面元以改进曲面覆盖，并利用基于 Fragment-Shader 的椭圆光线投射方法绘制（Botsch et al.，2004）。

现在，基于 Gaussian 球的上述采样过程生成了简化采样点的位置信息和法向信息 $(\boldsymbol{p}_i', \boldsymbol{n}_i')$。正如 Wu 等（2004）方法，对每一采样面元 $(\boldsymbol{p}_i', \boldsymbol{n}_i')$，其邻域为 N_i'，利用协方差分析确定椭圆面元的大小尺寸。具体地说，根据如下协方差矩阵：

$$\sum_{j \in N_i'} (\boldsymbol{n}_j' - \tilde{\boldsymbol{n}})(\boldsymbol{n}_j' - \tilde{\boldsymbol{n}})^{\mathrm{T}}$$

它的两个较大特征值 $\lambda_1 \geqslant \lambda_2$ 对应的特征向量 $\boldsymbol{v}_1$，$\boldsymbol{v}_2$ 确定聚类的主曲率方向，从而确定椭圆的最长最短椭圆轴，其中 $\tilde{\boldsymbol{n}}$ 是聚类中采样点的法向平均。相应地，椭圆的纵横比设为 $\kappa = \lambda_2 / \lambda_1$。同时，为了更好地覆盖模型表面，可以调整面元面积大小，其缩放比例设为椭圆轴长度之比。

基于物体空间椭圆面元的透视准确的光栅化现在可以利用逐像素的光线和面元的求交计算来实现。在相机坐标系统中，给定经过像素的光线 $t \cdot \boldsymbol{v}$，和椭圆方程 $\boldsymbol{p} + x \cdot \boldsymbol{e} + y \cdot \boldsymbol{f}$（面元中心为 $\boldsymbol{p}$，面元主轴为 $\boldsymbol{e} = s\boldsymbol{v}_1$ 和 $\boldsymbol{f} = \kappa \cdot s\boldsymbol{v}_2$），我们可以求解以下方程：

$$[\boldsymbol{e}\ \ \boldsymbol{f}\ \ \boldsymbol{v}] \cdot (x, y, -t)^{\mathrm{T}} = -\boldsymbol{p}$$

顶点 Shader 得到了面元的位置 $\boldsymbol{p}$ 和法向 $\boldsymbol{n}$，面元的主轴 $\boldsymbol{e}$ 和纵横比 κ（计算 $\boldsymbol{f} = \kappa(\boldsymbol{n} \times \boldsymbol{e})$），以及某些面元常数，以求解上述光线-椭圆面元的相交方程。在片断 Shader 中，对于相机坐标系统中的每个像素 $\boldsymbol{v}$，我们最终求解 x，y 和 t。如果满足 $(\kappa x)^2 + y^2 > \|\boldsymbol{e}\|^2$，则该片断被舍弃，否则，设其 z-深度为 $t \cdot \boldsymbol{v}_z$。

然后，基于椭圆面元的绘制方法可以很好地绘制本节的简化模型，该方法采用 three-pass 方法并结合 ε-z-缓存剔除和重叠面元之间的混合绘制等（Gross et al.，2007；Kobbelt et al.，2004）。

3.4.7　实验结果与讨论

本节提出的算法在 Pentium IV 3.0 GHz CPU，1024MB 内存的微机环境上得到了实现。本节提出的重采样技术是自适应的并且是局部几何特征敏感的。它主要由两个聚类过程组成，其一是利用顶点索引扩散过程的初始聚类，其二是优化聚类过程，包括聚类的正则化和孤立点合并两个迭代的过程。事实上，第二个聚类过程一般仅仅需要迭代 2～3 次即可达到收敛，迭代终止的条件为聚类的数目基本达到稳定，即前后两次聚类的数目变化较小（如为原始采样点数目的 1%）。

1. 点采样模型的自适应简化

一般来说，模型表面的曲面法向量场的变化区域往往意味着模型的特征区域。在基于 Gaussian 球的重采样中，算法的关键是根据采样点的法向量分布对模型原始采样点聚类。从而，本节方法能生成非均匀的、自适应分布的简化采样点——特征敏感的模型重采样。

图 3-15 给出了本节方法对于 Dragon 模型和 Buddha 模型的重采样结果。为了统一起见，对于 Gaussian 球的细分层次取为 8，原始模型的采样点自适应邻域由法向锥约束来确定，采样点邻域中的点数为 6～16。从实验结果可以看到重采样结果的特征敏感特点。

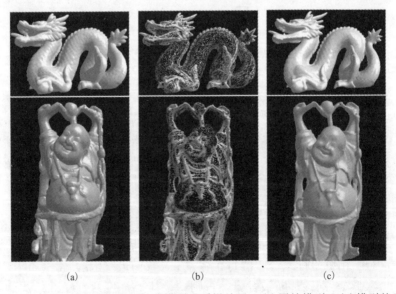

　　　　　　(a)　　　　　　　　　　(b)　　　　　　　　　　(c)

图 3-15　基于 Gaussian 球的特征敏感模型重采样结果。(a) 原始模型；(b) 模型基于特征敏感的采样结果；(c) 简化模型的 Splatting 绘制结果

图 3-16 给出了在不同的细分层次（subdivision level）下 Stanford Bunny 模型的简

化重采样结果和 L^2 几何误差分析。对于 Stanford Bunny 模型，其初始采样点数目为 280792，Gaussian 球的细分层次如果取为 $n = 8$，则其规范化 RMS 几何误差 $\Delta^*_{RMS} = 3.85 \times 10^{-4}$，简化采样点数目为 34255（简化率为 12.2%）。然而，如果 Gaussian 球的细分层次取为 $n = 16$，$n = 24$，则其规范化 RMS 几何误差分别减少为 $\Delta^*_{RMS} = 2.51 \times 10^{-4}$ 和 $\Delta^*_{RMS} = 1.77 \times 10^{-4}$，简化采样点数目分别为 48574（简化率为 17.3%）和 62432（简化率为 22.2%）。实验表明在不同的细分层次下，本节方法的重采样结果都是特征敏感的。随着细分层次的增加，通常得到的简化结果中采样点数目也随之增加，而重采样的 L^2 几何误差将越来越小。

图 3-17 给出了 Max-Planck 和 Stanford Bunny 模型的系数重采样结果和简化模型重建结果。对于简化模型，由于在简化过程中数据信息的丢失将导致根据简化模型重建的结果出现一定程度的光顺效果。然而，简化后的模型还是能保持原始模型的内在几何特征信息和曲面的细节信息。

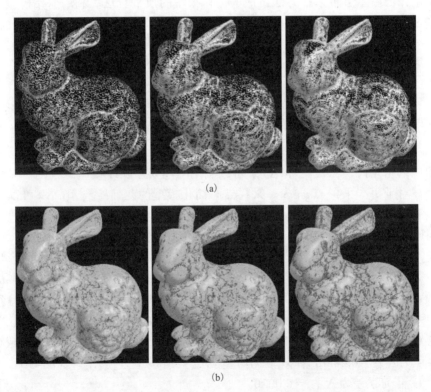

(a)

(b)

图 3-16　基于 Gauss 球的细分层次的不同选取对模型重采样结果的影响。(a) 在 Gaussian 球的细分层次分别取 $n = 8$，16 和 24 下，Stanford Bunny 模型的不同重采样结果；(b) 在不同的细分层次下简化模型的几何误差分析，其中不同颜色表示采样点处的不同规范化几何误差，黄色表示较大的几何误差，蓝色表示较小的几何误差，而绿色介于其中（见彩图）

图 3-17　Stanford Bunny 模型的特征敏感重采样结果和简化模型的曲面重建结果。(a)原始模型；
(b)模型自适应重采样结果；(c)简化模型 Splatting 绘制结果；(d)简化模型基于紧支撑径向
基函数(CSRBF)的曲面重建结果(Carr et al.，2001；Ohtake et al. 2003)

2. 基于 Gaussian 球映射的重采样几何误差分析

为了评价由本节重采样方法生成的简化模型的质量，这里利用原始模型 S 和简化模型 S' 之间的最大 Hausdorff 距离误差和均方根误差来度量简化模型的几何误差，即：

$$\Delta_{\max}(S,S') = \max_{q \in S} d(q,S')$$

和

$$\Delta_{RMS}(S,S') = \sqrt{\frac{1}{\|S\|} \sum_{q \in S} d^2(q,S')}$$

相应的规范化几何误差 $\Delta^*_{\max}$ 和 Δ^*_{RMS} 可以利用上述误差除以模型的包围盒对角线长度得到。对于每一采样点 $q \in S$，采样点与简化模型的几何距离 $d(q,S')$ 可以近似定义为该采样点 q 与其在简化模型 S' 上的投影点 $\bar{q}$ 之间的欧氏距离来定义。投影点 $\bar{q}$ 可以利用(Alexa et al.，2004)中的简单"近似"正交投影得到。

表 3-3 给出了模型简化算法的数据统计和运行时间统计、Isophotic $L^{2,1}$ 形状误差度量和规范化 L^2 几何误差度量，从中表明本节方法的有效性。例如，对于 Stanford Bunny 模型，其原始采样点数目为 280792，利用本节方法中两个聚类过程得到的简化模型采样点数目为 34255(简化率为 12.2%)。算法的总体运行时间分别为 7.84s，生成的简化模型的均方根 Isophotic $L^{2,1}$ 形状误差为 $\Delta_{RMS} = 0.0369$，最大 Isophotic $L^{2,1}$ 形状误差为 $\Delta_{\max} = 0.2480$，而规范化均方根 L^2 几何误差为 $\Delta^*_{RMS} = 3.85 \times 10^{-4}$，规范化最大 L^2 几何误差为 $\Delta^*_{\max} = 0.0020$。

实际上，本节的特征敏感重采样方法是一个基于法向在 Gaussian 球上分布的顶点聚类方法。为了统一起见，这里仅仅将本节方法和基于聚类的其他点模型重采样方法进行了比较。图 3-18 中将本节的方法和 Pauly 等(2002)的基于聚类的点模型简化方法作了对比。对于 Armadillo 模型来说，简化采样点数目是原始采样点数目的

22.6%，图中给出了在三种基于聚类的简化方法下产生的几何误差和误差可视化结果。均匀聚类简化由于所有聚类基本均匀，简化后的误差主要集中于模型的高曲率区域，如耳朵、指尖、牙齿等，与其他方法相比产生的规范化 L^2 几何误差最大。自适应聚类方法相对要好一些，而本节的特征敏感重采样方法产生的几何误差最小，误差分布较均匀并不是仅仅集中在模型的高曲率特征部分。

表 3-3　针对不同点采样模型基于 Gaussian 球的重采样方法的统计结果

点采样模型	原始模型采样点数目	本节方法运行时间/s	初始采样的采样点数目	优化采样的采样点数目	Isophotic $L^{2,1}$ 形状误差		L^2 几何误差	
					Δ_{RMS}	Δ_{max}	Δ^*_{RMS}	Δ^*_{max}
Buddha	543652	19.04	71801	128652	0.0438	0.9636	3.10×10^{-4}	0.0047
Dragon	437645	13.97	42928	80295	0.0410	0.9753	3.20×10^{-4}	0.0042
Bunny	280792	7.84	21441	34255	0.0369	0.2480	3.85×10^{-4}	0.0020
Armadillo	172974	6.02	26240	39161	0.0473	0.2595	6.05×10^{-4}	0.0029
Balljoint	137062	4.38	15958	23206	0.0433	0.2865	5.49×10^{-4}	0.0033
Santa	75781	2.62	10404	17181	0.0482	0.2444	6.16×10^{-4}	0.0044
Max Planck	52809	1.64	5818	8697	0.0615	0.2903	10.80×10^{-4}	0.0094

注：其中 Gaussian 球的细分层次取为 8，模型采样点的邻域大小取为 6~16，算法的运行时间包括初始聚类和优化聚类的总时间。

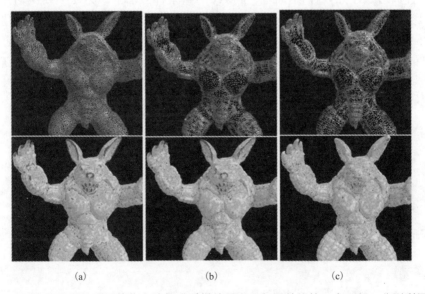

(a)　　　　(b)　　　　(c)

图 3-18　用基于聚类的不同简化方法的重采样结果和几何误差比较。上一行：分别利用均匀聚类(a)，层次聚类(b)和本节的基于 Gaussian 球的聚类(c)的不同结果比较；下一行：利用不同聚类方法的重采样结果的规范化几何误差分布。在三种聚类方法中，简化模型的采样点数目为原始模型采样点数目的 22.6%

3.5　本章小结

通过在重采样过程中引入三维模型的视觉显著性度量，本章提出了一种针对多边形网格的特征敏感简化方法，为让简化模型产生更好的视觉效果，模型的视觉显著性度量计算为以多尺度自底向上的方式在高斯加权浮雕高度上使用中心环绕算子。由视觉显著性图引导的三维形状简化方法能够通过利用视觉显著性加权的高维特征空间中二次误差度量来测量顶点对收缩合并误差得以实现。特征空间二次误差度量实在包含了网格顶点位置和法向信息的六维空间中计算得到。实验结果表明，该针对多边形网格的特征敏感简化方法能够自适应地重采样给定模型，并能保持三维复杂形状的视觉显著特征。

针对点采样模型简化重采样问题，在基于 Meanshift 聚类的重采样中，利用自适应 Meanshift 聚类分析方法在多模特征空间分析中的有效性，本章提出了一种曲率特征敏感的自适应重采样方法。该方法能够生成自适应分布的简化采样点集，其重采样结果能够很好地反映模型的曲率分布特征，在模型的高曲率区域采样点较稠密，在模型的低曲率平坦区域采样点较稀疏。在基于 Gaussian 球映射的重采样中，基于 Gaussian 球的正则三角化和曲面采样点法向量在 Gaussian 球上的投影，本章提出了一种针对三维点采样模型的特征敏感的重采样方法。该方法主要由初始聚类和优化聚类两个聚类过程组成，能生成自适应分布的简化采样点分布，其简化模型能够很好地保持原始点模型的内在几何特征。同时，该方法提供了一种通过控制 Gaussian 球的细分层次以实现控制重采样结果产生的形状 Isophotic 误差的途径。

第 4 章　三维形状的修复与拼接

本章在分析三维形状修复与拼接的基础上，提出了基于 Hermite 插值的网格拼接和融合方法、基于曲面特征的恢复孔洞细节的修复方法。4.1 节分析了三维形状修复与拼接的研究背景；4.2 节介绍了 B 样条曲线与 Hermite 插值的理论基础；基于 Hermite 插值，4.3 节提出了一种三角形网格模型无缝光滑拼接和融合方法；4.4 节提出了一种基于曲面特征的恢复孔洞细节的修复方法；最后是本章小结。

4.1　模型的修复与拼接概述

三维模型修复是计算机图形学和数字几何处理中的一个经典问题，作为网格编辑和造型的一个重要方面，网格模型拼接和融合的主要难点在于：①要求生成的过渡网格曲面与原始网格之间实现无缝光滑相接；②过渡网格曲面应该能够保留原始网格模型的局部特征(Botsch et al.，2007)。一般地，用户希望在进行模型拼接和修复等应用时原始网格模型的结构和形状尽可能少地发生改变。三维网格模型主要来自于两种常见方式：一是来自于真实世界物体的数字化模型，二是通过计算机合成虚拟数据或重建生成的合成模型。这些方式得到的多边形网格往往含有多种瑕疵，如孔洞、孤立点、孤立边、自相交、噪声、孤岛等。这些缺陷在实际应用中带来了诸多不便，如很多形状分析软件对输入模型的网格有着严格的质量要求，模型上的孔洞或者网格自相交现象可能导致软件分析失败或者产生不可预知的结果。网格模型中的孔洞区域通常是模型丢失了几何信息且未经剖分的破损区域。待修复的模型孔洞种类复杂多样，以孔洞类别分类大致可分为单连通区域的孔洞、沟、带有岛的孔洞等。这里主要考虑针对单连通区域孔洞的修复问题。然而，在模型修复中因为待修补模型的孔洞处没有任何几何信息，使得构造合理的几何结构填补孔洞区域并得到令人信服的修补结果，这是一个有挑战性的课题。

在模型拼接融合方面，Bedi(1992)提出了一种函数混合方法生成拼接曲面来混合各分支截面，但其局限性在于待拼接截面都必须以代数曲面形式给出。Barequet 等(2000)和 Cong 等(2001)利用平面等值线进行曲面重构，但其重构方法并不能保证拼接曲面与边缘之间的平滑相接。Kanai 等(1998，1999)提出了一种基于网格形变的融合方法，方法首先在模型边缘处寻找对应点，并根据这些对应点对网格进行刚性变换和缩放以调整边缘对应点，最后通过插值对应点生成平滑过渡网格。该过渡网格能够较平滑地与原始边缘相接，在一定程度上能够保留局部特征。Singh 等

(2001)采用三维体素和隐式曲面表示方法生成拼接网格，但该方法对于拼接区域的边缘有比较高的要求。

　　模型拼接在一定程度上也可以说是一种网格修复操作，并且可以应用到网格融合中。针对离散采样点数据，Carr 等(2001)提出的径向基函数方法能够隐式重建光滑模型以补全不完整模型的残缺部分，但针对特定网格修复问题，如果将待修补模型上的所有点都作为训练点参与计算会消耗大量的计算时间，故往往选择待修复区域边缘点集及其 1-邻域和 2-邻域作为训练点集，然而基于这样选取的训练点集的径向基函数方法(Carr et al.，2001)可能导致重建修复区域时由于约束条件不足而不能产生满意结果。不同于网格模型隐式表示，Biermann 等(2002)提出了一组基于多分辨率细分曲面表示的曲面编辑和剪贴操作，把传统的剪切和粘贴操作引入到三维数字几何处理中。Fu 等(2004)提出了一种拓扑无关的网格编辑方法，该方法能够进一步实现具有任意拓扑结构的网格模型编辑和剪贴操作。然而，他们的方法需要利用全局参数化方法把网格模型待操作区域映射到二维参数空间上，并在参数空间中完成网格编辑和融合操作，再将编辑和融合结果投影回三维模型上，该方法不适用于具有断裂带的模型修复，因为这类模型中往往无法定位目标曲面。Jin 等(2006)提出了基于径向基函数拟合模型边界的网格融合方法，该方法先用平行平面截取需要融合的部分，并在平面上利用径向基函数求得待拼接模型边界的隐式表示，再利用 Hermite 插值求得过渡曲面。Lin 等(2008)利用径向基函数取得过渡区域的隐式曲面，再借助移动立方体方法将隐式曲面转化为离散网格。该方法克服了边界拓扑不兼容的问题，同时生成的过渡曲面能十分精确地放映真实模型。径向基函数能较好地拟合平面空间上任意形状的曲线，并能解决拓扑不兼容的网格模型的拼接问题，但对模型进行拼接时，该方法需要求待拼接模型的边界点位于同一个平面空间，当待拼接模型边界附近的网格几乎不在同一平面时，其拼接操作变得比较困难且径向基函数计算比较复杂。

　　在缺损模型的孔洞修复方面，主要分为 2 类：基于体的方法和基于曲面定向的方法。基于体的方法主要是将待修补模型转换成体素并实现曲面孔洞的修复。Davis 等(2002)利用体素定义了一个符号距离场，并利用扩散算子将体素传播到整个体素网格场。Nooruddin 等(2003)提出一种基于体的修补技术，该技术将输入模型转化为自适应的距离场，对距离场进行修复并对其多边形化。Ju(2004)建立了八叉树网格，并利用等距面重建曲面。Bischoff 等(2005)先建立一个自适应的八叉树，并通过体素的拓扑简化重建模型。这类方法与曲面定向的方法相比虽然可以在较短的时间内完成修复工作，但是网格和体素之间的转换带来了模型细节特征的丢失和原始网格连通性的破坏。利用基于体的方法得到的修复模型往往具有比原始模型多很多的多边形面片，在网格简化过程可能降低输出网格的质量。

基于曲面定向的方法一般是直接检测孔洞并对孔洞区域进行修复,大体上可以分为 3 类:①直接检测模型上的多边形孔洞并对其进行剖分(Liepa,2003),对于一些可展曲面则可以将三维孔洞直接转化为二维多边形,并对其进行剖分(Brunton et al.,2010)。②将构建的孔洞区域曲面与原始模型自然衔接在一起,如径向基函数插值(Liu et al.,2012)、NURBS 曲面(Kumar et al.,2008)、移动最小二乘法(Wang et al.,2007)、泊松方程(Zhao et al.,2007)、法向量场插值(Verdera et al.,2003)、极小化曲率(Pernot et al.,2006)和 Poisson 驱动方法(Centin et al.,2015)等。这 2 种类型的修复方法能快速地实现模型修补,但是难以很好地恢复孔洞区域的细节特征。③如何实现孔洞区域的细节修复。Wang X C 等(2012)提出了一种主要针对 CAD 模型的保持边缘特征的修复方法。Harary 等(2014)和 Breckon 等(2012)将修补模型孔洞的工作分为 2 步完成,首先构建模型基曲面,然后在基曲面基础上添加几何细节。文献(Kwatra et al.,2005;Sahay et al.,2015)利用寻找相似区域的方法对三维模型的孔洞进行了修复。对于该类方法,如果在模型中具有与孔洞相似的区域,则能够给出较好的修复结果;但如果模型的破损区域是独一无二的,则可能得到扭曲甚至错误的修复结果;同时,该类修复方法的时间复杂度较高,难以实现对复杂模型的高效修复处理。

基于 Hermite 插值技术,本章提出了一种三角形网格模型的无缝光滑拼接和融合方法,该方法实现简单并且对网格模型待拼接边界具有很好的适用性。算法首先对待拼接或融合的网格模型边界进行 B 样条曲线插值,然后对拼接区域进行 Hermite 曲面插值,最后对拼接曲面进行三角形网格化和光顺处理。该算法中由于利用 B 样条曲线插值待拼接模型边界,从而能够适用于具有各种边界情形的网格模型之间的拼接和融合,它不仅仅可以处理平面边界曲线情形也可以处理空间边界曲线情形,使其具有很好的适用性。结合 Hermite 曲面插值,使得该方法产生的拼接网格能光滑地衔接待拼接网格边界并保留原始网格模型的局部特征。实验表明,该方法能够有效地实现三角形网格模型的无缝拼接和融合,在保证拼接网格与边界平滑连接的同时较好地保持了模型的局部特征。

此外,本章还提出了一种曲面细节特征保持的鲁棒的孔洞区域修复方法。该方法充分考虑了曲面谷线和脊线,通过匹配曲面孔洞周边特征线实现对破损模型的有效修复,并且在模型修复质量和计算效率方面做出了很好的权衡。本章提出一种三维复杂模型上孔洞周边特征线检测和配准方法,这些特征线信息有助于恢复孔洞区域的显著特征;利用动态规划方法,提出一种模型孔洞区域的基曲面构建方法;并根据孔洞周围检测得到的特征线信息,对于孔洞区域内的三角形给出一种剖分顺序和剖分方法;引进带特征线约束的双拉普拉斯系统,以恢复孔洞区域的显著几何特征。

4.2　B 样条曲线与 Hermite 插值

4.2.1　B 样条曲线

一般地，给定 $m+n+1$ 个平面或空间点 $P_i(i=0,1,2,\cdots,m+n)$，则将这些顶点作为控制顶点可以确定一条光滑的 B 样条曲线（王国瑾等，2001）。参数曲线第 k 段 n 次曲线段表示为（$k=0,1,\cdots,m$）：

$$P_{k,n}(t)=\sum_{i=0}^{n}P_{i+k}G_{i,n}(t),\quad t\in[0,1] \tag{4.1}$$

其中基函数为 $G_{i,n}(t)=\dfrac{1}{n!}\sum_{j=0}^{n-i}(-1)^{j}C_{n+1}^{j}(t+n-i-j)^{n}$，$t\in[0,1]$，$i=0,1,\cdots,n$，顶点 P_i 称为控制顶点（$i=0,1,\cdots,n+m$）。这些曲线段的全体称为 n 次 B 样条曲线。由于二次 B 样条已经能够达到了一阶光滑，所以在模型的光滑拼接中拼接边缘的拟合 B 样条曲线中次数 n 取值为 2。一般来说；构造的 B 样条曲线并不一定是封闭的曲线，若需要构造封闭的曲线，则只需要使得最后一个控制顶点的坐标与第一个相同 $P_{m+1}=P_0$，同时多取一个控制顶点 $P_{m+2}=P_1$ 即可，如图 4-1 所示。

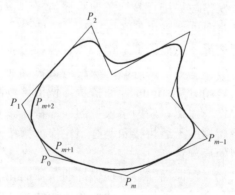

图 4-1　一条封闭二次 B 样条曲线

本章方法中首先根据待拼接网格模型边缘提取的一组顶点 $Q_i(i=0,1,2,\cdots,m;$ $m>2)$ 构造一条插值这些顶点的二次 B 样条曲线。这时就需要由这些顶点提供的信息来反求二次 B 样条曲线的控制顶点 $P_0,P_1,P_2,\cdots,P_m$。王国瑾等（2001）提供了求解插值 B 样条曲线控制顶点的计算方法，该问题只需求解如下线性方程组（4.2）：

$$\begin{bmatrix} 1 & 1 & 0 & & & & & \\ & 1 & 1 & 0 & & & & \\ & & 1 & 1 & 0 & & & \\ & & \ddots & \ddots & \ddots & & & \\ & & & & 1 & 1 & 0 \\ & & & & & 0 & 1 & 1 \\ 0 & 1 & & \cdots & & 0 & 0 & 1 \end{bmatrix} \begin{bmatrix} P_0 \\ P_1 \\ P_2 \\ \vdots \\ P_{m-1} \\ P_m \end{bmatrix} = \begin{bmatrix} 2Q_0 \\ 2Q_1 \\ 2Q_2 \\ \vdots \\ 2Q_{m-1} \\ 2Q_m \end{bmatrix} \tag{4.2}$$

这样可以生成封闭的二次 B 样条曲线的控制顶点。

4.2.2　Hermite 插值

给定空间中一个有序点集及其切线方向向量，我们可以利用三阶 Hermite 函数插值经过该点序列并且满足切线方向约束的光滑曲线(Carr et al.，2001)，其插值过程如下：对于每一对相邻的点 P_i 和 P_{i+1}，若其切向量分别为 T_i 和 T_{i+1}，那么第 i 段曲线可以表示为：

$$C_i(t) = P_i F_1(t) + P_{i+1} F_2(t) + T_i F_3(t) + T_{i+1} F_4(t) \tag{4.3}$$

其中，$F_1(t), F_2(t), F_3(t), F_4(t)$ 为三阶 Hermite 基函数：

$$F_1(t) = (t-1)^2(1+2t), \quad F_2(t) = t^2(3-2t)$$

$$F_3(t) = t(t-1)^2, \quad F_4(t) = t^2(t-1) \tag{4.4}$$

可知 $C_i(0) = P_i$, $C_i(1) = P_{i+1}$, $C_i'(0) = T_i$, $C_i'(1) = T_{i+1}$，故曲线 $C_i(t)$ 插值点 P_i 和 P_{i+1}，并且插值曲线在点 P_i 和 P_{i+1} 处的切线方向恰好是点 P_i 和 P_{i+1} 所提供的切向量 T_i 和 T_{i+1}，切向量 T_i 和 T_{i+1} 亦称为点 P_i 和 P_{i+1} 处的切向约束。该 Hermite 插值曲线是一阶连续的。

上述 Hermite 插值方法同样也可以推广到插值两条空间曲线(王国瑾等，2001)。根据两条一阶连续的曲线参数方程 $C_1(u)$ 和 $C_2(u)$，利用两条曲线的切向向量域 $T_1(u)$ 和 $T_2(u)$，式(4.3)可改写为：

$$S(u,v) = C_1(u) F_1(v) + C_2(u) F_2(v) + T_1(u) F_3(v) + T_2(u) F_4(v) \tag{4.5}$$

其中，$S(u,v)$ 是插值曲线 $C_1(u)$ 和 $C_2(u)$ 的光滑 Hermite 插值曲面。

4.3　基于 Hermite 插值的网格拼接和融合

大部分模型拼接和融合的算法注重于结果的精确性，拼接的过渡曲面能够精确反映原始模型的特征。如 Lin 等(2008)利用边界顶点信息，采用径向基函数计算获得过渡的隐式曲面，然后借助移动立方体将隐式曲面离散化得到过渡网格面。其结果十分精确和自然，但计算复杂，耗时较大。在某些实际应用中，如粗糙的三维造型设计，对于精确度的要求并不高，而是更加注重于效率。当然拼接和融合结果要求是自然的，过渡曲面应尽量保留原始网格边界的局部特征。针对三维网格模型的拼接与融合，根据已知待拼接模型的两个部分，即已知两条边界信息，获取两个边界的有序顶点集合，采用 B 样条曲线插值得到两条边界曲线的参数方程。根据两个部分模型的边界区域信息，可以寻找合适的插值函数来生成过渡曲面，保证过渡曲面能光滑衔接两部分模型并保留模型局部特征。

4.3.1　网格拼接和融合方法流程

为了实现网格模型的无缝光滑拼接和融合，本节方法首先对待拼接或融合的网格模型边界进行 B 样条曲线插值，然后对待拼接区域进行 Hermite 插值得到过渡曲面，最后对过渡曲面进行三角形网格化和光顺后处理。图 4-2 给出了本节算法的流程，其中图 4-2(a) 为待拼接的缺损网格模型，图 4-2(b) 为待拼接区域的局部放大，图 4-2(c) 为找到待拼接区域的两条边界点集 VS_1 和 VS_2 并确定边界沿近似

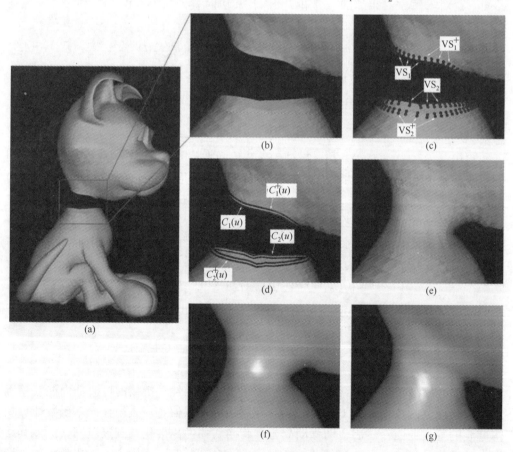

图 4-2　网格拼接和融合算法流程

切向偏移后的偏移点集，图 4-2(d)为对四组点集分别用二次 B 样条曲线插值得到四条参数曲线，图 4-2(e)为利用 Hermite 插值计算得到拼接的参数曲面并对参数曲面进行顶点采样和三角形网格化，图 4-2(f)为对拼接网格进行光顺处理并进行高光渲染，图 4-2(g)为未破损原始模型的高光渲染结果。该算法主要分为以下几个步骤：

(1) 找到三角形网格模型上缺损区域的两个对应边界点集，分别利用式(4.2)确定插值每一边界点集的二次 B 样条曲线控制顶点，从而相应构造出两条边界 B 样条曲线 $C_1(u)$ 和 $C_2(u)$。

(2) 确定边界曲线 $C_1(u)$ 和 $C_2(u)$ 的切向向量域 $T_1(u)$ 和 $T_2(u)$，利用式(4.5)计算过渡曲面 $S(u,v)$；并对过渡曲面 $S(u,v)$ 进行顶点采样，并将离散采样点三角化得到拼接曲面的网格表示。

(3) 对拼接网格采用 Laplacian 光顺平滑处理以得到平滑过渡的拼接网格。

4.3.2　边缘曲线插值

对于流形网格模型，网格边界顶点一般具有以下两个特性：①边界顶点的度与其邻接三角形个数不相等；②边界顶点的 1-邻域(所有与该顶点直接相邻的顶点)内必定存在其他边界点。根据这两个特性我们可以很容易找到网格模型的边界顶点。实际应用中，寻找边界顶点的方法还需依赖具体的数据结构，即三维网格模型的存储结构。当前主流的网格存储模型都具备支持边界顶点的快速检索。本节采用张献颖等(2003)提取两个待拼接网格的边界点集(VS$_1$ 和 VS$_2$)，这样可以保证提取出的边界是有序并且封闭的(图 4-2(c))。

除了 B 样条曲线插值方法之外，还有其他类型的曲线插值方法，比如 Hermite 插值方案、拉格朗日插值方法等也可以用于曲线插值。而 B 样条具有良好的曲线空间质量，可塑性高，非常易于控制；一般地，B 样条曲线插值优于其他曲线插值方案。利用式(4.2)分别确定插值边界点集 VS$_1$ 和 VS$_2$ 的两条 B 样条曲线控制顶点，从而相应得到两条边界曲线的参数方程 $C_1(u)$ 和 $C_2(u)$ (图 4-2(d))。需要指出的是，实验中对于某些边界顶点过于密集的网格模型，可以舍弃一些与相邻边界点距离非常小(比如小于网格平均边长的 0.2 倍)的边界点，这样可以提高拟合的稳定性同时提高算法效率。这种舍弃操作完全不会影响边界曲线的插值效果，当边界顶点过于密集时，去除一些边界顶点不会影响边界的形状；另一方面，当边界顶点过于密集时，计算时去除一些顶点能加快计算速度。网格边界的 B 样条插值可以看成是边界的曲线参数化，由于并不要求拟合出的曲线与实际网格边界形状完全一致，故舍弃一些与相邻边界顶点距离非常小的边界点对最终结果的影响不大。

4.3.3　拼接曲面 Hermite 插值

利用边界点集 B 样条插值现已得到了两条边界曲线 $C_1(u)$ 和 $C_2(u)$，然而利用式 (4.5) 确定模型的拼接曲面时还需要确定边界曲线 $C_1(u)$ 和 $C_2(u)$ 的切向向量域 $T_1(u)$ 和 $T_2(u)$。类似于二维的 Hermite 插值，这里的切向域同样指定了边界切向走向，理论上它应该是连续的向量函数。我们通过沿边界顶点切方向偏移边界顶点的方法近似求得向量域 $T_1(u)$ 和 $T_2(u)$，如图 4-3 所示。以边界点集 VS_1 为例，假设取 VS_1 中的一个顶点 P_0 及其邻接边界顶点 P_1（若 P_0 的邻接边界顶点不参与边界曲线插值则被舍弃），n_0 是顶点 P_0 处的法向向量。为方便说明，假设 $S(0,0)=P_0$，$C_1(0)=P_0$。则令：

$$P_0' = P_0 + \Delta h(n_0 \times P_0 P_1) \tag{4.6}$$

实验中 Δh 通常取网格模型的平均边长。我们近似地认为 $P_0 P_1$ 就是 $C_1(u)$ 在 $C_1(0)=P_0$ 处的切向，并近似地认为 $P_0 P_0'$ 是 $S(0,v)$ 在 P_0 处的切向，即认为 $P_0 P_0'$ 是切向向量域 $T_1(u)$ 在顶点 P_0 处的值。

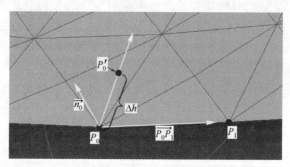

图 4-3　边界顶点切向量计算

利用式 (4.6) 对边界点集 VS_1 中的每一个点进行计算可得到偏移点集 VS_1^+，同理对 VS_2 进行处理可得到偏移点集 VS_2^+（图 4-2(c)）。利用式 (4.2) 分别确定插值偏移点集 VS_1^+ 和 VS_2^+ 的两条 B 样条曲线控制顶点，从而相应得到两条偏移曲线的参数方程 $C_1^+(u)$ 和 $C_2^+(u)$（图 4-2(d)）。从而通过边界曲线和相应偏移曲线的差分来获取边界曲线的近似切向约束：

$$T_1(u) = \frac{C_1(u) - C_1^+(u)}{\Delta h}, \quad T_2(u) = \frac{C_2^+(u) - C_2(u)}{\Delta h} \tag{4.7}$$

现在利用式 (4.5) 的 Hermite 插值方法可以求得过渡曲面 $S(u,v)$。这里，采用了两条曲线的差分来计算切向域。三角形网格是离散的三维模型表现形式，我们无法取得真正精确的切向域，利用这种作差的方法实际上是对真正的切向域的一种估计。这种差分方法并不罕见，例如 Jin 等 (2006) 也使用到了这种差分的想法，只是他们使用两个平行平面对模型进行切割，平行平面与模型的交线作为差分对象。这种方法在有些情况无法适用，比如当两个部分模型的边界切向域几乎相互垂直且其中一个模型的边界区域是平面的时候。

然而，本节的目标是要生成三角形网格表示的拼接模型，以上计算所得的过渡曲面是连续函数，故需要将过渡曲面 $S(u,v)$ 三角形网格化。实际上，每当 v 固定 $(v = v_0)$ 时 $S(u, v_0)$ 是一条光滑曲线；此曲线上让 u 从 0 开始每次递增 Δu 直至 1，这样可以获取曲线 $S(u, v_0)$ 上一系列的离散采样点。现让 v 从 0 开始每次递增 Δv 直至 1，相应地可以得到过渡曲面 $S(u, v)$ 上的许多离散采样点。实验中设 VS$_1$ 到 VS$_2$ 距离最短的一对点距离为 d，网格模型平均边长为 l，原始模型两条边界的顶点数量分别为 n_1 和 n_2，则取 $\Delta u = \dfrac{2}{n_1 + n_2}$，$\Delta v = \dfrac{1}{\lceil d / l \rceil}$（其中 $\lceil \cdot \rceil$ 表示上取整函数）。因此，过渡曲面 $S(u, v)$ 的离散三角形网格化可以用伪代码表示如下：

输入：$S(u, v)$，连续的参数过渡曲面。

输出：M，离散的过渡曲面三角形网格表示。

算法过程：

(1)利用待拼接网格的边界点集 VS$_1$ 和 VS$_2$ 确定参数 u 和 v 的增量 Δu 和 Δv；

(2)根据参数 u 和 v 的增量 Δu 和 Δv，令参数 v 从 0 开始每次递增 Δv 直至 1；同时对于每一参数 v，令参数 u 从 0 开始每次递增 Δu 直至 1，在参数曲面上得到一系列离散采样点，将这些离散采样点添加入网格 M；

(3)对于每一相邻采样曲线上的相邻离散采样点 $T_0 = S(u, v)$，$T_1 = S(u + \Delta u, v)$，$T_2 = S(u, v + \Delta v)$ 和 $T_3 = S(u + \Delta u, v + \Delta v)$ 进行如下处理：

如果采样点 T_0 和 T_3 的距离不超过采样点 T_1 和 T_2 的距离，则将边 T_0T_2，T_2T_3，T_0T_1，T_1T_3 和 T_0T_3 添加入网格 M，同时将三角面片 $\Delta T_0T_3T_2$ 和三角面片 $\Delta T_0T_3T_1$ 添加入网格 M；否则，将边 T_0T_2，T_2T_3，T_0T_1，T_1T_3 和 T_1T_2 添加入网格 M，同时将三角面片 $\Delta T_1T_2T_0$ 和三角面片 $\Delta T_1T_2T_3$ 添加入网格 M。

这里 $S(u, 0) = C_1(u)$，$S(u, 1) = C_2(u)$ 即当 $v = 0$ 和 $v = 1$ 时可以直接利用原始网格边界顶点而不需要对边界曲线 $C_1(u)$ 和 $C_2(u)$ 进行点采样。

4.3.4 拼接区域光顺平滑处理

需要指出的是，由式(4.7)所计算的切向量约束在边缘过于尖锐区域会产生误差，从而往往导致离散网格化后在某些区域产生尖锐的棱角，此时需要对拼接区域进行光顺处理以得到平滑的拼接网格。此外光顺平滑处理可以完善处理结果。我们采用 Laplacian 平滑算法(Nealen et al.，2006)对拼接区域进行平滑处理，即对于拼接网格的每一个顶点计算其新坐标如下：

$$P_{\text{new}} = \frac{P_{\text{old}} + \sum\limits_{i \in N_1} P_i}{n+1} \tag{4.8}$$

其中，P_{old} 为平滑前顶点坐标，P_{new} 为平滑后顶点坐标，P_i 为顶点 P_{old} 的 1-邻域顶点，n 为 1-邻域点个数。由实验得知，该平滑操作进行 1～2 次就能消除上述的尖锐棱角。除了拉普拉斯平滑操作之外，还有不少更优的平滑操作，例如基于扩散和曲率流的非规则网格的隐式平滑（Desbrun et al.，1999），网格模型的双边滤波去噪（Fleishman et al.，2003），网格模型的保特征的非迭代光顺（Jones et al.，2003）。在这个步骤中，之前生成的过渡曲面已经很平滑，只是有个别连接处可能出现尖锐，我们只需消除这些个别的尖锐地方。另外上述的平滑操作虽然效果优秀，但会消耗不少时间。使用拉普拉斯平滑不仅能满足我们的需求，还能保证整个算法的高效性。

4.3.5　实验结果与讨论

在 Intel(R) core(TM) 2 Duo CPU E7500@2.93GHz，内存为 2GB 显卡为 ATI Radeon HD4550 的机器上实现了本节提出的算法。使用操作系统为 Windows 7，使用的编程平台是 Visual Studio 2005，采用 C++语言编程并结合了 OSG3.0.1 渲染引擎完成算法的实现和结果展示。

网格模型的拼接在很大程度上可以认为是一种模型修复的操作，可以将一个断裂的破损模型修复成一个完整的模型。作为网格编辑和造型的一个重要方面，三角形网格模型拼接和融合的主要难点在于：①要求生成的过渡网格曲面与原始网格之间实现无缝光滑相接；②过渡网格曲面应该能够保留原始网格模型的局部特征。一般地，用户希望在进行模型拼接和修复等应用时原始网格模型的结构和形状尽可能少地发生改变。针对这几点，这里展示一些修复效果来验证本节算法的有效性。图 4-4～图 4-6 展示了利用本节提出的方法对三个不同模型的修复拼接效果。在图 4-4 中，我们对原始 Girl 模型的环绕耳朵一圈的缺损区域（图 4-4(b)）进行修复拼接，该破损区域横穿过大量特征区域，如女孩的辫子和头发上的纹理，此外还包含模型的平坦区域。图 4-4(c) 给出了利用本节提出的方法进行修复拼接的结果。与原始模型相比较可以看出，本节方法能较好地保持头发部分的细节特征，还原了部分辫子的纹路，耳鬓的头发精确地被修复出来。此外，模型平坦区域的修复也并未出现走样的情况，整个模型十分自然。

同时，为了验证本节方法适用于具有一般边界点空间分布的网格模型之间的拼接和融合，我们分别对具有复杂形状拼接边界的 Bumpy Torus 模型（图 4-5(a)）和 Chinese Lion 模型（图 4-6(b)）进行了修复拼接。Bumpy Torus 模型待修复区域的两条边界不像 Girl 模型的那样平坦规则，两条边界的空间形状分布也有很大的差异。而从 Bumpy Torus 模型的修复效果(图 4-5(b))可以看出，经过修复的过渡区域能很好地保持原始模型的细节特征，并与原始模型剩余部分实现平滑相接(图 4-5(c))。

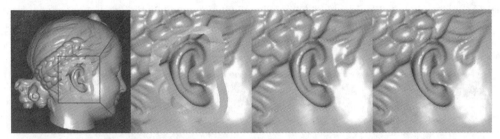

(a)待修复拼接模型　　(b)缺损区域局部放大　　(c)利用本节方法进行修复拼接　　(d)未破损原始模型

图 4-4　Girl 模型的修复拼接

(a)待修复拼接模型　　　　　(b)利用本节方法进行修复拼接　　　　　(c)未破损原始模型

图 4-5　Bumpy Torus 模型的修复拼接(见彩图)

　　Chinese Lion 模型的破损区域贯穿大量特征区域，含有大量复杂的纹路(图 4-6(a))。这对算法是个极大的挑战。而从 Chinese Lion 模型(图 4-6(b))的修复效果(图 4-6(c))可以看出，生成的过渡曲面能够较好地保持原始 Chinese Lion 模型卷曲毛发的细节特征。但是相比原模型(图 4-6(d))，该结果并未能十分精确地还原所有细节。

　　图 4-7 展示了本节算法在口腔临床 CAD 中牙冠生成上的应用。如今，计算机辅助设计与虚拟仿真技术已经广泛地应用于各个医疗领域。以口腔临床为例，传统牙齿全冠生成过程中，首先需要患者咬合印泥并用石膏获取患病牙齿模型，再通过手工打磨的方式来生成最终的全冠。这种传统流程不仅耗时，不卫生，而且费用高昂，给患者造成了极大的不便。而随着扫描仪的迅速发展，可以通过微型扫描仪直接扫描病变牙齿，再通过特定算法生成全冠模型，最后利用 3D 打印机直接打印成品即可。这不仅迅速、成本低，而且对患者十分方便。一般

地，全冠是由间隙面(图 4-7(a)中 B 部分)和牙冠外层(图 4-7(a)中 A 部分)通过一定的算法拼接而成。间隙面可以通过对受损牙齿的扫描获得，而牙冠外层可以由特定的方法(如受损牙齿模型颈缘线以上部分向外等距)生成。实验结果表明利用本节的方法进行拼接能够得到较好的平滑拼接效果(图 4-7(c))，此外，本节的修复拼接方法不会生成非流型的网格曲面，故而可以直接用于 3D 打印机进行实际生产，可以应用于口腔临床 CAD 中。

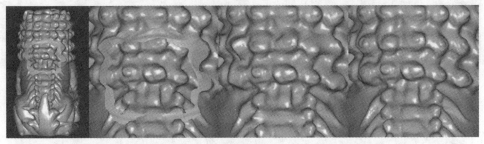

(a)待修复拼接模型　(b)缺损区域局部放大　(c)利用本节方法进行修复拼接　(d)未破损原始模型

图 4-6　Chinese Lion 模型的修复拼接(见彩图)

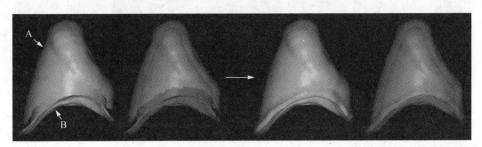

(a)待拼接牙冠　(b)待拼接牙冠的半透明渲染　(c)利用本节方法进行拼接　(d)拼接牙冠的半透明渲染

图 4-7　修复拼接算法在口腔临床 CAD 牙冠生成上的应用

　　另外，网格模型的融合是与网格模型的拼接紧密相关的一种操作。网格模型融合是将来源于多个不同模型的部分融合在一起从而构造出更加复杂或更有趣的新模型。在工业设计和动画制作中，许多复杂模型往往需要通过对一些简单的模型进行变形、融合、布尔操作等编辑方法来生成。本节方法也可以用于多个网格模型的融合。图 4-8 展示了运用本节提出的方法将 Twirl 模型的尖顶部分、Simpson 模型的上半身、Tanystropheus 模型的颈部以上部分、Women 模型的右小腿、Girl 模型的蝴蝶结、Octopus 模型与 Horse 模型的身体融合成一个复杂模型的结果。可以看出，各部分模型能够光滑地拼接在一起，拼接处过渡得十分自然。

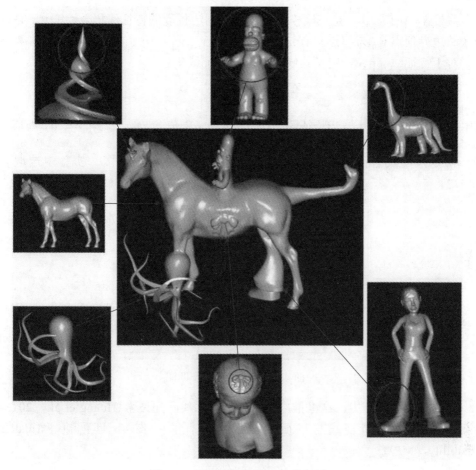

图 4-8　多个网格模型的融合实例

4.4　特征保持的模型孔洞修复

4.4.1　模型孔洞区域特征线的检测和匹配

　　三维模型特征线是曲面上能够表示显著几何特征的脊线或谷线。对于具有丰富细节特征的三维模型，特征线及其附近区域经常具有曲面的显著几何特征（Ohtake et al.，2004）。在曲面孔洞修复之前，首先检测孔洞区域周边的特征线，通过匹配特征线以恢复孔洞中的特征线，从而提高模型孔洞区域上的细节恢复效果。本节使用文献（Hildebrandt et al.，2005）中方法检测模型孔洞区域周边的特征线，进一步实现特征线的匹配。

　　假设 $S = \{s_i\}_{i=1,2,3,\cdots,N}$ 是三维模型孔洞区域周边提取的特征线集合，其中 s_i 是以孔洞区域边界顶点 $\boldsymbol{v}_{i,0}$ 为起点且有 $m+1$ 个采样点 $\boldsymbol{v}_{i,0}, \boldsymbol{v}_{i,1}, \cdots, \boldsymbol{v}_{i,m}$ 的特征线，如图 4-9 所示。对于特征线 $s_i \in S$，定义其候选的匹配特征线集：

$$C_i = \left\{ s_j \in S \mid \overline{s}_i \cdot \overline{s}_j < \delta \right\} \tag{4.9}$$

其中，$\overline{s}_i = \sum_{k=0}^{m-1} (\boldsymbol{v}_{i,k} - \boldsymbol{v}_{i,k+1})$ 为特征线平均单位方向；阈值参数 $-\sqrt{2}/2 \leqslant \delta \leqslant 0$，阈值 δ 的选择决定匹配集合元素的数目，δ 越小匹配集合中元素越多，实验中选取 δ 为 $-\sqrt{2}/2$。

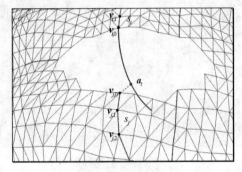

图 4-9　特征线检测和匹配

　　在特征线的匹配中，这里推广了图像上的曲线匹配技术(Huang et al.，2013)，给出候选集 C_i 中特征线与特征线 s_i 匹配的衡量标准——匹配概率(matching possibility，MP)：

$$\mathrm{MP}(s_i, s_j) = \frac{1}{m} \sum_{k=0}^{m-1} \exp\left(-\frac{|\boldsymbol{v}_{j,k} - \boldsymbol{a}_{j,k}|^2}{\sigma^2} \right) \tag{4.10}$$

其中，$s_j \in C_i$，$\boldsymbol{a}_{j,k}$ 为 s_j 的第 k 个采样点 $\boldsymbol{v}_{j,k}$ 在由待匹配特征线 s_i 所拟合曲线上的投影。在实验中，取高斯函数中的参数 σ 为 0.5。对于特征线 s_i，称使 $\mathrm{MP}(s_i, s_j)$ 最大的 $s_j \in C_i$ 为 s_i 的最优匹配。如果 $s_j \in C_i$ 的最优匹配也是 s_i，则称 (s_i, s_j) 是一个匹配对。对于特征线的匹配对，这里使用 $\boldsymbol{v}_{i,0} \in s_i$，$\boldsymbol{v}_{j,0} \in s_j$，$\boldsymbol{v}_{i,1} \in s_i$，$\boldsymbol{v}_{j,1} \in s_j$ 拟合一个平面，称为特征平面。使用球面线性插值方法将特征线匹配对 (s_i, s_j) 连接起来，这条线称为匹配对的桥线。在曲面孔洞修复过程中，如果能够充分利用孔洞周围特征线的信息，特别是能够准确找到匹配的特征线对，将大大提高孔洞修补的效果。

4.4.2　曲面孔洞细节的修复方法

　　针对复杂三维破损模型，本节的孔洞修复方法首先检测并匹配模型孔洞周边的特征线；然后利用动态规划方法对模型进行基曲面的修复；再根据匹配特征线信息并利用区域分层收缩策略从孔洞区域边界开始向区域中心逐层添加曲面细节；最后引进带特征线约束的双拉普拉斯系统，以恢复孔洞区域的显著几何特征。

算法 4-1　曲面孔洞修复的算法过程
输入：带有孔洞的三维网格。
输出：孔洞修补后的三维网格。
Step1. 检测和匹配特征线；
Step2. 逆时针方向收集孔洞的边界顶点 p；
Step3. 用动态规划方法剖分孔洞；
Step4. 收集孔洞的以 p 为边界的三角形；
Step5. 剖分该层的优化三角形和其他三角形；
Step6. 令 p' 为这一层三角形的内部边界；
Step7. $p \leftarrow p'$，重复 Step4. 当 p 中没有三角形的边时循环终止；
Step8. 翻转狭长三角形的边，重复 Step4，当孔洞中网格半径为边界平均值时循环终止；
Step9. 利用双拉普拉斯系统对特征进行增强。

图 4-10 所示为曲面孔洞恢复方法的详细过程。图 4-10(a)表示检测得到的孔洞区域周边特征线上的离散采样顶点；图 4-10(b)所示为对孔洞区域利用动态规划方法三角剖分得到的孔洞区域基曲面，并通过分层收缩策略将孔洞区域分层，图中孔洞区域仅有一层，标有圆圈的三角形为该层的优先三角形；图 4-10(c)所示为利用本节的剖分方法对孔洞区域内的三角形进行一次剖分并翻转狭长三角形边的结果，剖分之后孔洞区域被分为 2 层；图 4-10(d)所示为用从孔洞的边界开始再按层剖分图 4-10(c)中的结果，直到孔洞内的三角形边长小于边界边的边长为止；图 4-10(e)所示为利用双拉普拉斯系统特征增强后的修复结果。

(a)原始孔洞

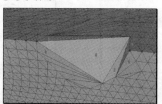
(b)基曲面

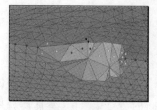
(c)初次剖分和翻转

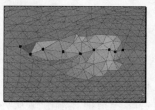
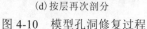
(d)按层再次剖分

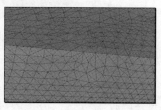
(e)特征增强

图 4-10　模型孔洞修复过程

1. 动态规划方法构建基曲面

在模型孔洞区域修复过程中需要对孔洞区域构建初始基曲面，并恢复基曲面的几何细节，其中基曲面的构建是指对模型的孔洞区域进行三角剖分。为了有效地实现三角剖分，要求孔洞区域的面积、法向变化或曲率等达到最优要求的限制。

本节利用动态规划方法实现模型孔洞区域的三角剖分(Liepa，2003)，首先定义目标函数以实现面积和法向变化的最优。假设 M 表示输入的带有孔洞的三角形网格模型，$P=[p_0, p_1, \cdots, p_{n-1}]$ 为 M 上的某个多边形孔洞，其中顶点 $p_0, p_1, \cdots, p_{n-1}$ 以逆时针排列。令 $\phi(i, m, j)=(\alpha, A)$ 为定义在 $\Delta p_i p_m p_j$ 上的有序对 $(i, j, m \in \{0, 1, \cdots, n-1\})$，其中 α 表示 $\Delta v_i v_m v_j$ 与相邻三角形之间的最大二面角，A 表示 $\Delta v_i v_m v_j$ 的面积。那么，基于动态规划方法的孔洞区域最优三角剖分就是极小化目标函数：

$$w_{i,j} = \min_{i<m<j}[w_{i,m} + w_{m,j} + \phi(i, m, j)] \tag{4.11}$$

并且，如果 i 和 j 是相邻 2 个顶点的下标，$w_{i,j}=0$，其中 $0 \leqslant i < j < n$。图 4-10(b)所示为对孔洞区域利用动态规划方法三角剖分得到的基曲面。

2. 孔洞区域增加曲面细节

实际上，利用动态规划方法构建的基曲面只是初步将模型孔洞区域进行了填充，孔洞周边区域的几何特征并没有很好地延续到孔洞内部，并且边界连接不光滑。本节中给出了一种曲面网格的分层收缩技术，即通过分层收缩策略逐层将孔洞周围细节特征延续到孔洞内部。具体地说，首先将待剖分的孔洞区域分成从外到内的多层网格，然后按照从外向内的顺序，在每一层中对优先三角形先剖分再处理其余的面片，如图 4-11 所示。

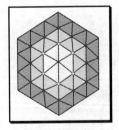 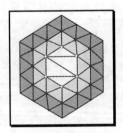 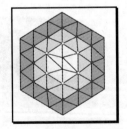

　(a)层内部边界为一个顶点　　　(b)层内部边界为空集　　　(c)层内部边界为退化折线

图 4-11　模型孔洞区域的层分解(见彩图)

1)区域分层收缩策略

为了将孔洞周边区域特征自然延伸到孔洞区域内部，本节给出一种孔洞区域网格的分层收缩策略。分层收缩策略就是把孔洞区域从外向内分成若干层，具体分层步骤如下：

Step1. 收集模型孔洞区域的第 1 层。这些三角形由孔洞区域内带有边界顶点的三角形构成，如图 4-11 中橙色的三角形。

Step2. 收集模型孔洞区域第 1 层的内部边界。这个边界的顶点由第 1 层三角形在孔洞区域内部的顶点构成，或者是三角形顶点除去边界顶点的点构成，如图 4-11 中红色的顶点。

Step3. 对模型孔洞区域进行再次分层。即将 Step2 收集到的层内部边界作为新的边界，重复 Step1~Step2。

该过程一直到新层内部边界仅为一个顶点、空集或一个退化折线时为止（如图 4-11（a）、图 4-11（b）、图 4-11（c）所示）。图 4-11 中，橙色三角形为第 1 层，红色顶点构成第 1 层的层内部边界；蓝色三角形为第 2 层，黄色顶点为第 2 层的层内部边界；白色三角形为第 3 层。

2) 基于特征线的优先三角形确定

在孔洞区域修复过程中，曲面蕴含细节部分往往意味着曲率发生显著变化的区域。为了恢复这些几何细节，本节提出一种基于特征线的优先三角形的概念将网格中三角形进行分类。将在曲面孔洞网格每一层中首先被剖分的三角形被称为优先三角形。优先三角形具有如下特点：①三角形与特征线相连；②三角形与特征平面相交。下面，给出一种判断三角形与特征平面相交的简单方法。首先定义顶点 v 的符号为：

$$S(v) = \text{sign}((v - p) \cdot n) \tag{4.12}$$

其中，n 是特征平面的法向量，p 是特征平面上的任意一点。则一个三角形的符号被定义为：

$$S(\triangle v_i v_j v_k) = (S(v_i), S(v_j), S(v_k)) \tag{4.13}$$

那么，一个三角形的符号中有零分量或异号的分量，则三角形与特征平面相交。

3) 孔洞区域三角形的剖分加密

为了将孔洞区域周边细节特征自然延伸到孔洞区域内部，我们通过对曲面孔洞网格中三角形逐层剖分加密方法从孔洞边界开始向孔洞中心逐层添加细节。在剖分每一层三角形时，首先剖分优先三角形，再剖分其余的非优先三角形。

对于曲面孔洞中某一层待剖分的 $\triangle v_i v_j v_k$，将使用一种变形的重心剖分方法对其进行加密。通过将三角形重心投影到由这个三角形的邻域顶点拟合的二次曲面上，然后使用投影点对三角形进行剖分。具体剖分过程如下：

Step1. 使用 $\triangle v_i v_j v_k$ 邻域顶点拟合二次曲面。对于在同一层中不同种类的三角形，采取不同方法选取拟合二次曲面的邻域候选点。如果 $\triangle v_i v_j v_k$ 是一个非优先三角形，则从 3 个顶点 $v_i v_j v_k$ 中选择到其重心 G 较近的 2 个顶点，并利用这 2 个顶点的邻域顶点作为候选点来拟合这个三角形相应的二次曲面。如果 $\triangle v_i v_j v_k$ 是一个与特征平面相交的优先三角形，则选取这个三角形的 2 个具有相同符号的顶点为候选点；并且在匹配对的桥线上取一点为候选点，该点是到三角形的 2 个相同符号顶点的距离和最小的点。这些点的邻域顶点作为候选点拟合二次曲面。如果 $\triangle v_i v_j v_k$ 是一个与不是匹配对的特征线相连的优先三角形，则首先选择在此特征线上的顶点和三角形到重心较近的顶点，然后用这 2 个顶点的邻域顶点作为候选点拟合二次曲面。

Step2. 利用重心投影剖分三角形。将待剖分 $\triangle v_i v_j v_k$ 的重心 G 沿着其法线方向 n 投影到上面方法得到的二次曲面上，即 G 的投影点 G' 为：

$$G' = G + \alpha \cdot n \tag{4.14}$$

其中，α 是重心 G 沿着法线方向位移。从而，$\triangle v_i v_j v_k$ 被剖分为 3 个三角形：$\triangle v_i v_j G'$，$\triangle v_j v_k G'$ 和 $\triangle v_k v_i G'$。

在对模型孔洞区域三角形进行一次剖分加密后，如果孔洞中三角形平均半径大于孔洞边界外三角形平均半径则再一次进行剖分加密。如果剖分后三角形出现狭长三角形，则对其进行翻转操作。

3. 孔洞区域特征增强

经过模型孔洞区域分层收缩和三角形剖分加密之后，可以得到孔洞区域的修复和几何特征的增加。为了进一步增强模型孔洞区域的细节特征，使得孔洞区域特征能够与孔洞周边特征和曲面整体细节特征相一致，本节利用带特征线约束的双拉普拉斯系统对上面结果进行处理。该双拉普拉斯系统为：

$$\begin{cases} \Delta^2 x = 0, x \in H \setminus F \\ x = \hat{x}, x \in F \end{cases} \tag{4.15}$$

其中，Δ^2 是双拉普拉斯算子，集合 H 表示孔洞区域内的所有顶点，F 表示孔洞区域特征线上的顶点集合，$\hat{x}$ 为匹配特征线的桥线上距离 x 最近的点。利用带约束的双拉普拉斯系统能够较好地增强孔洞区域的显著几何特征。利用双拉普拉斯系统进行特征增强可以使得孔洞区域细节特征能够与孔洞周边特征有着二阶连续性的连接。从而，模型孔洞区域曲面与原始模型边界能够实现自然地衔接。

4.4.3 实验结果与讨论

本节提出的方法已经在 2.3 GHz CPU，4 GB 内存，i3 处理器的计算机上实现。图 4-12 所示为 Bunny 模型的修复效果，该模型包含 33691 个顶点。图 4-12 (b) 和图 4-12 (c) 分别是利用 2 种基于体的孔洞修复方法 Davis 等 (2002) 和 Ju (2004) 得到的修复效果，图 4-12 (d) 所示为本节方法未使用特征增强的处理效果，本节方法经特征增强后的修复效果如图 4-12 (e) 所示。从图 4-12 可以看出，本节方法不但恢复了孔洞区域的几何特征，而且修补的区域能够很好地与原始模型的孔洞区域边界进行融合。从图 4-12 下一行的曲率分布图可以看出，基于体的方法修补孔洞将使得模型原有几何特征遭到了一定程度的破坏，而本节方法能够很好地保持原始模型的内在几何特征。

　　图 4-13 所示为 Horse 模型的修复效果，该模型的鞍部特征有很多缺失区域，且模型有不同尺度的孔洞。与 Davis 等 (2002) 和 Ju(2004) 方法的修复效果 (如图 4-13 (b) 和图 4-13 (c) 所示) 相比，本节方法的修补结果不仅能捕获孔洞的全局特征，而且孔洞区域的显著几何特征得到了有效恢复，对不同尺度的孔洞都给出了较好的修复结果 (如图 4-13 (d) 和图 4-13 (e) 所示)。图 4-14 中给出了 FanDisk 模型的修复效果，该模型的边界凸起特征较难修复。利用 Davis 等 (2002) 和 Ju(2004) 方法并没有很好地保持模型特征 (如图 4-14 (b) 和图 4-14 (c) 所示)，而本节方法对边界凸起特征得到了很好的修复，如图 4-14 (d) 所示。图 4-15 所示为 Rocker 模型的修复效果，该零件模型出现大面积的破损。利用 Davis 等 (2002) 和 Ju(2004) 方法 (如图 4-15 (b) 和图 4-15 (c) 所示)，模型的孔洞区域仅仅得到了平滑修复，孔洞区域的特征信息并没有得到有效保持，而利用本节方法，其脊线特征得到了很好保持，如图 4-15 (d) 所示。

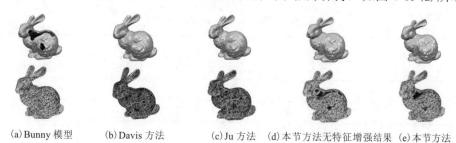

(a) Bunny 模型　　　(b) Davis 方法　　　(c) Ju 方法　(d) 本节方法无特征增强结果　(e) 本节方法

图 4-12　Bunny 模型修复及其平均曲率分布 (见彩图)

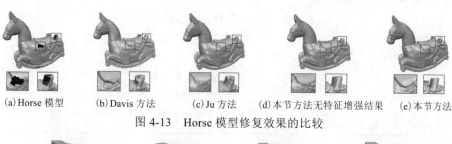

(a) Horse 模型　　　(b) Davis 方法　　　(c) Ju 方法　　(d) 本节方法无特征增强结果　(e) 本节方法

图 4-13　Horse 模型修复效果的比较

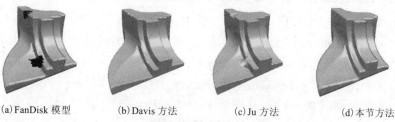

(a) FanDisk 模型　　　(b) Davis 方法　　　(c) Ju 方法　　　(d) 本节方法

图 4-14　FanDisk 模型修复效果的比较

(a) Rocker 模型　　　　(b) Davis 方法　　　　(c) Ju 方法　　　　(d) 本节方法

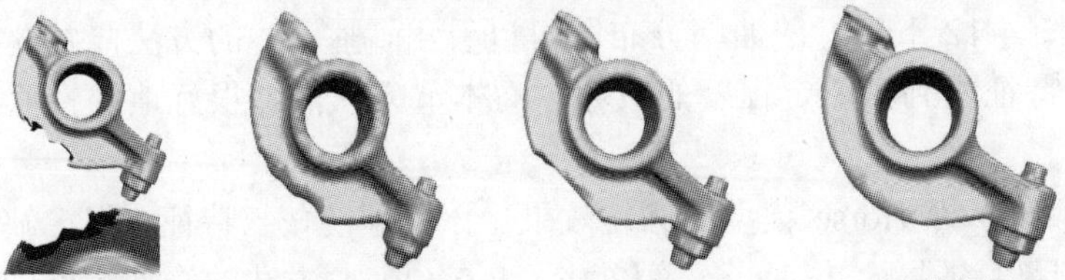

图 4-15　Rocker 模型修复效果的比较

　　表 4-1 和表 4-2 分别列出了利用 Davis 等(2002)方法、Ju(2004)方法和本节方法对不同模型进行修复的时间统计和修复误差统计,其中的修复误差是利用原始模型和修复后模型的中心距离差并进行归一化后的值来衡量。表 4-1 可以看出,本节方法由于需要检测和匹配特征线并用双拉普拉斯系统进行特征增强,故所用的修复时间比 Davis 等(2002)方法和 Ju(2004)方法要多;但是本节方法在修复模型孔洞区域的同时能够很好地保持原始模型的内在几何特征,而且从表 4-2 可以看出,本节方法修复孔洞的误差要远小于 Davis 等(2002)方法和 Ju(2004)方法修复孔洞的误差。

表 4-1　不同模型修复的时间统计

模型	顶点数	修复时间/s		
		Davis 方法	Ju 方法	本节方法
Bunny	33691	25	5	45
Horse	23445	21	4	38
FanDisk	12946	8	2	16
Rocker	10000	7	2	13

表 4-2　不同模型修复的误差统计

模型	顶点数	修复误差		
		Davis 方法	Ju 方法	本节方法
Bunny	33691	7.9×10^{-4}	7.4×10^{-4}	3.0×10^{-5}
FanDisk	12946	1.5×10^{-4}	2.6×10^{-4}	5.0×10^{-5}
Rocker	10000	2.1×10^{-4}	3.8×10^{-4}	8.0×10^{-5}

　　图 4-16 所示为含有 216083 个顶点的 Hand 模型修复效果。与用时 161 s 的曲面定向 Liepa 方法(2003)(如图 4-16(b)所示)相比,本节方法的修复结果(如图 4-16(c)所示)在细节特征保持方面要好于 Liepa 方法;与利用相似区域搜索的 Harary 等(2014)方法相比(如图 4-16(d)所示),Harary 方法所用修复时间为 1 910 s,而本节方法所用的修复时间为 67 s。从图 4-16 可以看出,对于待修补的曲面中有相似区域的模型,本节方法和 Harary 方法一样能得到较好的修复结果,但是本节方法修复

孔洞的误差较小，其中，利用 Liepa 方法、Harary 方法和本节方法修复 Hand 模型孔洞区域的误差分别是 $5.9×10^{-4}$，$1.1×10^{-4}$ 和 $7.0×10^{-5}$。

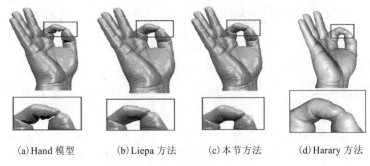

　　(a) Hand 模型　　　　(b) Liepa 方法　　　　(c) 本节方法　　　　(d) Harary 方法

图 4-16　Hand 模型修复效果的比较

4.5　本　章　小　结

　　基于 Hermite 插值，本章提出了一种三角形网格模型无缝光滑拼接和融合方法。该方法首先对待拼接或融合的模型边界进行 B 样条曲线插值，然后利用边界曲线及其切向信息对待拼接区域进行 Hermite 曲面插值，最后对拼接曲面进行三角形网格化和光顺处理。利用 B 样条插值方法插值待拼接网格边界顶点来获取边界曲线，在两条边界形状比较接近的情况下保证了该方法能够适用于具有复杂边界网格模型之间的拼接和融合，使其具有很好的适用性。利用 Hermite 插值方法对两条边界曲线进行插值得到过渡曲面，使得该方法产生的拼接网格能光滑地衔接待拼接网格边界并保留原始模型的局部特征。

　　此外，本章提出了一种基于曲面特征的恢复孔洞细节的修复方法，首先利用动态规划方法对模型孔洞区域进行基曲面的修复，然后利用匹配特征线信息和区域分层策略从孔洞区域边界向区域中心逐层添加细节，最后对孔洞区域的几何特征进行有效增强。与已有方法相比，本章方法能够很好地恢复模型孔洞区域的细节特征。然而，这里仅仅考虑了单连通区域的孔洞模型修复而没有考虑复杂拓扑结构情形。对于孔洞区域周边没有足够特征信息的破损模型，本章方法难以得到预期的修补结果。

第 5 章　三维形状的极值线绘制与交互着色

在三维形状的绘制中，为了有效地传递其形状特征与颜色信息，本章提出了两种视线独立的特征线——平均曲率极值线和感知显著性极值线的提取和绘制方法，同时提出了实现三维几何数据的交互式着色方法。5.1 节在介绍网格模型极值线提取框架的基础上，提出了网格几何的显著性极值线提取和绘制方法，包括平均曲率极值线和感知显著性极值线；5.2 节则利用随机游走算法实现了三维几何数据的交互式着色；最后是本章小结。

5.1　网格几何的显著性极值线绘制

在非真实感图形学领域，线画绘制(Line Drawing)在表征三维形状方面作为一种受欢迎的绘制方式，成为各种艺术风格化抽取中常用的一种技术(Rusinkiewicz et al.，2008；Cole et al.，2009)。其中存在两方面原因使得该技术得到了普遍关注。一方面，与其他表征三维形状的技术相比，线画绘制技术能够用相对简洁的方式，通过略去形状的一些不重要的细节信息，进而传递三维形状的有意义的显著信息(Rusinkiewicz et al.，2008)。另一方面，与通常使用的照片技术相比，线画绘制技术在模型可视化中得到了令人愉悦的效果(Saito et al.，1990；Gooch et al.，1999)。从而，针对三维模型的线画绘制技术的研究得到了蓬勃的发展和普遍的重视。

线画绘制风格在图形学的许多领域都得到了应用，其中包括非真实感绘制(Strothotte et al.，2002)、技术图解(Gooch et al.，1999)、形状分割(Stylianou et al.，2004)、形状简化(Pauly et al.，2003)、考古文物的复原(Maaten et al.，2006)等。由于其易于再生，压缩方便，并且与分辨率无关等特性，这些线画绘制通常能够比照片更加有效和更加简洁地传递三维形状信息。Cole 等(2009)指出线画绘制技术能够有效地描述三维形状信息，并且满足艺术家的绘制风格，线画绘制能够和普通的阴影绘制(shaded image)一样很好地传递模型的形状信息。然而，研究表明目前提出的任何一种线画绘制并不是对所有的绘制情形都是适用和有效的(Cole et al.，2008)。从三维模型提取出的各种特征曲线并不能满足所有绘制情形。为了更加有效地传递三维形状信息，三维模型的感知显著性信息的提取是至关重要的(Saito et al.，1990；Tood et al.，2004)。由于模型的平均曲率属性和模型的感知显著性信息在表征模型的显著几何特性方面是比较有效的方式，本章中我们提出了两种视线独立的特征线提取——平均曲率极值线和感知显著性极值线。它们被定义为模型沿着其主曲率方向的相应平均曲率和模型感知显著性的极值点的轨迹。实验结果表明这些极值线在传递和表征三维形状信息，特别是考古文物的观察方面是一种有效的绘制技术。

5.1.1　特征线生成方法

由于线画绘制在表征形状信息和满足美学要求等方面的有效性，研究者提出了许多方法生成各种形式的特征线（Cole et al.，2008，2009；Rusinkiewicz et al.，2008）。这些特征线提取方法可以根据它们是否依赖于观察者的观察视点和视线分为两大类：视线相关的特征线和视线无关的特征线。

1. 视线相关的特征线

作为传递三维形状信息的一种方式，视线相关的特征线不仅依赖于模型的曲面微分属性，而且依赖于观察者的视线方向。这些特征线通常将随着观察者视点和视线方向的改变而改变，或随着相机位置和方向的改变而改变。模型的轮廓线（Silhouette Lines）是一种非常典型的视线相关的特征线，它被认为是模型上其法向方向和视线方向垂直的点的轨迹。Gooch 等(1999)提出了绘制模型轮廓线的方法，并给出了利用轮廓线表征三维网格模型的绘制系统。Hertzmann 等(2000)提出了快速检测模型轮廓线的线画技术，该技术利用对偶曲面求交、模型尖点检测、模型的可见性计算和模型光滑方向场计算等。Kalnins 等(2003)通过在帧间传递笔画参数，提出了一种能够保持帧与帧之间连贯性的风格化轮廓的绘制方法。Isenberg 等(2003)给出了有关各种网格模型的轮廓提取方面的综述文章。模型的隐轮廓(Suggestive Contours)是曲面上径向曲率为零的点的轨迹，其中其径向方向沿着视线方向在切平面上的投影方向(DeCarlo et al.，2003)。模型显著线(Highlight Lines)提取被认为是模型隐轮廓线的一种扩展，DeCarlo 等(2007)引进了一种称为模型隐显著线和模型主显著线的基于物体空间的特征线定义。同样是基于物体空间的定义，模型显著脊线(Apparent Ridges)被认为是模型的视线依赖曲率的脊线(Judd et al.，2007)。当曲面上点的法方向指向相机或观察者时，该点是几何脊线；当曲面上点的法方向垂直于相机或观察者的视线方向时，该点就成了轮廓点。准确地说，模型显著脊线是模型上沿着模型视线相关曲率主方向，其最大视线依赖曲率达到局部极大的点的轨迹。其他一些视线相关的特征线提取则利用图像空间方法，将三维物体投影为二维图像并利用图像边缘检测技术提取特征线。Saito 等(1990)利用图像处理技术提取模型的不连续曲线、边缘曲线和等参数曲线。同样根据图像处理的原理，Xie 等(2007)提出了称为光亮度极值线(Photic Extremum Line，PEL)的提取，该极值线是模型上其亮度变化沿着梯度方向达到局部极大的点的轨迹。将图像处理中的 Laplacian-of-Gaussian(LoG)边缘检测推广到三维数字模型，Zhang L 等(2009)提出了曲面上 Laplacian 线的提取和绘制方法，其中曲面上 Laplacian 线定义为曲面光亮度函数的

Laplacian 算子的零值点的轨迹。Lee 等（2007）提出了在图像空间提取模型脊线和边缘的方法，这些线随着光照和视线的改变而改变。然而，由于图像是基于像素表示的，使得在图像空间提取模型的特征线精度往往不高。视线相关的模型特征线由于其视觉的愉悦性而非常适合于非真实感绘制的许多应用。

2. 视线无关的特征线

视线无关的特征线是指它们并不随着视线方向的改变而改变。视线无关的特征线在考古文物绘制、建筑物绘制和医疗行业等有较大的用处，能够反映模型的一些内在固有的显著特征。模型的脊线和谷线是指模型采样点处主曲率沿相应主方向的极值点的轨迹（Ohtake et al.，2004）。Interrante 等（1995）利用模型的脊线和谷线作为辅助模型等值面可视化的一种工具，模型的脊线和谷线描述模型上重要几何特性。然而，仅仅用模型的谷线（或脊线）并不能完全反映模型的内在结构特征。Ohtake 等（2004）利用模型的隐式曲面拟合来估计模型的主曲率和主曲率的方向导数，并且提取模型的主曲率沿相应主方向的极值点的全体作为模型的脊线和谷线。Belyaev 等（2005）提出了一种从带有噪声的采样数据提取模型脊线和谷线的方法，该方法包括模型的法向去噪和 Canny 非极大值抑制两个过程。Yoshizawa 等（2005，2007）提出了一种利用模型的微分属性和模型焦曲面提取模型的折皱线（Crest Lines）的方法。Pauly 等（2003）利用多尺度下模型特征线的分析技术，从三维离散采样点云数据中提取模型的脊线和谷线。Kolomenkin 等（2008）提出了模型上视线无关的一类新特征线的提取——分割线（Demarcating Curves）。他们将模型的分割线定义为在采样点的曲率梯度方向上的曲率零值点的轨迹。正如其名称一样，模型分割线可以认为是将三维模型上的脊线和谷线分开来的曲线。另外一些视线无关的特征线还包括 Parabolic 线（定义模型表面高斯曲率为零的点的轨迹），它将模型表面分成椭圆区域和模型的双曲区域；平均曲率的零值线，它将模型分成模型的凹部和模型的凸部（Koenderink，1990）。Cole 等（2008，2009）分析了艺术化绘制的特性和在该绘制风格下曲面局部特征的提取，并对当前的各种线画风格和艺术绘制风格作了详尽的比较研究。

5.1.2　极值线提取的统一框架

1. 极值线的理论定义

给定三维空间中的一光滑有向曲面 S，我们可以估计其表面微分属性和模型感知显著性（Perceptual-Saliency）度量 $F(x)$，它们通常表示为模型的分片线性函数。设 k_{max} 和 k_{min} 分别表示模型最大主曲率场合最小主曲率场，而 t_{max} 和 t_{min} 分别表示模型的相应主方向。根据微分几何知识（doCarmo，1976），曲面 S 上的数量场 $F(x)$ 的极值线可以定义为曲面上沿主曲率方向 t_{max} 和 t_{min} 的场函数 $F(x)$ 的极值点轨迹。准确地说，有两种类型的极值线——脊线和谷线。模型的数量场脊线被定义为曲面数量场沿模型最大主曲率方向 t_{max} 的方向导数的零值点的轨迹，即：

$$D_{t_{max}} F = 0, \quad \Delta F < 0$$

同时，模型的数量场谷线被定义为曲面数量场沿模型最小主曲率方向 t_{min} 的方向导数的零值点轨迹，即：

$$D_{t_{min}} F = 0, \quad \Delta F > 0$$

2. 数量场方向导数的计算

根据模型数量场极值线的理论定义，其中关键的问题是对于给定的模型数量场 $F(x)$，如何计算该数量场沿模型表面特定方向 w 的方向导数 $D_w F(x)$。对于三角形网格上的每一网格顶点 v_i，我们可以利用有限差分方法近似计算模型数量场沿给定方向的方向导数(图 5-1)。根据顶点 v_i 处给定的切方向 w，首先由该切方向和顶点处法方向定义法平面 Π。然后，假设法平面 Π 和模型边 $v_j v_k$ 的交点记为 q。最后，利用有限差分方法近似计算曲面数量场的方向导数为数量场差值 $F(q) - F(v_i)$ 除以模型边 $v_j v_k$ 沿着相应切线方向的投影距离的商。

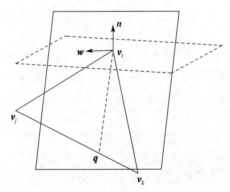

图 5-1　数量场方向导数的计算

3. 特征线提取的流程

给定三角形网格模型 S，根据模型数量场提取极值线的算法包括以下几个步骤：

(1) (预处理过程(可选))对曲面 S 的法方向场 n 和曲面上的数量场 $F(x)$ 作光顺处理；

(2) 计算网格模型采样顶点处的主方向场 t_{max} 和 t_{min}；

(3) 计算模型数量场 $F(x)$ 沿模型主方向场的方向导数 $D_{t_{max}} F$ 和 $D_{t_{min}} F$；

(4) 检测模型的脊点，也就是检测模型数量场方向导数 $D_{t_{max}} F = 0$ 的点的轨迹，并滤去数量场的局部极小点 $\Delta F > 0$；

　　(5)检测模型的谷点，也就是检测模型数量场方向导数 $D_{t_{\min}} F = 0$ 的点的轨迹，并滤去数量场的局部极大点 $\Delta F < 0$；

　　(6)跟踪模型的数量场方向导数的零值点提取数量场的极值线。

5.1.3　平均曲率极值线和感知显著性极值线的提取

1.　网格模型上的感知显著性度量

　　受 Itti 等(1998)的图像显著性定义的启发，Lee 等(2005)引进了所谓网格显著性来度量网格模型的区域显著性。然而，他们利用多尺度下 Gaussian 加权平均曲率计算网格显著性的方法具有一定的缺点并且是一个非常耗时的过程。将 Fleishman 等(2003)中的双边滤波和曲面上 Morse 函数相结合，Liu 等(2007)提出了利用曲面上 Morse 函数的 Gaussian 加权平均的双边滤波来定义模型的显著性度量，并研究了模型上显著奇点的提取。与他们的模型显著性度量定义不同，我们的感知显著性度量定义为曲面上采样点 v 处的局部投影高度的 Gaussian 加权平均的双边滤波。具体地说：

$$PS(v) = \frac{\displaystyle\sum_{x \in N_{k\text{-ring}}(v)} W_c(\|v - x\|)W_s(\|(v - x)\cdot n_v\|)(v - x)\cdot n_v}{\displaystyle\sum_{x \in N_{k\text{-ring}}(v)} W_c(\|v - x\|)W_s(\|(v - x)\cdot n_v\|)}$$

其中，n_v 表示顶点 v 处的法向量，$N_{k\text{-ring}}(v)$ 表示顶点 v 处的 k-邻域(在实验中，为了计算的有效性，取每个采样顶点处的 2-邻域)。从而顶点 v 处模型的感知显著性度量是模型在顶点处的局部投影高度的 Gaussian 加权平均，其中的权值不仅依赖于采样顶点和相邻顶点之间的空间距离 $\|v - x\|$，同时也依赖于顶点 v 处的局部投影高度 $f(x) = (v - x)\cdot n_v$。其中第一项权因子 $W_c(\cdot)$ 表示光顺因子，计算为具有空间参数 σ_c 标准 Gaussian 滤波，即 $W_c(x) = \exp\left(\dfrac{-x^2}{2\sigma_c^2}\right)$。较大的参数 σ_c 往往意味着模型更加光顺的结果。第二项 $W_s(\cdot)$ 表示模型的特征保持权因子，计算为具有特征参数 σ_s 的标准 Gaussian 滤波，即 $W_s(x) = \exp\left(\dfrac{-x^2}{2\sigma_s^2}\right)$。较小的参数 σ_s 往往意味着模型特征信息的有效保持。在实验中，取参数 $\sigma_c = \sigma_s = 1.0$。

　　图 5-2、图 5-3 和图 5-4 分别给出了 Brain、Amphora Handle 和 Buddha 模型的平均曲率分布和模型的感知显著性分布。与模型的基于几何曲率的度量不同，本节提出的模型的感知显著性度量能够很好地反映模型的视觉重要性和模型的感兴趣区域，能够满足人们的底层视觉感知需求，从而往往得到视觉愉悦的效果。

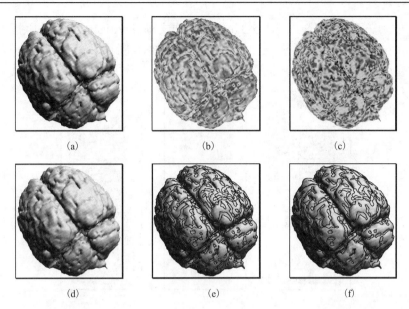

图 5-2　Brain 模型的平均曲率分布和模型的感知显著性分布及其分布零值
（第 1 列为原始模型；第 2 列为平均曲率分布及其分布零值；第 3 列为感知显著性分布及其分布零值）

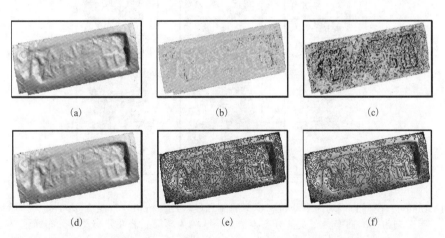

图 5-3　Amphora Handle 模型的平均曲率分布和模型的感知显著性分布和分布零值
（第 1 列为原始模型；第 2 列为平均曲率分布及其分布零值；
第 3 列为感知显著性分布及其分布零值）

2. 极值线提取的目的和动机

现在，可以考虑模型的平均曲率分布的零值点轨迹和模型的感知显著性度量的零值点轨迹。模型的零平均曲率曲线是模型平均曲率为零的点的轨迹，它将模型的正平均曲率区域和模型的负平均曲率区域分开，从而在这种特征线处模型的区域凹度发生了改变(见图 5-2(e)、图 5-3(e))。正如文献(Petitjean, 2002)所指出, 模型的平均曲率的极值区域能够表征三维模型的几何显著特性。从而模型的平均曲率极值线的提取在表征三维形状方面是重要的。

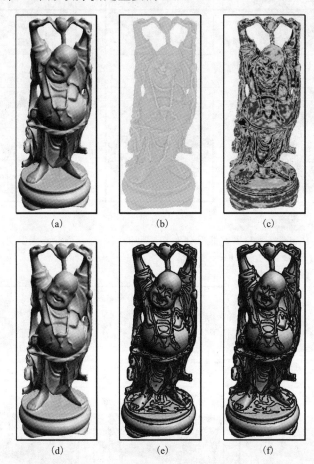

图 5-4　Buddha 模型的平均曲率分布和模型的感知显著性分布和分布零值(第 1 列为原始模型; 第 2 列为平均曲率分布及其分布零值; 第 3 列为感知显著性分布及其分布零值)

　　此外, 按照模型的显著性要求, 模型的显著性特性可以用我们的感知显著性定义有效地衡量。模型的零感知显著性是模型的感知显著性度量为零的点的轨迹, 它将模型分为不同的视觉显著区域(见图 5-2(f)、图 5-3(f)和图 5-4(f))。模型的感知显著性极值区域能够表征三维模型的视觉显著特性。从而模型的感知显著性极值线的提取在表征三维形状方面也同样是重要的。

　　3. 网格模型上极值线提取

　　利用模型特征线提取框架, 我们提取模型的平均曲率的极值点为沿模型主方向处的平均曲率方向导数为零 $D_{t_{max}}H = 0$ 的点全体。对每条网格边 $\boldsymbol{p}_i\boldsymbol{p}_j$，如果方向导数 $DH(\boldsymbol{p}_i) = D_{t_{max}}H(\boldsymbol{p}_i)$ 和 $DH(\boldsymbol{p}_j) = D_{t_{max}}H(\boldsymbol{p}_j)$ 具有相反的符号，则该边上包含平均曲率的极值点。在该边上的平均曲率脊点的确切位置可以利用两个端点处方向导数值的线性插值得到，即：

$$\overline{\boldsymbol{p}} = \frac{\left\|DH(\boldsymbol{p}_j)\right\|\boldsymbol{p}_i + \left\|DH(\boldsymbol{p}_i)\right\|\boldsymbol{p}_j}{\left\|DH(\boldsymbol{p}_i)\right\| + \left\|DH(\boldsymbol{p}_j)\right\|}$$

类似地，我们可以提取平均曲率谷点全体，即 $D_{t_{min}}H = 0$ 的点的全体。在模型的同一个三角形面片上，如果仅检测到了在相邻边上的两个平均曲率的极值点，则它们可以直接用一直线段连接以得到模型的特征线；而如果在相邻边上检测到了三个平均曲率的极值点，则需要将这些极值点和三角面片的中心连接以得到模型的特征线。

现在，如果要绘制模型的平均曲率 $H(x)$ 的极大值特征线，我们还需要滤去模型的曲率极小值点 $\Delta H > 0$，而保留模型的平均曲率脊线。进一步，为了模型的特征线表示的有效性，有时不但要求模型平均曲率的值达到局部极大，还要求其平均曲率值大于预先指定的阈值。从而根据用户定义的阈值，可以去除模型上平均曲率相对较小的极值点以有效提取模型的特征线。按照完全类似的提取过程，也可以提取模型上的平均曲率的全体极小值点作为模型的平均曲率谷线。

另外，如果将模型的平均曲率脊线和谷线提取中的模型平均曲率场替换为模型的感知显著性度量 $PS(x)$，同样可以提取模型的感知显著性脊线和谷线。

5.1.4　实验结果与讨论

在 Pentium IV 3.0 GHz CPU，1024MB 内存的微机环境上实现了本节提出的网格模型上的线绘制算法。模型上的平均曲率极值线和感知显著性极值线由于其视线无关的特点而提取效率较高，适用于模型预处理，并不像一些视线相关的模型特征线，需要根据视线方向和视线相关的曲率计算模型特征线。利用本节提出的计算框架提取模型平均曲率的极值线，处理 85000～525000 个三角面片的模型仅需要 0.9～5.6秒。同时，利用本节方法提取模型感知显著性极值线，处理 85000～525000 个三角面片的模型仅需要 0.7～4.8 秒。

1. 模型的平均曲率极值线和感知显著性极值线

对于复杂网格模型，模型的平均曲率极值线和模型的感知显著性极值线能够有效传递模型的显著重要信息，特别是历史考古文物上的一些应用。图 5-5 和图 5-6分别给出了 Column 模型和 Ottoman Pipe 模型的特征线提取。模型的脊线(红色表示)和模型的谷线(蓝色表示)能够反映模型的形状的细微变化。而与基于纯几何曲率的模型极值线相比，模型的感知显著性极值线能够更加清楚地反映出模型的视觉显著特性，而忽略了模型的一些冗余的形状细微变化信息，例如 Column 模型的上半部分(如图 5-5(e)，(f))和 Ottoman Pipe 模型的下半部分的精细修饰(如图 5-6(e)，(f))。

图 5-5　Column 模型的平均曲率极值线和模型的感知显著性极值线提取(第 1 行为平均
曲率分布及其极值线提取；第 2 行为感知显著性分布及其极值线提取)(见彩图)

2. 模型的感知显著性极值线和脊线谷线

　　这里提出的模型感知显著性度量本质上是模型采样点处的局部几何高度的一种各向异性的光顺过程，模型的一些冗余的细节信息将被光顺滤去。同模型的感知显著性特征线相比，通常的脊线和谷线定义为模型的主曲率场的极值线(Ohtake et al., 2004)将更多地反映模型的精细几何细节，而这些细节往往在视觉上并不是十分显著。图 5-7 和图 5-8 分别给出了 Brain 模型和 Amphora Handle 模型的极值线和通常的脊线和谷线。与脊线和谷线相比，基于模型感知显著性度量的极值线能够更好地反映模型的视觉显著信息，得到了满意的结果。

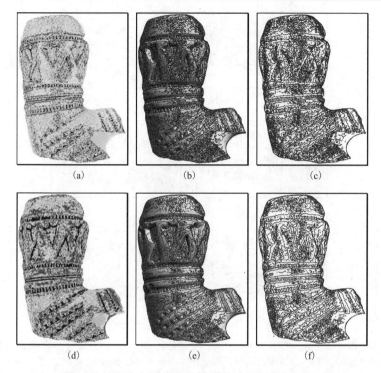

图 5-6　Ottoman Pipe 模型的平均曲率极值线和模型的感知显著性极值线提取(第 1 行为平均
曲率分布及其极值线提取;第 2 行为感知显著性分布及其极值线提取)(见彩图)

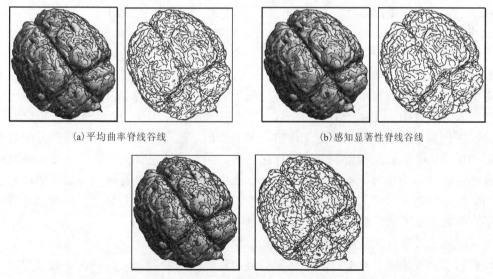

图 5-7　Brain 模型的平均曲率脊线谷线,模型的感知显著性脊线谷线和模型的主曲率
脊线谷线提取(左列是各种不同脊线谷线的 Shading 绘制;右列是各种不同脊线谷线的提取)

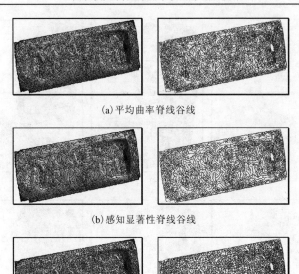

(a)平均曲率脊线谷线

(b)感知显著性脊线谷线

(c)主曲率脊线谷线

图 5-8　Amphora Handle 模型的平均曲率脊线谷线，模型的感知显著性脊线谷线和模型的
主曲率脊线谷线提取(左列是各种不同脊线谷线的 Shading 绘制；右列是各种不同
脊线谷线的提取)

5.2　三维几何数据的交互式着色方法

如何获取三维模型的颜色纹理信息是计算机图形学领域的一个重要问题。传统方法往往通过纹理映射来完成这个任务，其局限是需要一幅合适的纹理图像。为了能够更简便地得到模型的纹理，本节提出了一种新的交互式着色算法。针对网格模型，首先允许用户在模型的不同区域上交互几种颜色作为种子。为了减少用户对重复出现的模型特征的交互着色工作量，本节给出了显著特征的提取和分类方法。然后利用随机游走算法构造一个线性优化问题，通过求解该优化问题实现整个模型的着色。在随机游走时，本节结合了位置、法向和曲率信息来有效地衡量相邻顶点的相似度，以防止区域之间出现渗色。此外，上述算法还被拓展到点云模型上，解决了点云模型的着色问题。

随着三维数据采集技术的发展，三维模型已经被广泛地应用于计算机图形学、计算机视觉等领域。针对模型分析和理解的需求不断增加，而模型表面的纹理信息是分析和理解模型的重要线索。对于三维模型而言，通常利用扫描设备获取其纹理信息，或者通过纹理映射用一幅图像覆盖模型表面。但是，这两种方法都有各自的局限性。扫描得到的数据通常会带有不同程度的噪声，并且每次扫描只能在一个角度进行，要想获得完整的纹理信息还必须执行去噪、配准等复杂的后处理操作。而采用纹理映射方法的前提是能够找到一幅合适的纹理图像。

近年来，研究人员提出了利用着色理论获取纹理信息的方法。该理论首先被应用到二维图像上。Levin 等(2004)假设灰度值相近的相邻像素应该具有相似的颜色，给出了一个简单有效的交互式图像着色算法。为了实现网格模型的着色，Leifman 等(2012)将交互式着色算法从图像扩展到网格模型上，并提出了用于解决渗色的特征线场。随后，Leifman 等(2013)又给出了一种模式驱动的三维表面着色算法。用户只需在重复模式的一个样例上着色，该方法就能够识别并分类所有重复的模式，并为同一类模式赋上相同的颜色。但是该算法复杂度比较高，复杂情况下的鲁棒性不够好。

为此，本节提出了一种新的交互式着色算法，能够更简便地得到模型的纹理信息。针对网格模型，我们允许用户在模型的不同区域上交互几种颜色，代表用户想为这些区域指定的颜色。考虑到模型可能具有重复的模式，本节给出了一种有效的显著特征提取和分类方法。首先利用热核描述符(Sun et al.，2009)和波核描述符(Aubry et al.，2011)计算每个网格顶点的局部显著度。然后通过聚类合并，提取模型的显著特征。最后在归一化以及配准的基础上，根据 Hausdorff 距离完成不同特征的分类。因此，用户只需在每种显著特征的一个样例上进行简单交互引导，算法就可以自动地提取和分类所有的显著特征，大大减少用户对重复出现特征的交互量。

在实现整个模型着色时，本节使用了随机游走算法。首先让用户在模型上交互几笔，得到种子曲线，其中每条种子曲线代表一种颜色。然后构造一个关于跳转概率的线性优化问题，计算出每个网格顶点到每条种子曲线的跳转概率。本节结合了位置、法向和曲率信息来计算相邻顶点的相似度，从而有效避免了相邻区域之间出现的渗色现象。由于所求跳转概率构成了一个调和场，使得跳转概率在整个模型上均匀变化。调和场的求解本质上是求解一个拉普拉斯方程。因此，本节以跳转概率作为权值，将每个顶点的颜色定义为每条种子曲线颜色的加权平均，从而可以保证颜色在整个模型上光滑过渡，实现良好的着色效果。

图 5-9 展示了利用本节算法实现模型着色的过程。对于 Dagger 模型，其护手和柄头属于同一类显著特征。由于系统可以自动提取并分类模型的显著特征，因此用户无需在护手和柄头上同时指定颜色，只需在刀柄、刀身以及护手上交互 3 条颜色曲线引导着色，系统就可以自动实现整个 Dagger 网格模型的着色。

此外，本节还用上述算法解决了点云模型的着色问题。点云模型与网格模型最主要的区别在于点云模型没有拓扑连接信息。为此，本节利用 k 最近邻域以及协方差分析(Pauly et al.，2002)来得到点云模型的局部几何属性，进而通过随机游走完成整个点云模型的着色。

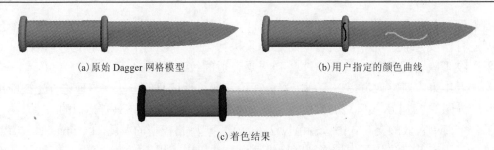

(a)原始 Dagger 网格模型　　　　　　　　(b)用户指定的颜色曲线

(c)着色结果

图 5-9　Dagger 网格模型的着色结果(见彩图)

5.2.1　相关工作

下面介绍在纹理映射、交互式网格分割、图像着色以及网格模型着色方面的相关工作。

1. 纹理映射

纹理映射是图形学中常用的一种技术,可以为三维场景定义高频细节、表面纹理或颜色信息。研究人员通常利用参数化方法来实现该过程(Lévy et al.,2001;Tai et al.,2008;Ma et al.,2015)。这类方法首先将流形展开到图像上,然后通过用户定义的特征对参数进行约束,得到模型与纹理图像之间的映射关系。参数化方法使用的纹理图片可以是任意的,没有考虑到拍摄效果对映射过程的影响。因此,将拍摄图像的几何信息考虑到纹理映射过程中,通过恢复摄像机参数即可隐式地得到图像/模型之间的映射关系(Sinha et al.,2008;Xiao et al.,2008;Tzur et al.,2009)。

2. 交互式网格分割

研究人员通过交互式方法实现了网格模型的分割,其目标是根据用户意图将模型分割成具有不同语义的部分。Ji 等(2006)首次提出了交互式的网格模型分割方法。该方法通过用户交互在模型上产生两笔笔触,区分模型的前景区域和背景区域,然后使用改进的区域生长算法完成后续的分割任务。交互方式也由最初的指定前景笔触和背景笔触(Ji et al.,2006),发展到指定跨边界笔触(Zheng et al.,2010)、只指定前景笔触(Fan et al.,2011)、指定沿边界笔触(Meng et al.,2011)和指定一个边界点。Lai 等(2009)将随机游走算法从图像扩展到三维模型上,当用户给出随机游走的种子曲线时,该方法通过计算不同顶点到种子曲线的跳转概率完成模型分割。Zhang 等(2011)在随机游走算法中加入三种不同的约束,并给出了一种有效的边界优化策略,实现了较好的分割结果。分割和着色在某种程度上是类似的,分割是将不同区域严格分开,而着色要求颜色在不同区域之间光滑过渡。

3. 图像着色

早期的着色工作一般是在图像上完成的。Welsh 等(2002)提出了一个半自动的着色方法,可以参考一幅彩色图像实现灰度图像的着色。Levin 等(2004)的方法只需用户在图像上指定几种想要的颜色,算法就可以自动完成整幅图像的着色。Huang 等(2005)利用自适应边缘检测解决了在图像边界处的渗色问题。Qu 等(2006)给出了既能保持模式连续性又能保持强度连续性的 Manga 图像着色算法。朱薇等(2005)实现了保色调的黑白卡通图像的着色,该方法通过图像分解技术获得卡通图像的色调,利用 Gabor 小波变换防止图像边界出现渗色问题。Zhang 等(2017)结合卷积神经网络和少量用户交互,使用深度学习解决了图像着色问题。

4. 网格着色

在网格模型着色方面,Leifman 等(2012)将交互式着色算法从图像扩展到网格模型上,实现了网格模型的着色。然而,在处理具有重复模式的模型时,需要用户进行多次重复交互才能完成着色任务。Leifman 等(2013)给出了一种模式驱动的三维表面着色算法。用户只需在重复模式的一个样例上简单引导,该方法就能够准确地将三维表面上所有重复的模式识别出来,并为这些模式着相同的颜色。因此,该方法不仅实现了着色,同时也完成了重复模式的检测问题。除此之外,还可以利用一些商业工具,例如 Adobe Illustrator、3ds Max、3D-Brush 等实现模型着色。但使用这些工具往往需要具备丰富的专业知识,即使对于专业人员而言,利用这些工具进行着色也是一项非常耗时的任务。

5.2.2　交互式网格模型着色框架

这里用二元组 $\{V, E\}$ 定义一个三角形网格模型,其中 $V = \{v_i \mid v_i \in \mathbb{R}^3, i = 1, \cdots, m\}$ 表示网格的顶点集,$E = \{e_{ij} = (v_i, v_j) \mid v_i, v_j \in V, i \neq j\}$ 表示网格的边集。$N(i)$ 表示顶点 v_i 的相邻顶点的集合。在实现着色时,用户可以在模型上交互出 n 条颜色曲线作为种子曲线,代表想为不同区域指定的颜色,其中每条种子曲线都是由若干个网格顶点构成的。本节方法首先检测和分类模型的显著特征,从而有效减少用户的交互量。其次,计算相邻顶点的相似度,把位置、法向和曲率信息结合到相似度的计算中,可以避免使用单一几何特征带来的偏差,解决模型边界处的渗色问题。最后,执行随机游走算法,将上述相似性度量作为顶点 v_i 沿网格边 e_{ij} 游走到顶点 v_j 的概率,并构造一个线性优化问题,通过求解该问题实现整个模型的着色。具体步骤将在下面详述。

1. 显著特征的提取与分类

通常网格模型可能具有一些重复的显著特征,如图 5-10(a)的 Lion 模型。在对该类模型着色时,需要用户进行多次重复操作才能为这些特征指定相应的颜色。模型越复杂，其包含的显著特征就可能越多，完成着色需要的用户交互量也就越大。为了减少不必要的用户交互，本节给出了一种显著特征提取和分类方法，可以自动提取和分类模型的显著特征。在着色时，本节总是假设同一类显著特征的颜色是一样的。因此，用户只需在每种显著特征的一个样例上给出想为该类特征添加的颜色，算法就可以自动完成同类特征的着色。

(a) 原始 Lion 网格模型　　　　　　(b) 显著特征

图 5-10　显著特征的提取和分类(见彩图)

　　给定一个网格模型，首先提取模型所有的显著特征，然后再对这些显著特征进行分类。显著特征的提取过程主要分为以下三个步骤：

　　(1)利用热核描述符(Sun et al.，2009)和波核描述符(Aubry et al.，2011)计算每个网格顶点的局部显著度。热核描述符和波核描述符可以很好地反映模型的内在属性，准确得出模型的显著信息。

　　(2)根据局部显著度，以区域生长的方式对模型进行聚类。区域生长是一种自下而上的聚类方法，以种子点为中心向周围扩张，然后不断选取新的种子点继续扩张，直至达到阈值为止。对于未被聚类的顶点，我们每次都选取局部显著度最小的顶点作为新的聚类种子点，从而保证平坦的区域尽量聚为一类。

　　(3)将显著度较大的类与其周围具有相近显著度的类进行合并，得到显著特征。此过程需要迭代地进行，直至显著度较大的类不能和周围的类合并为止，那么这些类构成了模型的显著特征。

　　最终形成的每个显著特征都是由一组网格顶点构成的。当模型包含多种显著特征时，还需要对这些特征进行分类。由于同一类显著特征也可能存在着尺度、朝向等方面的差异，本节通过以下两个步骤实现特征的分类。

　　(1)对提取的所有特征做归一化处理，并通过主元分析进行配准。

　　(2)计算显著特征之间的 Hausdorff 距离，将距离较近的特征归为一类。

　　图 5-10(b)给出了特征提取和分类的结果。对于 Lion 模型提取出了 2 类特征：眼睛和爪子。

2. 随机游走着色算法

假设用户在模型上进行了 n 次交互，产生了 n 条颜色曲线作为随机游走的种子曲线，分别记为 $S_1, S_2, \cdots, S_n$。其中，每条种子曲线都是由若干个网格顶点组成的。随机游走算法实现着色的思路是：首先计算出每个顶点到每条种子曲线的跳转概率，然后利用跳转概率将各条种子曲线的颜色进行加权平均得到每个顶点的颜色。这里用 $p^k(\boldsymbol{v}_i)$ 表示顶点 $\boldsymbol{v}_i$ 到种子曲线 S_k 的跳转概率，其中 $1 \le i \le m$，$1 \le k \le n$。随机游走算法要求跳转概率在整个网格模型上是连续变化的，因此，顶点 $\boldsymbol{v}_i$ 到 S_k 的跳转概率 $p^k(\boldsymbol{v}_i)$ 可以表示为其邻接顶点 $\boldsymbol{v}_j (j \in N(i))$ 到 S_k 的跳转概率的加权和：

$$p^k(\boldsymbol{v}_i) = \frac{\sum\limits_{j \in N(i)} \omega_{ij} p^k(\boldsymbol{v}_j)}{\sum\limits_{j \in N(i)} \omega_{ij}} \tag{5.1}$$

其中，ω_{ij} 是顶点 $\boldsymbol{v}_i$ 和 $\boldsymbol{v}_j$ 的相似度，它决定了顶点 $\boldsymbol{v}_i$ 沿边 e_{ij} 随机游走一步的概率。相邻顶点的相似度越高，沿对应边游走的概率越大。另外，相似度的定义也会影响区域边界着色的准确程度。如果不能准确判断相邻顶点的相似程度，那么当颜色传播到区域边界时就可能出现渗色，影响着色效果。

这里结合位置、法向和曲率信息共同定义顶点 $\boldsymbol{v}_i$ 和 $\boldsymbol{v}_j$ 的相似度：

$$\omega_{ij} = e^{-\frac{\|\boldsymbol{v}_i - \boldsymbol{v}_j\|^2}{2\sigma_v^2}} \cdot e^{-\frac{\|\boldsymbol{n}_i - \boldsymbol{n}_j\|^2}{2\sigma_n^2}} \cdot e^{-\frac{|c_i - c_j|^2}{2\sigma_c^2}}$$

其中，$\boldsymbol{n}_i$ 和 $\boldsymbol{n}_j$ 分别表示点 $\boldsymbol{v}_i$ 和 $\boldsymbol{v}_j$ 的单位法向；c_i 和 c_j 分别表示点 $\boldsymbol{v}_i$ 和 $\boldsymbol{v}_j$ 处的平均曲率；σ_v^2 表示 $\left\{\|\boldsymbol{v}_i - \boldsymbol{v}_j\|\right\}_{j \in N(i)}$ 的方差；σ_n^2 表示 $\left\{\|\boldsymbol{n}_i - \boldsymbol{n}_j\|\right\}_{j \in N(i)}$ 的方差；σ_c^2 表示 $\left\{|c_i - c_j|\right\}_{j \in N(i)}$ 的方差；$e^{(\cdot)}$ 表示高斯函数。以上顶点相似度的定义方式充分考虑了空间距离、法向差别和曲率差别，能够保证相邻顶点的距离越近、法向夹角越小、曲率越接近，那么相似度就越高。

特别地，当顶点 $\boldsymbol{v}_i$ 属于种子曲线 S_k 时，$\boldsymbol{v}_i$ 到 S_k 的跳转概率等于 1。当顶点 $\boldsymbol{v}_i$ 属于其他种子曲线时，$\boldsymbol{v}_i$ 到 S_k 的跳转概率等于 0。即：

$$p^k(\boldsymbol{v}_i)\big|_{\boldsymbol{v}_i \in S_k} = 1 \tag{5.2}$$

$$p^k(\boldsymbol{v}_i)\big|_{\boldsymbol{v}_i \in \{S_1, S_2, \cdots, S_{k-1}, S_{k+1}, \cdots, S_n\}} = 0 \tag{5.3}$$

满足式 (5.2) 和式 (5.3) 两个约束条件能够使得跳转概率 $p^k(\boldsymbol{v}_i) \in [0,1]$。

对于种子曲线 S_k，任意顶点都有式 (5.1)，则 m 个顶点就有 m 个方程：

$$p^k(\boldsymbol{v}_i) - \frac{\sum\limits_{j \in N(i)} \omega_{ij} p^k(\boldsymbol{v}_j)}{\sum\limits_{j \in N(i)} \omega_{ij}} = 0, \qquad 1 \le i \le m \tag{5.4}$$

进而与式(5.2)和式(5.3)联立能够得到一个线性方程组，求解后可以得到每个顶点 v_i 到种子曲线 S_k 的跳转概率，即 $\{p^k(v_1), p^k(v_2), \cdots, p^k(v_i), \cdots, p^k(v_m)\}$，并且满足 $\sum_{k=1}^{n} p^k(v_i) = 1$。

在对顶点进行着色时，利用每条种子曲线的颜色加权得到各个顶点的颜色。在加权时，将所求跳转概率作为对应种子曲线颜色的权值，可以使得颜色在整个模型上连续变化，保证良好的着色效果。假设 $C(S_k)$ 表示种子曲线 S_k 的颜色，那么任意顶点 v_i 的颜色 $C(v_i)$ 就可以表示为：

$$C(v_i) = \sum_{k=1}^{n} p^k(v_i) C(S_k)$$

5.2.3　点云模型的着色

进一步，本节还扩展了上述算法，用于解决点云模型的着色问题。点云模型是用一系列空间无序的采样点来表示三维模型的。与网格模型不同，点云模型没有明确的拓扑连接信息。为此，本节利用 k 最近邻域得到每个采样点的局部邻域，进而通过协方差分析(Pauly et al.，2002)计算每个采样点的法向、曲率等局部几何属性。

5.2.4　实验结果与讨论

本节算法利用 C++语言编程实现，实验结果是在配置为 Intel Core i5-3320M CPU，3.45GB 内存的计算机上完成的。当用户指定了颜色曲线后，系统就会根据随机游走算法完成整个模型的着色。

图 5-11 的 Torch 模型结构复杂且几何细节丰富，例如火焰部分形状变化较大，筒体部分与手掌部分接触密切，不易区分，这些都为着色带来了困难。本节通过位置、法向和曲率信息共同判断网格顶点的相似程度，能够准确地区分出模型的不同部分。用户只需要在不同部分上简单交互几笔，系统就可以为它们赋予不同的颜色，

(a)原始 Torch 网格模型　　　　(b)着色结果

图 5-11　Torch 网格模型的着色结果(见彩图)

获得令人满意的效果。图 5-12 给出了 Dolphin 模型的着色结果。该模型的几何特征变化比较平缓，其背部、腹部、鳍部的边界不明显，很容易出现渗色。而本节方法可以有效地处理这个问题，得到真实自然的效果。

在图 5-13 中，本节分别对没有噪声和带有高斯噪声的模型进行了着色。即使在有噪声的情况下，本节算法依然能够完成着色，并得到良好的效果。对比图 5-13(b) 和 5-13(d) 可以看出，它们的结果非常相近，体现了本节方法的鲁棒性。此外，本节方法还可以拓展到点云模型上。图 5-14 给出了点云模型的着色结果，体现了本节方法的可扩展性和灵活性。

(a) 原始 Dolphin 网格模型　　　　　　　　(b) 着色结果

图 5-12　Dolphin 网格模型的着色结果

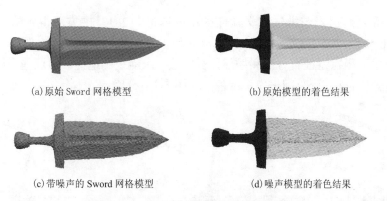

(a) 原始 Sword 网格模型　　　　　　　　(b) 原始模型的着色结果

(c) 带噪声的 Sword 网格模型　　　　　　　(d) 噪声模型的着色结果

图 5-13　Sword 网格模型的着色结果

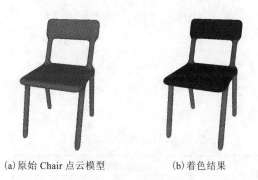

(a) 原始 Chair 点云模型　　　　(b) 着色结果

图 5-14　Chair 点云模型的着色结果

图 5-15 是对比本节方法与文献(Leifman et al.，2012)中方法得到的实验结果。文献(Leifman et al.，2012)是采用 Spin 图和扩散距离来衡量顶点的相似程度。计算 Spin 图时，网格顶点要投影到一个局部的二维平面上，难以处理复杂情形。图 5-15(b)中，螺丝刀头的一部分被判断为刀柄的一部分，导致着色边界不准确。相比之下，本节方法结合了位置、法向以及曲率共同描述顶点相似度，可以更加准确地区分不同的区域。

(a)原始 Screwdriver 网格模型　　　　(b)文献(Leifman et al.，2012)方法的着色结果

(c)本节方法的着色结果

图 5-15　Screwdriver 网格模型着色结果的比较

图 5-16 是对比本节方法与文献(Leifman et al.，2013)中方法得到的实验结果。对于 Lamp 模型，不同区域之间的关节部分是重复出现的显著特征。文献(Leifman et al.，2013)中采用点特征直方图和局部拟合方法，未能正确地提取出这些特征，从而造成关节部分和灯架部分之间出现了渗色。如图 5-16(c)所示，本节结果更加真实自然。

(a)原始 Lamp 网格模型　　(b)文献(Leifman et al.，2013)方法的着色结果　　(c)本节方法的着色结果

图 5-16　Lamp 网格模型着色结果的比较

表 5-1 中统计了本节中一些例子的几何信息和时间效率，算法时间取决于三维模型的特征情况、顶点个数、交互的颜色曲线数量等因素。总体而言，本节方法能够比较快速地完成模型的着色。

表 5-1　本节方法的时间数据统计

例子	顶点个数	算法时间/s
Dagger 模型	8325	3.619

续表

例子	顶点个数	算法时间/s
Dolphin 模型	11432	4.387
Sword 模型	17985	5.012
Screwdriver 模型	27152	6.423
Lamp 模型	18132	6.589

5.3　本章小结

　　为了更加有效地表示模型的视觉显著信息，本章首先提出了网格模型的感知显著性度量，该度量能够很好地反映模型的视觉重要性和模型的感兴趣区域，能够满足人们的底层视觉感知需求。在此基础上，本章提出了三角形网格模型上的各种数量场的极值线提取框架，并在该框架下提出两种新的视线独立的特征线提取——平均曲率极值线和感知显著性极值线。这些极值线提取在传递和表征三维形状信息，特别是考古文物的观察和理解方面是一种有效的绘制技术。

　　同时，本章利用随机游走算法实现了三维几何数据的交互式着色。用户只需在模型的不同区域上交互几笔颜色，系统就可以自动完成模型的着色。由于通过随机游走求出的跳转概率可以构成一个调和场，使得跳转概率在整个模型上均匀变化。因此，在模型着色时用跳转概率作为权值，将每个顶点的颜色表达为所有种子曲线颜色的加权平均，可以保证颜色在整个模型上连续变化，得到令人满意的效果。该交互式着色方法具有良好的鲁棒性，能够有效地为各种模型实现着色。

第 6 章　三维形状的交互式生成

本章在分析三维形状交互式生成的基础上，提出了基于用户手绘的三维对称自由形体建模理论和建模系统，基于单幅输入图像的三维对称自由形体生成方法，基于圆锥代理的图像智能编辑方法。6.1 节在研究三维对称形状的深度坐标计算理论的基础上，提出了一个手绘建模系统用于三维对称自由形体的建模生成，该类形体由 2 种类型的部分组成——自对称的部分和相互对称的部分；基于单幅输入图像，6.2 节提出了一种三维对称自由形体的重建生成方法；基于输入的单幅花朵图像，6.3 节提出了一种基于圆锥代理的单幅花朵图像智能编辑方法；最后是本章小结。

6.1　基于用户手绘的三维自由形体交互重建

由于缺乏人类固有的感知能力，计算机从线画图中推测出自由形体通常比较困难。目前，已有若干基于手绘的建模系统被提出，如 SKETCH 建模系统(Zeleznik et al.，1996)、Teddy 建模系统(Igarashi et al.，1999)、FiberMesh 建模系统(Nealen et al.，2007)、ILoveSketch 建模系统(Bae et al.，2008)、Rigmesh 建模系统(Boroan et al.，2012)等。然而，这些手绘建模系统的许多形状建模操作通常在三维物体空间中完成。首先创建一个粗糙的模型，然后交互地通过一些特殊操作为模型添加细节特征，例如外凸、剪切、旋转、融合以及变形等。

从实际应用的角度来看，基于手绘的建模为交互生成三维形体提供了非常流行的方式。其能够为用户提供一种简单的方式来获取和解释三维物体，并且有效地避免了操作专业三维建模软件的复杂过程。此外，由于许多现实物体的对称特性，提供给用户一个重建对称三维形体的系统也变得很有意义。传统的对称形体建模技术常局限于一个圆形的剖面，例如从两条构造曲线重建简单的对称形体。本节提出了一个手绘建模系统，该系统能够方便地从二维手绘曲线重建三维对称自由形体。利用二维输入曲线的对称信息(图 6-1(a))，首先计算三维对称的构造曲线，然后从该对称构造曲线计算三维非对称的一般曲线(图 6-1(b)，(c))。每个形状部分能够从一对对称曲线和一对一般曲线构造出来，最终重建出复杂的三维对称自由形体(图 6-1(d)，(e)，(f))。

(a)用户输入的手绘曲线

(b)三维构造曲线 1

(c)三维构造曲线 2

(d)三维自由形体 1

(e)三维自由形体 2

(f)三维自由形体 3

图 6-1　重建生成的小狗模型

6.1.1　自由形体交互重建流程

将包含对称曲线和一般曲线的二维线画图作为输入，利用本节提出的深度坐标计算理论可以有效地恢复采样点的三维坐标，最终输出的三维对称自由形体能够得到创建并表示为三角形网格模型。本节三维重建算法的整体流程归纳如下：

(1)二维手绘线画图的离散化。当用户在二维平面绘制手绘曲线时，建模系统将自动捕捉自由绘制曲线上的点，由这些点差值生成光滑的二次 B 样条曲线。输入的手绘曲线将被离散化为多段线，这些多段线的端点由均匀采样获得的二次 B 样条曲线得到。每一对对称曲线和一般曲线将根据用户的绘制顺序存储到计算机中。

(2)三维构造曲线的计算。在建模系统中，由两种类型的曲线可以构建出多组三维曲线。一种是对称曲线集 $\prod_s = \{c_{s_0}, c'_{s_0}, \cdots, c_{s_{n-1}}, c'_{s_{n-1}}\}$，该集合中的曲线之间相对于一个唯一的对称面对称。另一种是非对称的一般曲线集 $\prod_g = \{c_{g_0}, c'_{g_0}, \cdots, c_{g_{n-1}}, c'_{g_{n-1}}\}$。本节重建算法将首先处理所有的对称曲线。根据对称平面的位置信息，这些对称构造曲线的三维坐标信息能够被直接计算出来。同时，各形状部分的每对一般构造曲线的三维坐标信息能够根据相应的对称曲线得到。

(3)使用优化的截面混合算法生成参数曲面。根据一对三维对称构造曲线和一对三维一般构造曲线，利用优化的截面混合算法能够为每个形状部分生成一个参数曲面，最终的复杂自由形体能够渐进地生成并由若干形状部分组成。

6.1.2　构造曲线的深度坐标计算

1. 定义和假设

为了阐明使用手绘输入曲线生成三维构造曲线的过程，现将在实际应用中为简化三维重建过程而使用的常用定义以及一些假设归纳如下，如图 6-2 所示。

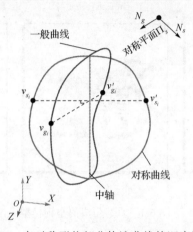

图 6-2　自对称形状部分构造曲线的深度计算

定义 6-1：草绘平面是提供用户交互绘制二维草图的区域。本节中定义为 XOY 平面，用户输入的二维草图即为三维形体的构造曲线在草绘平面上的垂直投影。

假设 6-1：由于将不同部分的投影曲线重叠绘制于不同的平面会显得很困难和难以操作，在本节的建模系统中仅提供一个草绘平面。

定义 6-2：对称平面是一个特殊的平面，镜像对称的形状部分关于这个平面表现出对称的特性。自由形体在关于对称平面的反射变换下保持不变性。

假设 6-2：本节的建模系统使用一个唯一的对称面来重建整个三维形体。

定义 6-3：对称曲线是关于对称平面对称的三维构造曲线在草绘平面上的投影，由用户手绘输入。对称曲线上的采样点称为对称点。

定义 6-4：一般曲线是用户输入的用于表示形状部分的非对称一般线条。其上的对应的采样点称为一般点。

定义 6-5：构造曲线是在三维空间中的空间曲线，由本节深度坐标计算理论从输入的对称和一般曲线中恢复。

假设 6-3：本节假设重建的复杂形体的每个部分都由四条构造曲线生成，即两条对称构造曲线和两条非对称的一般构造曲线。

假设 6-4： 由于在三维空间中镜像对称的曲线其在二维平面上的投影并不一定镜像对称，因此，本节中的对称特性是形容三维空间的曲线而非在绘制平面上的投影曲线。

假设 6-5： 不同于传统的方法，为了有效重建复杂的自由形体，本节的建模系统通过将绘制平面上的四条曲线作为输入以生成自由形态物体的每个部分。当用户在绘制平面上绘制二维曲线时，每条绘制曲线都进行了均匀采样并且保证每组曲线之间保持相同的采样点数目。

为了简便起见，输入的手绘二维曲线被认为是三维构造曲线在 XOY 绘制平面上的垂直投影，输入曲线的 x 和 y 坐标可以直接作为三维空间点的 x 和 y 坐标，如图 6-2 所示。这样三维物体重建的主要问题就是计算物体顶点的 z 坐标。

2. 对称形状的深度坐标计算理论

为了创建复杂的自由形态物体，本节假设每个对称形体可以分为两种类型的部分，一种是自对称的形状部分，另一种是相互对称的部分，两者都相对于唯一的一个预定义平面对称。换言之，对于自对称部分表面上的每个点，都有一个相同部分上的点与之对称。同时，对于相互对称的其中一个部分表面上的点，都有一个对称的点在另一个部分表面上。根据用户为这两部分绘制的输入曲线，构造曲线的深度坐标信息能够使用对称特性以两种方法确定。

1) 代表自对称部分的构造曲线的深度坐标计算

根据镜像对称的特性，自对称形状部分的对称曲线以及一般曲线上的采样点的深度坐标计算如下。

不失一般性，为了简便，对称平面 Π_s 假设经过坐标原点，其法向为 $N_s(x^s, y^s, z^s)$。令 $V_s = \{v_{s_0}, v_{s_1}, \cdots, v_{s_{n-1}}\}$ 和 $V_s' = \{v_{s_0}', v_{s_1}', \cdots, v_{s_{n-1}}'\}$ 为包含 n 个点的集合，这些点分别采样自恢复的对称曲线。每个采样点 $v_{s_i}'(x_{s_i}', y_{s_i}', z_{s_i}')$ 是 $v_{s_i}(x_{s_i}, y_{s_i}, z_{s_i})$ 相对于对称面 Π_s 的镜像。令 $V_g = \{v_{g_0}, v_{g_1}, \cdots, v_{g_i}, \cdots, v_{g_{n-1}}\}$ 和 $V_g' = \{v_{g_0}', v_{g_1}', \cdots, v_{g_i}', \cdots, v_{g_{n-1}}'\}$ 为另外两个包含 n 个点的集合，这些点分别采样自恢复的一般曲线上。每对点 $v_{g_i}(x_{g_i}, y_{g_i}, z_{g_i})$ 和 $v_{g_i}'(x_{g_i}', y_{g_i}', z_{g_i}')$ 同时满足下列条件：①向量 $v_{g_i} - v_{g_i}'$ 垂直于法向 N_s；②v_{g_i} 和 v_{g_i}' 之间的连线经过对称曲线的中轴。

如图 6-2 所示，给定一个对称面 Π_s，在对称曲线上选择一对对称点 v_{s_i}，v_{s_i}'，以及在位于对称面 Π_s 内的一般曲线上选择一对一般点 v_{g_i}，v_{g_i}'。连接 v_{s_i} 和 v_{s_i}' 的虚线以及 v_{g_i} 和 v_{g_i}' 的虚线交于一点。于是有关点 v_{s_i}，v_{s_i}'，v_{g_i} 和 v_{g_i}' 的等式如下：

$$(v_{s_i} + v_{s_i}') \cdot N_s = 0$$

$$(v_{s_i} - v_{s_i}') \cdot N_g = 0$$

$$(v_{g_i} - v_{g_i}') \cdot N_s = 0$$

$$(2\boldsymbol{v}_{g_i} - \boldsymbol{v}_{s_i} - \boldsymbol{v}'_{s_i}) \cdot \boldsymbol{N}_s = 0$$

其中，$\boldsymbol{N}_g$ 是垂直于法向 $\boldsymbol{N}_s$ 的向量。使用点的坐标，上述四个等式可以进一步表示如下：

$$(x_{s_i} + x'_{s_i}) \cdot x^s + (y_{s_i} + y'_{s_i}) \cdot y^s + (z_{s_i} + z'_{s_i}) \cdot z^s = 0 \tag{6.1}$$

$$(x_{s_i} - x'_{s_i}) \cdot x^g + (y_{s_i} - y'_{s_i}) \cdot y^g + (z_{s_i} - z'_{s_i}) \cdot z^g = 0 \tag{6.2}$$

$$(x_{g_i} - x'_{g_i}) \cdot x^s + (y_{g_i} - y'_{g_i}) \cdot y^s + (z_{g_i} - z'_{g_i}) \cdot z^s = 0 \tag{6.3}$$

$$(2x_{g_i} - x_{s_i} - x'_{s_i}) \cdot x^s + (2y_{g_i} - y_{s_i} - y'_{s_i}) \cdot y^s + (2z_{g_i} - z_{s_i} - z'_{s_i}) \cdot z^s = 0 \tag{6.4}$$

联立式 (6.1) 和式 (6.2)，对称点 v_{s_i} 和 v'_{s_i} 的深度坐标 z_{s_i}，z'_{s_i} 可计算如下：

$$z_{s_i} = -\frac{1}{2}\left[\frac{(x_{s_i} + x'_{s_i}) \cdot x^s}{z^s} + \frac{(y_{s_i} + y'_{s_i}) \cdot y^s}{z^s} + \frac{(x_{s_i} - x'_{s_i}) \cdot x^g}{z^g} + \frac{(y_{s_i} - y'_{s_i}) \cdot y^g}{z^g} \right] \tag{6.5}$$

$$z'_{s_i} = -\frac{1}{2}\left[\frac{(x_{s_i} + x'_{s_i}) \cdot x^s}{z^s} + \frac{(y_{s_i} + y'_{s_i}) \cdot y^s}{z^s} - \frac{(x_{s_i} - x'_{s_i}) \cdot x^g}{z^g} - \frac{(y_{s_i} - y'_{s_i}) \cdot y^g}{z^g} \right] \tag{6.6}$$

最后，联立式 (6.3)～式 (6.6)，一般点 v_{g_i} 和 v'_{g_i} 的深度坐标 z_{g_i}，z'_{g_i} 可计算如下：

$$z_{g_i} = -\frac{1}{2}\left[\frac{(2x_{g_i} - x_{s_i} - x'_{s_i}) \cdot x^s}{z^s} + \frac{(2y_{g_i} - y_{s_i} - y'_{s_i}) \cdot y^s}{z^s} + \frac{(x_{s_i} + x'_{s_i}) \cdot x^s}{z^s} + \frac{(y_{s_i} + y'_{s_i}) \cdot y^s}{z^s} \right] \tag{6.7}$$

$$z'_{g_i} = -\frac{1}{2}\left[\frac{(2x'_{g_i} - x_{s_i} - x'_{s_i}) \cdot x^s}{z^s} + \frac{(2y'_{g_i} - y_{s_i} - y'_{s_i}) \cdot y^s}{z^s} + \frac{(x_{s_i} + x'_{s_i}) \cdot x^s}{z^s} + \frac{(y_{s_i} + y'_{s_i}) \cdot y^s}{z^s} \right] \tag{6.8}$$

2) 代表互对称部分的构造曲线的深度坐标计算

如果一个形状部分是同一物体中另一形状部分对称的镜像，那么在两对对称曲线上采样点的深度坐标能够用式 (6.5) 和式 (6.6) 得到。接着，可以使用式 (6.7) 和式 (6.8) 计算其中一对一般曲线上采样点的深度坐标信息，而另一对一般曲线则由镜像对称特性得到。例如，对于图 6-3 中一般曲线上 (蓝色曲线) 采样得到的一般点 $v_{g_i}(x_{g_i}, y_{g_i}, z_{g_i})$，其在另一对称形状部分上关于对称面对称的点 $v'_{g_i}(x'_{g_i}, y'_{g_i}, z'_{g_i})$ (红色曲线上的点) 可以按如下方式得到：

$$(\boldsymbol{v}_{g_i} - \boldsymbol{v}'_{g_i}) \times \boldsymbol{N}_s = 0$$

$$(\boldsymbol{v}_{g_i} + \boldsymbol{v}'_{g_i}) \cdot \boldsymbol{N}_s = 0$$

即

$$(z_{g_i} - z'_{g_i}) \cdot x^s - (x_{g_i} - x'_{g_i}) \cdot z^s = 0 \tag{6.9}$$

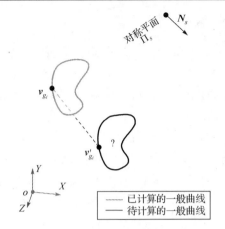

图 6-3　互对称部分构造曲线的深度计算

$$(x_{g_i} - x'_{g_i}) \cdot y^s - (y_{g_i} - y'_{g_i}) \cdot x^s = 0 \tag{6.10}$$

$$(x_{g_i} + x'_{g_i}) \cdot x^s + (y_{g_i} + y'_{g_i}) \cdot y^s + (z_{g_i} + z'_{g_i}) \cdot z^s = 0 \tag{6.11}$$

通过联立式（6.9）～式（6.11），一般点的坐标 x'_{g_i}，y'_{g_i}，z'_{g_i} 的计算结果如下：

$$x'_{g_i} = \frac{((y^s)^2 + (z^s)^2 - (x^s)^2) \cdot x_{g_i} - 2x^s \cdot (y_{g_i} \cdot y^s + z_{g_i} \cdot z^s)}{(x^s)^2 + (y^s)^2 + (z^s)^2} \tag{6.12}$$

$$y'_{g_i} = \frac{((x^s)^2 + (z^s)^2 - (y^s)^2) \cdot y_{g_i} - 2y^s \cdot (x_{g_i} \cdot x^s + z_{g_i} \cdot z^s)}{(x^s)^2 + (y^s)^2 + (z^s)^2} \tag{6.13}$$

$$z'_{g_i} = \frac{((x^s)^2 + (y^s)^2 - (z^s)^2) \cdot z_{g_i} - 2z^s \cdot (x_{g_i} \cdot x^s + y_{g_i} \cdot y^s)}{(x^s)^2 + (y^s)^2 + (z^s)^2} \tag{6.14}$$

在后续部分，将应用上述构造曲线深度计算理论来驱动系统创建复杂的对称自由体。

6.1.3　对称形体三维重建

为了构造对称的三维自由形体，Cordier 等（2011）仅使用两条对称曲线使得最终的物体由各种类似圆柱体的形状组成，即每个形状部分的界面总是为圆形。由于其局限于由两条对称曲线建模，其只能生成相对简单的三维形状。本节的工作是为有效控制重建的形状部分提供更多的自由度，使得形状部分具有一些特殊的艺术效果和几何特征。通过应用一对对称构造曲线和一对一般构造曲线，本节的建模系统能够创建一些具有扁平或者尖锐形状的复杂自由形态物体。本节将阐述如何将用户的输入二维手绘曲线进行分类以及为每个形态部分确定相应的四条构造曲线。此外，基于三维构造曲线，将说明如何生成镜像对称的三维复杂自由形体。

1. 二维手绘曲线的离散化

在正交投影下，如图 6-4 所示，用户在绘制平面上为每个形状部分相应地绘制二维对称曲线或一般曲线。根据 Blair(1949)的方法沿用若干轮廓来表达形状的思路，对于自对称的物体部分，用户通常绘制一对对称曲线，然后绘制一对一般曲线(如图 6-4)。这四条曲线通常在各自端点处相连。对于两个相互对称的形状部分，用户将分别为两个部分绘制对称曲线，然后绘制两对一般曲线(如图 6-4(b))。在这两个部分中的每对相互对称的曲线通常在端点处不相连。

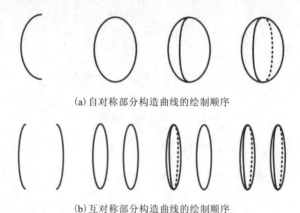

(a) 自对称部分构造曲线的绘制顺序

(b) 互对称部分构造曲线的绘制顺序

图 6-4　物体形状部分的逐步绘制

作为输入，这些曲线能够根据用户绘制的顺序在保存下来时拥有唯一的索引。于是，每对对称曲线或每对一般曲线能够被绑定在一起。同样地，每对一般曲线也将和相应的一对对称曲线绑定在一起。此外，使用系统从手绘曲线上自动采样的绘制点可以插值得到二次 B 样条曲线(Farin, 2002)。这些手绘曲线将总是近似表示为多段线，而多段线的端点均匀采样自获得的 B 样条曲线。为了简便起见，在每对手绘曲线上都采样相同数目的点，从而可以使用本节下述的计算理论恢复曲线深度坐标。

2. 三维构造曲线的计算

系统保存下来的输入手绘曲线将按照用户的绘制顺序进行存储。系统首先将所有的输入曲线分类到不同的结点中，结点集合表示为 $L = \{I_0, I_1, \cdots, I_i, \cdots, I_{n-1}\}$。用户绘制的每四条曲线将存放于一个节点中。在 L 中所有这些初始的结点将分配到两种不同类型的结点集中，即 $L^p = \{I_0^p, I_1^p, \cdots, I_i^p, \cdots, I_{n-1}^p\}$ 和 $L^q = \{I_0^q, I_1^q, \cdots, I_i^q, \cdots, I_{n-1}^q\}$。在 L^p 中的每个结点 I_i^p 包含了用于恢复单个自对称形状部分的二维曲线，并且每对对称曲线总是在端点处相连(如图 6-4(a))。在 L^q 中的结点 I_{2j}^q 和 I_{2j+1}^q 包含了同一物体中两个相互对称的形状部分的二维曲线($j = 0,1,2,\cdots,\left\lfloor \dfrac{n-1}{2} \right\rfloor$)(如图 6-4(b))。通常，为有效地重建自由形态物体，L^q 中的节点个数必须为偶数个。初始的结点 I_{2j}^q 总是包含描述两个形状部分的两对对称曲线，而初始的结点 I_{2j+1}^q 总是保存描述两个形状部分的两对一般曲线。否则，系统将提示用户重新绘制曲线。

　　针对 L^p 和 L^q 中两种类型的结点，系统将应用两种不同的方法来恢复从手绘曲线上采样得到的点的深度坐标。

　　(1) 为了从结点 $I_i^p \in L^p$ 重建自对称的形状部分，系统将首先用式(6.5)和式(6.6)计算对称点的深度坐标。而一般点的深度坐标能够用式(6.7)和式(6.8)从三维的对称点计算得到。

　　(2) 为了从结点 I_{2j}^q，$I_{2j+1}^q \in L^q$ 重建两个相互对称的形状部分，结点 I_{2j}^q 总是包含两对对称曲线，它们相应的构造曲线将使用式(6.5)和式(6.6)得到。生成的对称结构曲线将在结点 I_{2j}^q 和 I_{2j+1}^q 中进行重新分配(如图 6-5)。每个结点 I_{2j}^q 和 I_{2j+1}^q 将包含一对对称构造曲线和一对一般构造曲线。这样，I_{2j}^q 中一般点的深度坐标将使用式(6.7)和式(6.8)，从同一结点中的对称点计算得到。在 I_{2j+1}^q 中的一般曲线将最终被看作 I_{2j}^q 中一般曲线的对称镜像并且其深度坐标将使用式(6.12)、式(6.13)和式(6.14)得到。

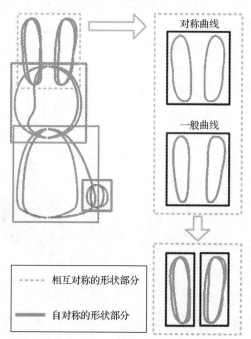

图 6-5　对称曲线和一般曲线的重新匹配示意图

　　这里，为了描述本节中重新匹配和插入不同曲线的过程，在图 6-5 中给出了一个例子。图中洋娃娃的头部、身体和尾巴部分属于自对称的部分，代表这些部分的手绘曲线将分别被保存于结点 I_i^p 中。对于相互对称的耳朵部分，根据用户的绘制顺序，描述两只耳朵的四条对称曲线和四条一般曲线初始时将被分别存放于两个结点中(如图 6-5 中的右上图)。经过本节中阐述的方法重新匹配手绘曲线后，每对对称曲线将被分割到两个结点中，两只耳朵的对称曲线将分别包含于 I_{2j}^q 和 I_{2j+1}^q 中(如图 6-5 的右下图)。

最终，输入手绘曲线的所有三维坐标信息能够被直接确定。输入的二维曲线将被转化为三维构造曲线以便后续的自由形体表面生成。

3. 参数曲面的生成

对于每个结点 I_i，其手绘曲线的深度坐标信息已经恢复并获得了三维的构造曲线。下一步就是为每个结点生成拟合于其构造曲线的光滑表面。为了重建三维对称自由形态的物体，Severn 等(2011)提出了一种表面混合的方法用于生成参数混合表面，该表面通过沿着两条平面曲线的中轴平移一个半径可变的参数圆得到。本节中，给定四条三维构造曲线，使用截面混合方法平移两个半椭圆得到的参数曲面能够拟合于这些参数曲线(如图 6-6(a))。正如假设 6-5 中指出的那样，每四条构造曲线被采样了相同数目的点将用于生成一个平面的平移曲线。然而，通常顺序选择的四个点可能并不位于同一平面。为此，本节提出了优化的截面混合算法。首先确定一个平面，该平面经过对称点并且以对称点连线方向和一般点连线方向的叉积方向为法向。从而，两个一般点就可以分别用该平面与一般构造曲线的两个交点替换更新。最后，四个采样点将位于同一平面并且能够用于两个半椭圆(如图 6-6(a))进行如下插值。

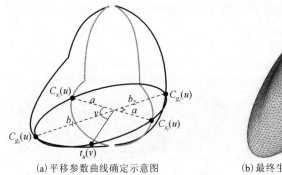

(a)平移参数曲线确定示意图　　　　　　(b)最终生成的形状部分网格

图 6-6　单个部分参数曲面的生成

令 $C_{s_i}(u)$，$C'_{s_i}(u)$ 为对称曲线，$C_{g_i}(u)$，$C'_{g_i}(u)$ 为一般曲线。对于每个固定的参数 u，生成的平移曲线将参数化为两个半椭圆 $t_u(v)$ 如下：一个半椭圆经过

$$t_u(0) = C_{s_i}(u)，\quad t_u\left(\frac{\pi}{2}\right) = C_{g_i}(u)，\quad t_u(\pi) = C'_{s_i}(u)，$$ 另一个半椭圆经过 $t_u(\pi) = C'_{s_i}(u)$，

$$t_u\left(\frac{3\pi}{2}\right) = C'_{g_i}(u)，\quad t_u(2\pi) = C_{s_i}(u)。$$ 于是，重建的参数曲面 $S(u,v)$ 能够通过沿着 $C_{s_i}(u)$

和 $C'_{s_i}(u)$ 的中轴平移 $t_u(v)$ 得到。最终的三维形状部分能够由参数混合曲面 $S(u,v)=t_u(v)$ 离散化为三角形网格得到，如图 6-6(b)所示。

4. 复杂对称自由形体的渐进生成

为了重建对称的复杂自由形体，本节系统将整个物体分割为若干个子部分。每个形状部分将逐个顺序生成，最终的模型能够以渐进的方式生成。一旦用户完成一个部分的手绘曲线，建模系统将交互地生成相应的三维形状部分。本节渐进生成模型的过程为用户提供了一个直观的设计模式。用户能够为之前建模完成的模型进一步绘制新的部分，也可以移除一些不准确的部分进行重新绘制。为了创建某些复杂的形状部分，用户能够添加一些额外的曲线来有效地刻画一些集合特征。图 6-7 展示了一个用本节建模系统渐进创建一个三维对称自由形体的例子。

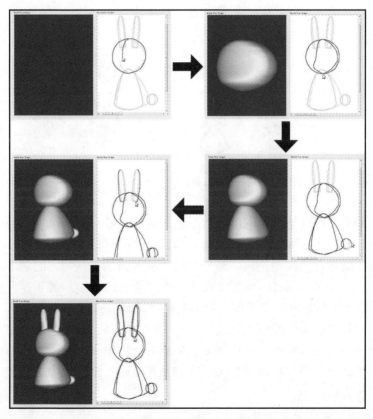

图 6-7　渐进式创建复杂三维对称形体的过程

6.1.4　实验结果与讨论

本节提出的所有算法都使用 C++语言得到了实现，图形渲染引擎使用的是

OSG(Open Scene Graph)，运行于 2.6GHz Pentium(R)Dual-Core 机器上。根据用户输入的二维曲线，本节重建方法的主要步骤包含三维构造曲线的计算以及使用一种优化的截面混合算法生成光滑的参数曲面。实验结果展示了其有效创建各种类型的三维对称自由形体的能力。

1. 三维对称自由形体的重建生成

本节提出的系统适用于重建各种类型的三维对称自由形体，特别是由若干子部分组成的复杂镜像对称形体。该系统已经由几位初学者测试使用。在对手绘规则大约 5 分钟的学习之后，用户能够交互地设计若干常见的物体和简单的卡通角色(如图 6-8)。对于手绘的方式进行交互，用户的手绘在表现真实对称物体时可能并不完全准确。值得强调的是，该重建方法对于细微的人为输入误差并不敏感，因为深度坐标信息计算理论本质上将保证镜像对称的特性。

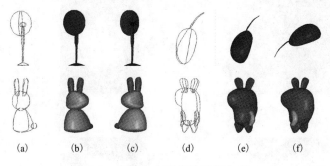

(a)　　　(b)　　　(c)　　　(d)　　　(e)　　　(f)

图 6-8　多种自由形体的重建生成

此外，为了更准确地重建三维自由形体，用户能够插入一张现有的二维线画图来辅助作画。设计者能够简单地根据背景图像进行临摹。为了创建复杂的三维自由形体，本系统能够有效控制物体各部分形状，从而增加一些特殊的艺术效果，例如图 6-9 中鸭子的身体、鸵鸟的头部以及飞鸟的翅膀。图 6-9(a)展示了现实中画在纸上的参考线图。图 6-9(b)给出了用户根据参考线图临摹描绘的绘制曲线。图 6-9(c)、(d)以两种不同的视角分别展示了生成的三维自由形态物体。我们还能用本节的建模方法生成一些局部尖锐特征，例如图 6-9 中最后一行中飞鸟的喙。然而，需要注意的是本系统重建的三维形状可能要比真实的物体稍胖。这是因为构造曲线通常不是物体的侧影轮廓线。

2. 与其他三维物体重建算法的比较

给定单幅手绘线画图，本节重建方法能够方便有效地生成复杂的自由形体。值得指出的是，本节的重建方法仅依赖于二维手绘内容，从而避免将物体各部分手动组装的复杂操作。此外，本节系统改进的优势在于其能够应用每组四条构造曲线来为控制模型最终形状提供更多的自由度。对比与本节方法最相似的 Cordier 等(2011)提出的方法，本节三维重建方法能够重建具有特殊几何特征的复杂自由形体，例如图 6-10 中妇女发簪尖锐且凹凸不平的尾部，扁平的酒瓶以及鸭舌帽的帽檐等。

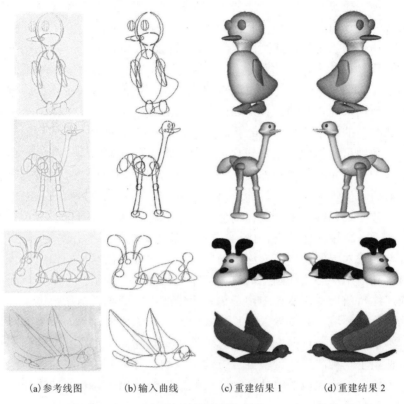

　(a)参考线图　　　(b)输入曲线　　　(c)重建结果 1　　　(d)重建结果 2

图 6-9　在参考线图上描绘轮廓生成的不同自由形体

　　(a)用户手绘图　　(b)类似 Cordier 等(2011)的方法　(c)本节方法重建的三维形体

图 6-10　不同方法重建自由形体的比较

6.2　基于单幅图像的三维模型生成

利用单幅图像重建三维物体是非常困难的，但是赋予图像特定的属性或操作往往可以使得建模变得简单可行(Chen et al.，2013；Oh et al.，2001)。对称性作为解决手绘线画图多义性的重要语义特性，为三维物体的重建和生成提供了深度计算的一种线索(Tanaka et al.，1989)。事实上，对称性假设是对二维手绘约束较少的假设之一，这是由于大量现实生活中的三维物体都展现出了一定程度的对称性，例如卡通角色、动物、建筑物等。在正交投影或者透视投影下，只要确定对称元素之间的匹配关系就能重建出具有对称形状的三维结构(Oztireli et al.，2011)。根据临摹描绘得到的对称物体的二维手绘线画图，Öztirdi 等(2011)提出了一个从一系列平面曲线重建三维对称物体的方法。将包含 T 型结构和尖锐端点的曲线作为输入，Cordier 等(2011)则提出了一个镜像对称表面重建的算法，使得生成三维模型的侧影轮廓可以垂直投影为输入的二维曲线。Cordier 等(2013)进一步提出了一个三维重建算法用于生成特殊类型的线框物体。Liu 等(2009)提出了一个包含一系列简单交互工具的设计系统，利用可编辑的手绘曲线生成了相对复杂的玩具模型。Liu 等(2013)还提出了一个基于手绘曲线的模型检索系统，通过已有的库模型以减轻用户的交互负担，这也是目前国际中较为流行的设计思路。此外，Lee 等(2011，2012)提出了利用二维线画图有效生成三维复杂多面体物体的方法。将物体对称特性引入传统的相机校准中，Jiang 等(2009)提出了利用图像重建三维建筑物的一种方法。

基于单幅输入图像，本节方法以交互手绘方式临摹描绘出图像中物体表示的线画图，直接利用用户手绘线画图的对称性特点计算其三维坐标信息，从而避开相机校准生成三维自由形体。本节中用于输入手绘线画图的画板给用户提供了一个具有真实临摹体验的环境，并以输入图片形式辅助用户完成描绘和为模型提供必要的纹理信息。本节提出了一种深度坐标计算理论来重建物体中自对称部分和相互对称部分，同时使用了一种改进的旋转混合方法生成物体各部分的参数曲面表示，并通过纹理贴图为由各部分组成的完整模型合成纹理以恢复出较为真实的物体。

6.2.1　三维模型生成流程

本节方法构建的三维物体通常由多个子部分组成(如图 6-11)，每个部分由四条构造曲线描述(如图 6-11(b))，利用该方法可以方便生成三维自由形体模型(如图 6-11(c))和真实感三维物体模型(如图 6-11(d)～(f))。

根据输入的单幅图像，用户以手绘临摹方式交互式描绘出图像中物体表示的二维线画图，利用得到的手绘线画图重建生成三维对称自由形体，其主要步骤如下：

(1)基于单幅图像的手绘线画图生成。在画板平面上以交互方式临摹描绘出二维手绘线条，系统自动捕捉手绘线条上的点，并插值出相应的二次 B 样条曲线，用从光滑二次曲线中均匀采样的顶点形成的多边形折线来对用户输入的手绘线条进行离散化，并依次保存物体每一子部分的手绘曲线对。

(2)构造曲线深度坐标的计算。确定物体各子部分的手绘曲线对并计算它们的三维坐标信息。物体每一子部分的手绘曲线集通常包含两条对称曲线和两条非对称的一般曲线。算法首先遍历所有的对称曲线，对称曲线的三维坐标信息可根据已知的对称面信息计算得到，生成的对称构造曲线将根据曲线间的连接关系重新匹配到其对应的物体子部分以确保每个子部分中的一般曲线深度信息可以由同一子部分的对称曲线计算得到。

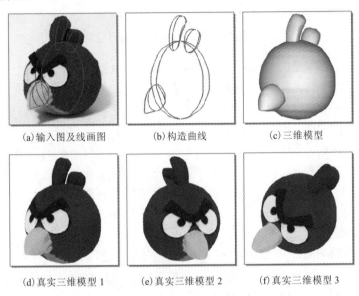

<table>
<tr><td>(a)输入图及线画图</td><td>(b)构造曲线</td><td>(c)三维模型</td></tr>
<tr><td>(d)真实三维模型 1</td><td>(e)真实三维模型 2</td><td>(f)真实三维模型 3</td></tr>
</table>

图 6-11　三维自由形体重建过程

（3）三维自由形体的生成和纹理合成。利用物体每一部分的三维构造曲线使用旋转混合方法生成表征该部分的三维形体。整个物体模型由生成的各子部分组成。进一步，利用重建得到的模型对称信息，通过提取输入图像的纹理信息为三维模型合成纹理，最终生成三维对称真实物体模型。

6.2.2　基于单幅图像的手绘线画图生成

1. 交互式手绘

对一般用户来说，在绘图时拥有可参照的临摹对象往往能使交互描绘任务变得更加方便快捷且能提高准确性。模仿传统临摹作画经历，根据输入的单幅图像，用户以手绘方式交互式描绘出图像中物体表示的线画图。本节的重建对象为三维自由形体，并且假设手工描绘的角度具有一般性，通常得到的手绘线条往往不是图像物体的边界轮廓线，图 6-12 中将用户描绘的手绘线条和图像物体的边界轮廓线进行了区分，橘黄色轮廓为图像中物体的边界线，红色线条为用户绘制的对称曲线，蓝色线条为用户绘制的一般曲线。图 6-12（d）为球体俯视图，反映了各手绘线条与边界轮廓线的空间位置关系。

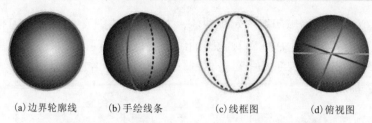

(a)边界轮廓线　　　(b)手绘线条　　　(c)线框图　　　(d)俯视图

图 6-12　用户描绘的手绘线条与物体的边界轮廓线(见彩图)

　　为了方便起见，我们可以将一个复杂物体分解为更简单的若干子部分来描绘。对于一个对称物体来说，包含两种可能的子部分：自对称的部分(关于对称面自身对称的单个子部分)和互对称的部分(关于对称面相互对称的两个子部分)。如图 6-13 所示，在正交投影下，用户在画板平面上交互式临摹描绘出表示物体各个子部分的手绘线条，每个子部分均由四条手绘线条来描述。对于自对称的部分，用户通常绘制一对对称曲线和一对垂直方向上的一般曲线，这四条曲线往往在各自的端点处相互连接。对于互对称的部分，用户通常首先为对称的两部分绘制四条对称曲线，然后再为各部分描绘相应的一般曲线。一般来说，互对称部分中相互对称的手绘线之间没有连接关系。

　　图 6-13 详细示意了对这两种不同子部分的描绘过程。按照一般用户的临摹习惯，用户通常习惯于描绘完成一个部分后再开始绘制另一部分(对于每组互对称的两个子部分可以看作一个整体进行绘制)，并且对于每个部分也总是希望完成一个方向上的投影线后再绘制另一方向上的投影线。图 6-13 右上图为互对称部分手绘线条有序描绘示意图，其中用户首先绘制了分别属于两个子部分的两对对称曲线，然后根据一个子部分中的对称曲线绘制了其垂直方向上的两条非对称一般曲线，最后根据另一子部分中的对称曲线绘制了其垂直方向上的另两条一般曲线。图 6-13 右下图为自对称部分手绘线条有序描绘示意图，其中用户首先绘制了一个方向上的一对对称曲线，然后绘制了其垂直方向上的一对非对称一般曲线。

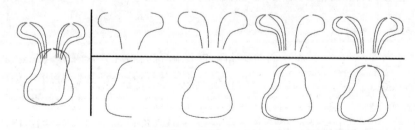

图 6-13　用户交互式手绘输入和有序描绘手绘线条

2. 手绘曲线的预处理

　　根据用户在画布上描绘出的各部分手绘线画图，系统自动捕获手绘线条中的离散采样点。按照用户绘制的先后顺序，这些线画图分别被添加了唯一的标志，每对对称曲线和非对称一般曲线相邻地存放在一起。这样，用户的绘制顺序能准确地反映曲线之间的对应关系。同时，通过判断曲线之间的连接关系能进一步确定用户绘制的线画图中哪些曲线代表自对称部分，哪些曲线代表互对称部分。

利用在手绘线画图中系统自动捕获的采样点，可以插值出二次 B 样条曲线，从而可以从光滑二次曲线中均匀采样的顶点形成的多边形折线来对用户输入的手绘线条进行离散化。为了方便计算，物体同一子部分中的不同手绘线条将被重采样出相同数目的采样顶点。在三维自由形体重建中，利用二维手绘线条恢复出其三维信息是一个关键问题，6.2.3 节中将给出根据对应采样顶点之间的关系计算物体三维构造曲线的方法。

3．手绘线画图的存储

系统按描绘顺序依次保存用户输入的物体各部分手绘线画图，并对所有手绘曲线进行分类保存于列表 $L = \{I_0, I_1, \cdots, I_{n-1}\}$ 的不同结点中。自由形体每个子部分顺序绘制的四条手绘曲线被保存于同一结点中，每个结点中保存的信息将用于重建物体的单个子部分。

列表 $L = \{I_0, I_1, \cdots, I_{n-1}\}$ 中的所有结点将根据相互对称的曲线之间是否有公共端点被分别存储到两个子表 $L^p = \{I_0^p, \cdots, I_i^p, \cdots, I_{l-1}^p\}$ 和 $L^q = \{I_0^q, I_1^q, \cdots, I_i^q, \cdots, I_{m-1}^q\}$ 中。其中，子表 L^p 中的每一个结点 I_i^p $(i = 0, 1, 2, \cdots, l-1)$ 包含了自对称部分中的手绘曲线，这些曲线之间在端点处相互连接；子表 L^q 中的每一对结点 I_{2j}^q 和 I_{2j+1}^q $(j = 0, 1, 2, \cdots, m/2-1)$ 则包含了一组互对称部分的手绘曲线，其相互对称的手绘曲线之间没有公共点，每对结点 I_{2j}^q 和 I_{2j+1}^q 代表了物体两个对称部分。一般来说，子表 L^q 中应包含偶数个结点。

6.2.3　对称形体的三维重建

对于预处理生成的表示物体不同部分的一系列离散化手绘线条，算法需要计算其离散采样顶点的深度坐标信息，并且利用这些三维坐标信息生成表示物体各子部分的三维构造曲线，根据各子部分的构造曲线利用旋转混合方法生成其参数曲面表示并离散化为三角形网格模型。根据输入图像中物体的纹理信息，进一步合成三维模型每一部分表面纹理以得到对称自由形体。

1．构造曲线深度坐标的计算

为了计算构造曲线深度坐标方便起见，系统使用画板绘制平面作为 XOY 平面 $(z = 0)$，包含对称信息的输入线画图则作为三维构造曲线的平行投影，投影方向垂直于绘制平面。因此，输入手绘线图中采样顶点的 x 坐标和 y 坐标可以直接作为三维构造曲线中点的相应 x 坐标和 y 坐标。这样，三维物体的重建问题主要在于计算采样顶点 z 坐标。

依据输入的相对一个对称面镜像对称的曲线，Cordier 等 (2011) 给出了用于重建三维物体顶点 z 坐标的计算理论，他们的方法仅根据每组两条对称曲线能够产生相对简单的形状。然而，为了有效地重建复杂三维自由形体，为生成更加一般的三维形体提供控制其截面形状的自由度，本节方法试图同时使用每组四条构造曲线来构建物体每一子部分，即两条对称曲线和两条非对称的一般曲线。两类曲线上的采样点分别称为对称点和一般点。根据前述对手绘曲线的预处理，具有相互对应关系的曲线上具有相同数目的采样点并且类似于 Blair(1949) 中的绘制方法，每组曲线中对应的两个对称点连线和相应的两个一般点连线应当相互垂直。

不失一般性，假定对称平面经过坐标原点。令 $V_s=\{v_{s_0},\cdots,v_{s_i},\cdots,v_{s_{n-1}}\}$ 和 $V'_s=\{v'_{s_0},\cdots,v'_{s_i},\cdots,v'_{s_{n-1}}\}$ 为分别采样自两条对应对称曲线的 n 个采样点集合，其中采样点 $v'_{s_i}(x'_{s_i},y'_{s_i},z'_{s_i})$ 是 $v_{s_i}(x_{s_i},y_{s_i},z_{s_i})$ 关于对称面 Π_s 对称的镜像点 $(i=0,1,2,\cdots,n-1)$，且设对称面 Π_s 的法向为 $N_s(x^s,y^s,z^s)$。

类似地，假设 $V_g=\{v_{g_0},\cdots,v_{g_i},\cdots,v_{g_{n-1}}\}$ 和 $V'_g=\{v'_{g_0},\cdots,v'_{g_i},\cdots,v'_{g_{n-1}}\}$ 为分别采样自两条对应非对称一般曲线的 n 个采样点集合，其中的每对对应采样点 $v_{g_i}(x_{g_i},y_{g_i},z_{g_i})$ 和 $v'_{g_i}(x'_{g_i},y'_{g_i},z'_{g_i})$ 同时满足如下条件：①向量 $v_{g_i}-v'_{g_i}$ 垂直于对称面 Π_s 的法向量 N_s；②中点 $(v_{s_i}+v'_{s_i})/2$ 经过 v_{g_i} 和 v'_{g_i} 的连线。

下面，将对物体不同类型的子部分分别进行各对采样点深度 z 坐标的计算。

1) 自对称子部分情形

对于结点 $I_i^p\in L^p$ 中表示物体自对称部分的手绘曲线来说，给定如图 6-14 中所示的对称平面 Π_s，选择一对对称曲线上的点 v_{s_i} 和 v'_{s_i} 以及另一对非对称一般曲线上的点 v_{g_i} 和 v'_{g_i}。这些采样点可以分别正交投影到画板绘制平面 $z=0$，即 v_{ps_i} 和 v'_{ps_i}，v_{pg_i} 和 v'_{pg_i}。连接 v_{s_i} 和 v'_{s_i} 以及 v_{g_i} 和 v'_{g_i} 的虚线交于点 o。这样，对于 4 个点 v_{s_i}，v'_{s_i}，v_{g_i} 和 v'_{g_i} 可得如下方程：

$$(v_{s_i}+v'_{s_i})\cdot N_s=0 \tag{6.15}$$

$$(v_{s_i}-v'_{s_i})\cdot N_g=0 \tag{6.16}$$

$$(v_{g_i}-v'_{g_i})\cdot N_s=0 \tag{6.17}$$

$$(2v_{g_i}-v_{s_i}-v'_{s_i})\cdot N_s=0 \tag{6.18}$$

其中，向量 N_g 垂直于对称面 Π_s 的法向量 N_s。

根据式 (6.15) 和式 (6.16)，我们可以计算得到对称点 v_{s_i} 和 v'_{s_i} 的深度坐标 z_{s_i} 和 z'_{s_i} 如下：

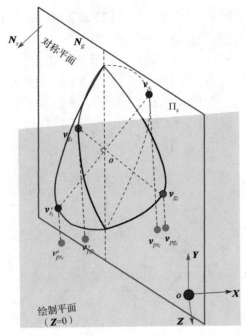

图 6-14　自对称部分手绘线采样点深度计算

$$z_{s_i} = -\frac{1}{2}\left[\frac{(x_{s_i} + x'_{s_i}) \cdot x^s}{z^s} + \frac{(y_{s_i} + y'_{s_i}) \cdot y^s}{z^s} + \frac{(x_{s_i} - x'_{s_i}) \cdot x^g}{z^g} + \frac{(y_{s_i} - y'_{s_i}) \cdot y^g}{z^g} \right] \tag{6.19}$$

$$z'_{s_i} = -\frac{1}{2}\left[\frac{(x_{s_i} + x'_{s_i}) \cdot x^s}{z^s} + \frac{(y_{s_i} + y'_{s_i}) \cdot y^s}{z^s} - \frac{(x_{s_i} - x'_{s_i}) \cdot x^g}{z^g} - \frac{(y_{s_i} - y'_{s_i}) \cdot y^g}{z^g} \right] \tag{6.20}$$

根据式(6.17)和式(6.18)，我们可以计算得到一般点 $\boldsymbol{v}_{g_i}$ 和 $\boldsymbol{v}'_{g_i}$ 的深度坐标 z_{g_i} 和 z'_{g_i} 如下：

$$z_{g_i} = -\frac{1}{2}\left[\frac{(2x_{g_i} - x_{s_i} - x'_{s_i}) \cdot x^s}{z^s} + \frac{(2y_{g_i} - y_{s_i} - y'_{s_i}) \cdot y^s}{z^s} + \frac{(x_{s_i} + x'_{s_i}) \cdot x^s}{z^s} + \frac{(y_{s_i} + y'_{s_i}) \cdot y^s}{z^s} \right] \tag{6.21}$$

$$z'_{g_i} = -\frac{1}{2}\left[\frac{(2x'_{g_i} - x_{s_i} - x'_{s_i}) \cdot x^s}{z^s} + \frac{(2y'_{g_i} - y_{s_i} - y'_{s_i}) \cdot y^s}{z^s} + \frac{(x_{s_i} + x'_{s_i}) \cdot x^s}{z^s} + \frac{(y_{s_i} + y'_{s_i}) \cdot y^s}{z^s} \right] \tag{6.22}$$

2) 互对称子部分情形

如果物体的某一部分关于另一部分镜像对称(如图 6-15)，仍然可以使用上文方法直接计算每对对称曲线的深度 z 坐标信息，而非对称一般曲线的深度信息则由同一部分的另两条对称曲线(这两条曲线之间并非相互对称，它们各自对应的对称曲线分别位于另一镜像部分中)计算得到。事实上,本节期望一个部分中的一般曲线和另一对称部分中的一般曲线也相互对称。然而,由于用户绘制时可能存在的差异性,不同部分中的一般曲线形状往往不同。因此,对于一组相互对称的部分,本节方法只计算其中一部分的一般曲线,而另一部分的一般曲线则通过其关于对称面的镜像部分得到。如图 6-15 所示,对于物体某一子部分中的一条一般曲线上的点 $v_{g_i}(x_{g_i}, y_{g_i}, z_{g_i})$,其对称子部分中相应的一般曲线上的点 $v'_{g_i}(x'_{g_i}, y'_{g_i}, z'_{g_i})$ 可由如下方程确定:

$$(v_{g_i} - v'_{g_i}) \times N_s = 0 \tag{6.23}$$

$$(v_{g_i} + v'_{g_i}) \cdot N_s = 0 \tag{6.24}$$

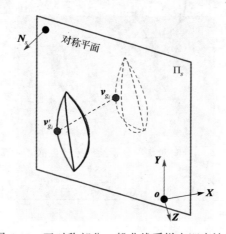

图 6-15　互对称部分一般曲线采样点深度计算

根据式 (6.23) 和式 (6.24),我们可以计算得到一般点 v'_{g_i} 的坐标 $(x'_{g_i}, y'_{g_i}, z'_{g_i})$ 如下:

$$x'_{g_i} = \frac{[(y^s)^2 + (z^s)^2 - (x^s)^2] \cdot x_{g_i} - 2x^s \cdot (y_{g_i} \cdot y^s + z_{g_i} \cdot z^s)}{(x^s)^2 + (y^s)^2 + (z^s)^2} \tag{6.25}$$

$$y'_{g_i} = \frac{[(x^s)^2 + (z^s)^2 - (y^s)^2] \cdot y_{g_i} - 2y^s \cdot (x_{g_i} \cdot x^s + z_{g_i} \cdot z^s)}{(x^s)^2 + (y^s)^2 + (z^s)^2} \tag{6.26}$$

$$z'_{g_i} = \frac{[(x^s)^2 + (y^s)^2 - (z^s)^2] \cdot z_{g_i} - 2z^s \cdot (x_{g_i} \cdot x^s + y_{g_i} \cdot y^s)}{(x^s)^2 + (y^s)^2 + (z^s)^2} \tag{6.27}$$

对于包含相互对称部分信息的结点 I_{2j}^q 和 I_{2j+1}^q,根据 6.2.2 节中的手绘曲线描绘和存储方法,结点 I_{2j}^q 最初通常包含了两对对称曲线,而结点 I_{2j+1}^q 最初包含了两对一般曲线。为了使得结点 I_{2j}^q 和 I_{2j+1}^q 最终分别包含某一单个子部分的手绘曲线信息,新生成的属于同一部分的对称曲线将分别被重新插入到 I_{2j}^q 和 I_{2j+1}^q 中,并与相应待计算的一般曲线相互交换。这样,每个子表 L^p 中的结点将包含两条对称曲线和两条一般曲线。

2. 旋转混合曲面的生成

如上所述，对于每个更新的结点，按照结点所表示的物体各子部分的不同类型，分别计算其构造曲线的深度信息，从而可以获得重建每个子部分的相应三维构造曲线，下一步需要根据每个子部分的相应三维构造曲线利用旋转混合方法生成其参数曲面表示，并离散化为三角形网格模型。

类似于 Severn 等（2011）提出的模型表示方法，重建的形状能够通过旋转混合的方式从构造曲线中生成。他们的方法通过沿着两条构造曲线平移一个标准的圆形参数曲线得到了模型的参数曲面表示；而在本节的方法中，模型每个子部分将通过沿着四条构造曲线平移两个相互衔接的半椭圆得到，如图 6-16(a)所示，四条曲线通过重采样之后具有相同数目的点，并且不同曲线上顺序对应的每四个点用于生成平移的参数曲线。然而，一般情况下用于生成平移曲线的四个采样点并不一定位于同一平面，本节使用了重定位的方法，首先生成一个平面经过两个对称点，并以对称点之间的连线和一般点之间的连线的叉积为法向，然后将平面与一般曲线的交点作为新的一般点更新原有点，这样可以保证四个点能够位于同一平面。

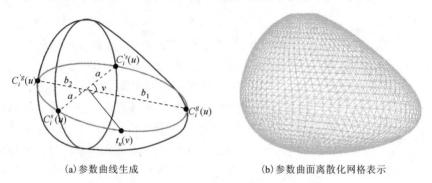

(a) 参数曲线生成　　　　　　　(b) 参数曲面离散化网格表示

图 6-16　自由形体重建中的旋转混合曲面

对于自由形体单个子部分，设 $C_i^s(u)$ 和 $C_i'^s(u)$ 为三维对称构造曲线，$C_i^g(u)$ 和 $C_i'^g(u)$ 为一般构造曲线，可以根据这四条构造曲线生成形体单个子部分的参数曲面表示。对每个固定的参数 u，利用本节方法得到的位于同一平面的 4 个点可以生成参数化表示的椭圆 $t_u(v)$ 如下：

$$\begin{cases} t_u(0) = C_i^s(u) \\ t_u(\pi/2) = C_i^g(u) \\ t_u(\pi) = C_i'^s(u) \\ t_u(3\pi/2) = C_i'^g(u) \\ t_u(2\pi) = C_i^s(u) \end{cases}$$

从而，对于物体单个子部分需要重建的参数曲面 $f(u,v)$ 可以表示为 $t_u(v)$ 沿着 $C_i^s(u)$ 和 $C_i'^s(u)$ 的中轴线平移后获得的一系列参数曲线 $(0 \leqslant u \leqslant 1)$，其中 $f(0,v)$ 和 $f(1,v)$ 分别为中轴线端点处的参数曲线。最终物体各子部分形状可以通过离散化重建表面的参数 (u,v) 并将每两条参数曲线上的离散点顺序交替连接以表示为三角形网格模型（如图 6-16(b) 所示）。

3. 自由形体表面纹理合成

一般来说，输入图像中的物体往往包含了许多复杂细节，而通过本节交互式手绘方式重建生成的三维模型则是对原始物体形态的初步模拟。为了生成具有真实感的三维自由形体，需要在生成的三维网格模型表面赋予输入图像中物体颜色纹理信息。然而，由于用户只为系统提供了单一的二维图像，重建生成的三维模型只能获取图像中物体可见部分的颜色纹理。考虑到本节重建生成的三维自由形体的对称性特性，可以假设模型对称面两侧对称的部分具有相同的纹理，从而只需对物体对称面一侧的模型部分赋予纹理信息，而模型另一侧的纹理信息则可以利用对称性方便得到。

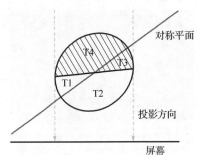

图 6-17 纹理合成示例

如图 6-17 所示，假设 T1 和 T2 为模型可见的部分，T2 和 T3 分别为模型对称面靠近屏幕一侧的部分。则 T1 和 T2 部分的纹理可由输入图像中直接获取，而对于遮挡的 T3 部分，由于其包含的区域往往较小，这里简单地复制 T2 中垂直屏幕方向遮挡 T3 部分的纹理。这样，剩下的 T4 部分纹理就可以由 T2 中相应的对称部分纹理复制得到。然而，实际输入图像中 T1 部分的纹理与在 T2 中相应的对称部分纹理并不一定完全相同，这可能导致 T1 和 T4 的衔接处会有不平滑的过渡。为此，我们只对 T2 部分直接进行纹理贴图，而 T1 部分的纹理同样由其对称部分纹理复制得到。此外，对于模型的互对称部分，本节只对其中一部分进行上述步骤的贴图处理，而对另一部分的纹理可以由其对称部分纹理复制得到。特别地，在进行纹理贴图时，我们直接将物体表面顶点的几何坐标 (x,y,z) 投影到画板绘制平面 XOY，并将投影点的坐标 (x,y) 作为模型的纹理坐标。由于三维网格模型往往由大量三角面片组成，为了提高纹理合成的速度，实验中本节同时为两个相邻的面片指定一个四边形的纹理坐标并利用 OpenGL 进行纹理贴图。

6.2.4 实验结果与讨论

本节提出的算法已经在 2.6GHz Pentium(R) Dual-Core PC 机器上利用 Visual C++得到了实现，图形的渲染使用了 OSG (Open Scene Graph)。本节的三维建模系统提供了用户绘制窗口和模型渲染窗口,绘制窗口为用户提供了选择背景图像、保存、读取用户绘制数据等传统的菜单按钮,用户可以在绘图区域根据输入图像自由描绘物体每一部分的手绘线条。模型渲染窗口则负责绘制模型的三维数据,包括物体的三维构造曲线、参数曲面表示,以及进行纹理合成前后的自由形体模型。

　　为了验证本节方法重建三维自由形体的便捷性,我们对用户首先进行了手绘临摹方面的简单指导,然后重建生成一些卡通人物或玩偶等,均能获得较好的效果。图 6-18 给出了三位用户绘制重建的部分卡通角色的效果。根据本节提出的方法,系统需要用户进行有序的绘制,连贯地完成每一条单独的曲线。虽然他们都不具备专业的绘画和建模技巧,但平均建模时间都能保持在 10min 以内,并且认为建模过程非常简便和有趣。图 6-18(a) 为对输入图像进行临摹描绘并包含有用户手绘线条的图像;图 6-18(b) 为恢复了深度信息的物体三维构造曲线,其垂直投影与用户手绘线条相重合;图 6-18(c) 为重建生成的三维网格模型;图 6-18(d)、(e) 为利用不同

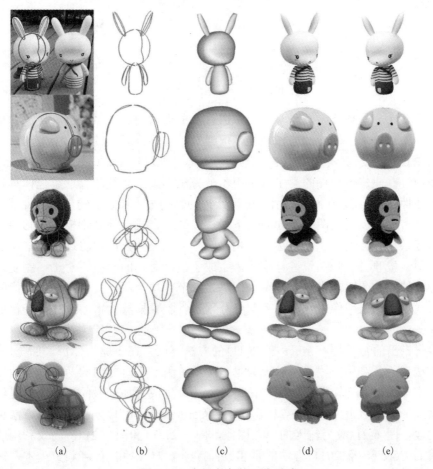

(a)　　　　　　(b)　　　　　　(c)　　　　　　(d)　　　　　　(e)

图 6-18　卡通角色的三维重建

观察视角观察纹理合成后的三维物体模型。需要指出的是，用于用户临摹描绘的图像一般都包含对称的物体，并且要求具有一定视角，即对称面尽可能避免与画板绘制平面平行或垂直，例如图 6-18 第一行的图像中仅重建了左侧兔子的模型，而右侧的兔子由于其对称面几乎与绘制平面垂直，对其进行三维重建时要求用户描绘的曲线非常精确，因此重建任务也较为困难。在重建实验中，用户的手绘基本按照物体垂直方向的轮廓进行绘制，部分图片由于角度问题，可能会有手绘线偏离图片中物体部分的情况，例如图 6-18 第三行的猴子模型重建和第五行的乌龟模型重建。在图 6-19 中，对同一场景（如图 6-19(a)）中多个物体利用本节方法分别进行重建（如图 6-19(b) 和图 6-19(c)），并经过纹理合成得到具有较强真实感的重建效果，图 6-19(d)～(f) 分别给出了在三个不同视角下观察重建生成的三维场景效果。

(a)输入图及线画图　　(b)构造曲线　　(c)三维模型　　(d)真实场景 1　　(e)真实场景 2　　(f)真实场景 3

图 6-19　场景的三维重建

我们还让一些具有绘画经验的用户通过本节提出的建模系统进行快速建模，其中大多数用户不具备专业的建模技能，但经过手绘临摹方面的简单学习，就可以重建出如图 6-20 所示真实场景中的三维复杂物体，平均建模时间保持在 10～20min。个别使用过专业建模软件的学生表示用本节方法提出的系统进行三维建模具有实用性和便捷性。图 6-20 中各列分别给出了几种动物的输入图像、物体构造曲线、重建生成的网格模型以及在两个不同视角下观察经纹理合成后的动物模型。其中大象模型最为复杂，并且没有完全对称，在相互对称的部分中，用户将远离屏幕一侧的物体部分曲线按照另一侧曲线进行模仿，生成了最终对称的模型。对于一些复杂的物体，输入的线画图通常也较为复杂。但是，本节方法为用户提供了基于图像的交互描绘方式，对输入图像中物体各子部分分别进行临摹描绘使得绘制任务变得更加简单方便。

值得指出的是，与 Cordier 等(2011)的方法不同，在重建物体每一部分形状时，本节方法在两条对称曲线的基础上为物体添加了另一垂直方向的两条一般曲线，同时结合本节提出的旋转混合曲面，使得该方法为生成更加一般的复杂模型提供了控制其截面形状的自由度。图 6-21 给出了用 Cordier 等(2011)方法和本节方法重建的效果比较，图 6-21(a) 为输入的原始图像，图 6-21(b) 和图 6-21(c) 为仅利用两条对称曲线的 Cordier 等(2011)方法的重建过程，图 6-21(d) 和图 6-21(e) 为本节方法的重建过程，图 6-21(f) 为本节方法生成的纹理模型。从中可以看出，在铲子扁平的金属部分，仅用两条对称曲线只能恢复出圆胖的形状，而利用四条曲线重建生成的三维形体则保持了输入图中物体的基本形状。图 6-22 中试图对由 Levi 等 (2013) 提出的系统生成的人物模型进行重建，在他们的重建方法中，需要用户提供待重建物体多幅不同视角的图像以重建生成三维模型。一旦用户缺少其中一幅必要的图像，重建任务就无法完成。而本节方法能够利用单幅手绘 (如图 6-22(b)) 通过矫正模型对称部分的位置成功重建出了相应的三维模型 (如图 6-22(c)) 并保持对称的姿态，这使得用户的重建任务变得更加方便快捷。图 6-22(d) 和图 6-22(e) 给出了在不同视角下观察重建生成的三维模型的效果。

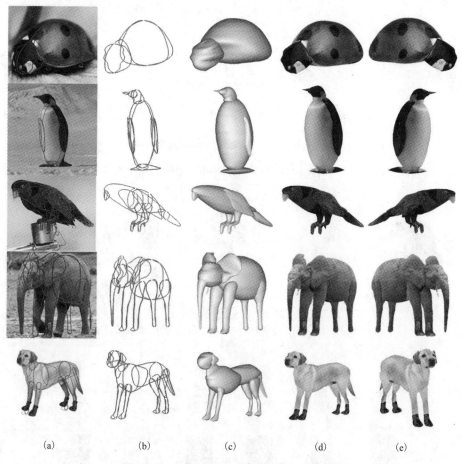

(a)　　　　　(b)　　　　　(c)　　　　　(d)　　　　　(e)

图 6-20　真实场景中动物模型的三维重建

　　然而，本节方法的重建效果需要在用户选择的合适视角下完成，通常要求物体对称面与画板绘制平面避免接近平行或垂直。当选择较为特殊视角重建三维模型时，方法对于用户描绘的一般曲线形状较为敏感，从而可能会导致生成的三维模型出现较严重的扭曲。图 6-23(b)，(c)的两个重建效果分别是在物体对称面与绘制平面夹角等于 15° 和 10° 时得到的；图 6-23(d)为物体对称面与绘制平面成 45° 时重建的模型侧视图，生成的三维模型(图 6-23(e)，(f))相对更为理想。

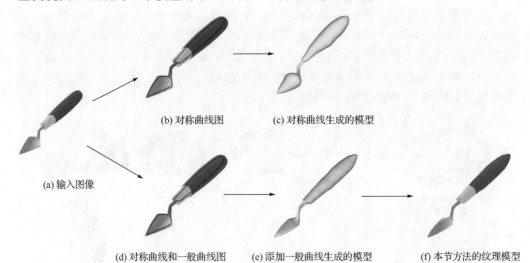

(a) 输入图像

(b) 对称曲线图　　　(c) 对称曲线生成的模型

(d) 对称曲线和一般曲线图　　(e) 添加一般曲线生成的模型　　(f) 本节方法的纹理模型

图 6-21　Cordier 等(2011)方法和本节方法的重建效果比较

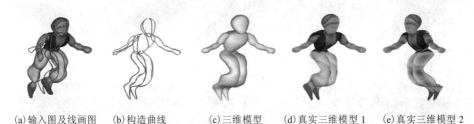

(a) 输入图及线画图　　(b) 构造曲线　　(c) 三维模型　　(d) 真实三维模型 1　　(e) 真实三维模型 2

图 6-22　本节方法与 Levi 等(2013)方法相比较的优势

(a)　　　(b)　　　(c)　　　(d)　　　(e)　　　(f)

图 6-23　三维重建失败的例子

6.3　基于圆锥代理的单幅花朵图像编辑

随着现代科技的不断进步，人们获取图像的途径变得多样化，由传统的胶卷式相机拍摄到随身携带的智能手机拍摄，大大丰富了人们的文化生活，更提高了生活的品质和情趣。然而，这些拍摄得到的图像往往只能反映现实物体某个特定视角下的形态和结构。为了能够更好地保留和拓展图像，研究人员设计出各种编辑处理图像的软件，包括功能强大的 Photoshop 以及近期流行的"美图秀秀"等。尽管这些图像编辑处理软件在一定程度上能满足用户简单的图像编辑需要，但是由于这种方式的编辑范围仅局限于二维形态的简单编辑，难以实现图像的智能编辑，如旋转图像中待编辑对象、编辑图像中被遮挡部分等，因此，传统方法的可编辑内容和编辑方式具有局限性。为了克服这些缺点，本节通过对单幅输入图像中的物体结构进行三维建模，并采用编辑三维模型的手段改变图像中物体的形态，再将三维模型投影到二维图像上，从而实现一种针对图像的新颖编辑方式。利用该方法编辑图像可以在很大程度上改变图像中物体的形态，扩大编辑内容的范围，从而实现真正意义上的图像智能编辑。

本节利用花朵三维建模的手段实现单幅花朵图像的智能编辑。在花朵的三维建模中，通常需要考虑其生物的结构特性，即花瓣、雄蕊、雌蕊、花萼等之间的结构关系。常见的花朵建模方法采用过程式建模。Ijiri 等(2005)将花朵的结构编辑与几何编辑进行区分，将其分别对应于花序建模和花卉表建模，并采用从下而上的建模方式生成结构复杂的花朵模型。结合交互式手绘，Ijiri 等(2006)提出一种由图像引导的花朵建模系统，该系统采用从上到下的建模方法，即在概念设计过程中根据输入的图像将花朵整体结构确定下来，并在建模过程中根据输入图像中的花朵结构来引导各部分的手绘建模。Ding 等(2008)在 Ijiri 等(2005，2006)的基础上，将单个花朵的建模和花序的建模分别对应到结构建模和几何建模步骤中，同时采用自由式手绘曲线创建和编辑三维几何元素，并允许用户主动地设置结构表中花朵元素的参数，最后经过合并各部分生成完整的三维花朵模型。Owens 等(2016)提出一种基于花序结构的花朵建模方法，首先考虑单个花朵的建模，采用过程式建模方法实现花瓣、花序及分支结构的三维建模；然后利用基于位置的动态检测算法处理花瓣在花序上的生长碰撞，从而创建密集花簇，最终完成单个花朵及密集花簇的三维建模和生长模拟。基于花朵的生物学机理，宋成芳等(2007)通过分析花朵各器官的结构特征，计算并提取花朵的生长参数；然后采用交互编辑方式实现花朵的三维建模，并模拟了花开花合的过程。这些过程式建模方法通常比较复杂，花朵建模往往耗时较长，建模效率低。

除了上述过程式的花朵建模方法，研究者还提出了基于模板的花朵建模方法

(Quan et al., 2006; Bradley et al., 2013; Zhang et al., 2014)和基于单幅图像的花朵建模方法(Tan et al., 2007, 2008; Yan et al., 2014)。在基于模板的花朵建模方面，Zhang 等(2014)首先针对需要重建的花朵类型，如百合花、三色堇等，构建相应的花瓣模型库；再根据输入图像中处理得到的花朵轮廓将花瓣模型放置到相应位置，从而重建出相应的花朵模型。Quan 等(2006)采用叶片分割和花瓣模板变形拟合密集点云的方法重建花朵模型，与 Zhang 等(2014)方法不同的是，该方法需要捕捉多个视角的花朵图像，并结合多视角图像将变形后的花瓣进行组合，最终生成相应的花朵模型。在此基础上，Bradley 等(2013)通过学习一个统计模型库来拟合各种形状的花瓣，并分析了当遮挡过大时叶片的合成方法。在基于单幅图像的花朵建模方面，Yan 等(2014)利用单幅图像实现花朵的半自动建模，通过拟合花朵生成一个花瓣模板模型，并利用该模板模型对照其他花瓣进行相应变形，实现花朵的三维建模。Tan 等(2007, 2008)根据输入的单幅图像，通过定义植物生长规则创建三维树木分支库来实现花朵和树木的建模。

在图像编辑方面，传统的图像编辑方法主要是针对二维图像的简单编辑。Carroll 等(2010)的方法是用户通过标注输入图像场景中的灭点、灭线等基于投影的约束关系来控制编辑二维图像，该方法在编辑物体时应根据单应性进行变换并使整个映射能够形状保持；然而，这种编辑方式仅局限于图像形式的二维形态编辑。Cheng 等(2010)在对图像中重复结构检测的基础上，提取了图像中具有重复结构的区域，采用拓扑排序来对这些重复结构中的重叠部分进行深度排序，并根据其他相似结构补全被遮挡部分的纹理，最后用户可以对提取出来的重复结构进行统一编辑。Kholgade 等(2014)利用三维模型库的方式，通过输入的单幅图像进行引导式的模型编辑和图像编辑。Zheng 等(2012)采用立方体代理的方式，实现了对家具、建筑物等呈立方体结构的物体图像的编辑。

研究发现，自然界中的大量花朵通常呈现出倒圆锥结构特性(Liang et al., 2011; Endress, 1999)。根据花朵的倒圆锥结构特征，结合花朵三维建模和二维图像处理技术，本节提出一种基于圆锥代理的针对单幅花朵图像的有效的智能编辑方法。该方法不仅提供一种新颖简便的花朵结构三维建模手段，而且提出一种通过三维建模手段实现二维单幅图像的智能编辑目的。实验结果表明，该方法能够对输入图像进行大范围的智能编辑且编辑效果真实、形象，很好地实现了单幅花朵图像的有效编辑。

6.3.1　单幅花朵图像编辑方法流程

自然界中的花朵种类繁多，它们不仅拥有绚丽多彩的颜色，而且大部分花朵在结构上呈现出倒圆锥的结构特性(Liang et al., 2011)，如图 6-24 所示。根据此特性，本节提出一种基于圆锥代理的单幅花朵图像编辑方法，在编辑过程中利用圆锥拟合输入图像的花朵三维结构，并对建模完成的花朵三维模型进行平移、旋转、缩放等交互式编辑，再将编辑好的三维模型投影到二维图像中，最终实现对单幅花朵图像的有效编辑。

图 6-24　花朵的倒圆锥结构

本节算法流程如图 6-25 所示。

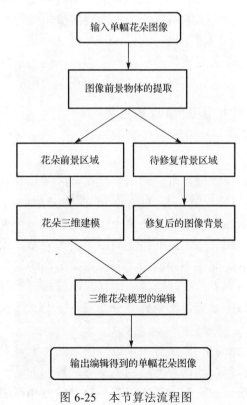

图 6-25　本节算法流程图

　　Step1. 单幅花朵图像的前景提取和背景修复。由于对图像的三维编辑过程中会涉及背景是否完整的问题,因此在通过构建三维模型实现二维图像的编辑中需要对输入图像进行特定的预处理。首先采用基于图论的 GrabCut 图像分割算法(Rother et al.,2004)对输入图像进行花朵前景区域的提取,该算法需要用户在图像上进行一定的标注以确定前景部分和背景部分,并结合提取得到的前景图像和原始输入图像得到图像中需要修复的背景区域;然后采用改进后的基于纹理和结构的 PatchMatch 修复算法(Criminisi et al.,2004),通过搜索替换修补、逐步扩散的方式最终完成花朵图像背景区域的有效修复。

　　Step2. 基于圆锥代理的花朵三维建模。根据输入的单幅花朵图像,用户首先通过手工描绘出花朵花瓣的 2 条边缘曲线,结合正投影特性(Wall,2006)将图像中花朵结构拟合为一个圆锥,并采用圆锥结构特性以及花朵的辐射对称性特点,自动匹配边缘曲线上的对称点并利用镜像对称性(Cordier et al.,2011)直接计算花朵每个花瓣的 2 条边缘曲线上采样顶点的深度信息,从而实现基于圆锥代理的花朵三维建模。

　　Step3. 基于三维模型的单幅花朵图像编辑。首先通过一定的编辑操作对 Step2 生成的三维花朵模型进行不同的编辑变形,主要的编辑操作包括缩放、平移和旋转等;然后将编辑得到的三维模型投影到经 Step1 预处理修复后的背景图像中,用户在编辑投影过程中可以一边观察模型的编辑形态,一边判断模型投影后的图像是否达到用户对图像的编辑需求,最终实现二维单幅花朵图像的有效编辑。

6.3.2　花朵图像的前景提取和背景修复

1. 花朵图像分割

　　针对输入的单幅花朵图像,可以利用前景花朵区域和背景区域在颜色、纹理等特性上的差异性实现图像分割。与 GraphCut 图像分割的原理类似,基于图论的 GrabCut 算法(Rother et al.,2004)是将整个图像看作是一个无向图,图像中的像素点为无向图中的顶点,相邻像素之间用无向图中的边表示,像素之间的差异性为无向图边的权值。与一般无向图不同的是,表示花朵图像的无向图含有 2 个特殊的终端顶点,即源点 S 和终点 T。通过给像素加标签的形式对表示图像像素分类的能量函数进行最小化,即每个像素被正确地划分为前景或者背景区域,从而实现对图像前景区域的提取。

　　在图像分割时,GrabCut 算法对图像边缘像素的处理效果更加有效,且分割出来的前景部分也更加自然。然而,考虑到本节方法输入的是一幅普通花朵图像,其背景往往较为复杂,在标注框的背景中仍有与前景区域相似的花朵像素。为了能够将花朵前景更好地提取出来,在进行图像分割时,我们采用用户标注的方式人工标注出某些像素点作为对应前景区域和背景区域的种子像素点，并将这些标注得到的种子像素点供高斯混合模型进行参数学习，从而更加有效地实现了花朵图像的分割。其具体步骤如下：

Step1. 输入单幅花朵图像，如图 6-26(a)所示；

Step2. 用户在输入图像上标注出花朵方框区域，并在方框区域内进一步标注出前景区域和背景区域的种子像素点，如图 6-26(b)中，蓝色线标注的是背景像素点，红色线标注的是前景像素点；

Step3. 执行 GrabCut 算法，一边进行图像分割一边迭代，使得高斯混合模型的参数学习达到最优，最终得到如图 6-26(c)所示的分割效果。

(a)输入图　　　　　　　　(b)用户标注　　　　　　　　(c)分割结果

图 6-26　GrabCut 图像分割

2. 图像背景修复

采用 GrabCut 算法(Rother et al.，2004)完成花朵前景区域提取后，需要利用分割后得到的图像背景区域确定需要进行的修复像素点集合，并利用 PatchMatch 算法(Criminisi et al.，2004)对图像背景区域进行有效修复。PatchMatch 算法是利用 Offset 偏移量实现在目标区域中搜索匹配块，并利用匹配块修复背景区域的方法，其主要思路是利用待修复区域样本块之间的偏移量与对应已知区域的像素块之间的偏移量相同的特点实现图像背景区域的修复。如图 6-27 所示，图中的黑色区域表示提取图像前景后需要修复的图像背景区域，在计算待修复背景区域的边缘置信度后，生成以像素 A 和像素 B 为中心的样本块；在搜索已知区域中对应匹配像素块时， PatchMatch 算法根据图像的局部相关性，采用最近邻搜索方式(Approximate Nearest Neighbors，ANN)进行查找，也就是对于样本块 A 的匹配块是像素块 C 的情况下，与 A 相邻的样本块 B 的匹配块是与 C 相邻的像素块 D 的可能性就非常大，即相对偏移量一致。

(a)花朵原图　　　　　　(b)修复原理

图 6-27　PatchMatch 图像修复原理

本节利用 PatchMatch 算法实现图像背景区域修复，步骤如下：

Step1. 输入原图和经分割后的前景图像，通过前景图像确定在原图中需要修复的背景区域；

Step2. 使用 PatchMatch 算法进行初始化、ANN 搜索匹配样本块、利用已知的匹配像素块修复背景区域中待修复样本块等步骤，完成对图像待修复区域的修复；

Step3. 输出修复结果。

图 6-28 所示为图像修复的若干效果，其中图 6-28(b) 所示为提取花朵前景后经修复得到的背景图像。可以看出，第 1 列中，月见草花的修复结果，在修复过程中将背景中的红色区域完整地填充到待修复的前景区域且结构形态保持较好，图像背景区域的修复结果较理想；第 2 列中，秃疮花的背景稍复杂，但是从整体的修复效果来看，能够达到用户的需求；第 3 列的韭兰花图像中，虽然花朵前景图像区域较大，但背景较为简单，修复效果较好。

(a)输入原图

(b)修复结果

图 6-28　图像背景区域修复

6.3.3　基于圆锥代理的花朵三维建模

1. 花朵结构圆锥拟合

传统的花朵建模方法往往需要用户大量的手工交互，一边手绘花朵曲线一边生成对应的花朵结构，如 Ijiri 等（2005，2006）的建模方式。这种方式虽然能够产生比较完整的花朵模型，但是相对来说建模时间长且增加用户的建模负担，对于一些非专业人士来说入手慢、建模体验相对较差。根据大量花朵呈现出的倒圆锥结构特性，这里采用基于圆锥代理的花朵三维建模，采用花瓣结构表征花朵的方法，忽略花朵其他结构对整个花朵的影响。事实也证明，仅仅通过花瓣便能形象地表现整个花朵的结构和形态。这种建模思想不仅减少了用户交互，在建模效果上也具有较好的表现。针对输入的单幅花朵图像，本节方法在进行圆锥拟合时，需要进行少量人工交互来标定拟合圆锥的关键点。如图 6-29（a）所示，图中白色点为圆锥拟合中的关键点，$P_1, P_2, P_3, P_4, P_5, P_6$ 是边缘关键点，点 O 是中心关键点。为了得到这些关键点的二维坐标；在使用交互方式获得这些点的信息时，用户手绘出每个花瓣的 2 条边缘曲线，系统自动地保存手绘曲线上的采样点。如图 6-29（b）所示，花瓣上的点为边缘曲线采样点经插值生成 B 样条曲线，并通过对 B 样条曲线重采样得到的点。每个花

(a) 关键点的位置　　　　　　　　　　(b) 关键点的确定

(c) 圆锥拟合　　　　　　　　　　(d) 圆锥母线的确定

图 6-29　花朵结构的圆锥拟合

瓣顶端的白色方框里的点即为花瓣曲线的起始点，圆锥拟合的边缘关键点则取为这 2 点的中心点。花朵中心椭圆中的点为 6 个花瓣的 12 条边缘曲线终点，圆锥拟合的中心关键点取为这些终点的中心。需要说明的是，为了更形象地展示拟合圆锥的关键点确定方式，本节方法在重采样时将每条曲线的采样点个数设置为 10，而在一般建模时这些点远远不够，采样点数目较少会使得建模效果差。实验中，花朵结构三维建模使用的采样点数取为 150。

在确定了拟合圆锥的上述关键点后，根据正投影原理（Wall，2006），由边缘关键点 $P_1, P_2, P_3, P_4, P_5, P_6$ 的二维坐标，通过最小二乘法原理拟合成一个平面椭圆，即三维圆锥的底面圆正投影到二维 XOY 平面上的投影，如图 6-29（c）中的椭圆区域，O_1 点为平面椭圆的圆心，也就是圆锥底面圆心 O_2 的投影点。白色的三维圆锥所示即为拟合结果，中心关键点 O 为圆锥的顶点，AB 为圆锥底面圆的直径。由正投影性质可知，A 的投影点 C，B 的投影点 D、点 A 和点 B 组成的四边形 $ABDC$ 是一个平面，且该平面过 O_1 和 O_2 点。因此，为了能够确定拟合圆锥的母线 O_2O 长度，我们在平面 $ABDC$ 上进行分析，图 6-29（d）所示为平面 $ABDC$ 的三维立体图，在该平面上已知 $\triangle ABE \sim \triangle OO_2O_1$，从而可以计算得到母线 R 和倾斜角 θ，分别为：

$$\frac{R}{r} = \frac{\|AB\|}{\sqrt{\|AB\|^2 - \|BE\|^2}}$$

$$\theta = \arccos\left(\frac{r}{R}\right)$$

利用正投影原理（Wall，2006），AB 即为拟合平面椭圆的长轴，BE 为短轴长。

2. 花朵模型的三维重建

利用上述方法实现花朵结构的圆锥拟合后，接下来需要由圆锥的结构特性完成花朵的三维建模。从基本的圆锥结构可知，圆锥母线与底面圆边缘上的任意一点连接组成的三角形都是全等的，而在三维情形下每个三角形的平面法向量是不同的。从这个角度出发，本节方法首先记录每个花瓣的关键点与圆锥母线组成的平面，将该平面看作是对应花瓣的对称面；然后计算得到每个对称平面的法向量；最后结合每个花瓣的对称面法向量和用户交互手绘曲线，并利用对称性建模方法实现花朵的三维建模。

下面给出计算花瓣对称面法向量（以 6 个花瓣花朵为例）的算法。

算法 6-1　花瓣对称面法向量的计算
输入：已完成圆锥拟合的花朵图像，包括已知的花瓣边缘顶点 $P_1, P_2, P_3, P_4, P_5, P_6$ 和花朵的中心点 O。

输出：花朵每个花瓣的对称面法向量 n_i。

Step1. 按照用户手绘的顺序依次遍历每个花瓣 P_i，如果 $i > 6$，则算法结束；否则，执行下一步。

Step2. 如图 6-30(a) 所示，对于当前花瓣 P_i，其对称面 OO_2P_i 中存在关系 $OO_2 \perp P_iO_2$，即 $OO_2 \cdot P_iO_2 = 0$。而根据投影得知 $O_{2,z} - O_z$ 值为 $\sqrt{oo_2^2 - oo_1^2}$，从而得到

$$O_{2,z} - P_{i,z} = -[(O_{2,x} - O_x) \cdot (O_{2,x} - P_{i,x}) + (O_{2,y} - O_y) \cdot (O_{2,y} - P_{i,y})]/(O_{2,z} - O_z)$$

Step3. 设花瓣 P_i 的对称面法向量 n_i，则 $n_i \perp OO_2$，$n_i \perp P_iO_2$，即

$$n_i = P_iO_2 \times OO_2 = \begin{vmatrix} i & j & k \\ (O_{2,x} - P_{i,x}) & (O_{2,y} - P_{i,y}) & (O_{2,z} - P_{i,z}) \\ (O_{2,x} - O_x) & (O_{2,y} - O_y) & (O_{2,z} - O_z) \end{vmatrix}$$

利用 Step2 得到的 $O_{2,z} - P_{i,z}$ 计算花瓣对称面法向量 n_i。

Step4. 重复执行 Step2 和 Step3，直至求出每个花瓣的对称面法向量。

需要说明的是，系统已经自动保存了用户手绘时的每个花瓣的关键点以及采样点，对于正投影来说，由于这里直接将手绘平面即图像平面看作是 XOY 平面，因此对于图像的每个点的 x，y 坐标均是已知的。在计算花瓣对称面时，涉及的坐标 $O_x, O_y, O_{2,x}, O_{2,y}$ 以及坐标 $P_{i,x}, P_{i,y}$ 都是已知量。根据算法 6-1 计算得到每个花瓣的对称面法向量后，结合用户之前手绘时保存的花瓣边缘曲线的重采样对称点，利用镜像对称性特点计算每对采样对称点的 z 坐标信息，从而生成对应的边缘构造曲线。在利用对称性实现物体三维建模中，Miao 等(2015)提出一种利用对称性计算手绘线条深度信息的方法，从而重建生成三维对称自由形体。本节方法以 6 个花瓣花朵为例，沿用该方法计算每对采样对称点的 z 坐标信息并生成对应的边缘构造曲线。

算法 6-2　花瓣边缘构造曲线的生成

输入：花朵每个花瓣对应的对称面法向量 n_i 以及边缘对称采样点 $p_{j,1}$ 和 $p_{j,2}$。

输出：花朵每个花瓣 2 条三维边缘构造曲线。

Step1. 遍历花瓣 P_i，若 $i > 6$，则算法结束；否则执行下一步。

Step2. 依次读取花瓣 P_i 上 2 条边缘曲线的对称点 $p_{j,1}$ 和 $p_{j,2}$，利用算法 6-1 中求得的花瓣 P_i 的对称面法向量 n_i，根据对称性求得 $p_{j,1}$ 和 $p_{j,2}$ 的 z 坐标值分别为

$$p_{j,1,z} = -\frac{1}{2}\left[\frac{(p_{j,2,x} + p_{j,1,x}) \cdot n_{i,x}}{n_{i,z}} + \frac{(p_{j,2,y} + p_{j,1,y}) \cdot n_{i,y}}{n_{i,z}} + \frac{(p_{j,2,x} - p_{j,1,x}) \cdot n_{i,z}}{n_{i,x}}\right]$$

$$p_{j,2,z} = -\frac{1}{2}\left[\frac{(p_{j,2,x} + p_{j,1,x}) \cdot n_{i,x}}{n_{i,z}} + \frac{(p_{j,2,y} + p_{j,1,y}) \cdot n_{i,y}}{n_{i,z}} - \frac{(p_{j,2,x} - p_{j,1,x}) \cdot n_{i,z}}{n_{i,x}}\right]$$

Step3. 遍历花瓣 P_i 下一组对称点，直至计算得到该花瓣上的所有对称点的 z 坐标信息为止。

Step4. 继续遍历下一个花瓣，转 Step1，计算花瓣上对称点的 z 坐标信息，直至计算得到所有
　　　花瓣上对称点的 z 坐标信息为止。

　　图 6-30 所示为花朵 6 个花瓣的对称面和相应花瓣的对称点。图 6-30(b) 给出一个花瓣的 2 条边缘曲线上的对称采样点 $\boldsymbol{p}_{j,1}$ 和 $\boldsymbol{p}_{j,2}$，利用求出的该花瓣对应对称面法向量和 2 对称点的 x 和 y 坐标，由镜像对称原理，可以计算得到对应的 z 坐标值，进而遍历所有的采样点，生成花瓣的边缘构造曲线。

(a) 花朵的对称面　　　　　　　　　　(b) 花瓣对称点的计算

图 6-30　花朵模型的生成

　　本节算法根据计算得到的每个花瓣边缘对称点深度信息，恢复得到各个花瓣边缘对称点的三维坐标。然后通过在每对边缘对称点之间均匀插值插入网格点，生成花瓣的三角形网格模型，最终完成花朵的三维建模。从算法运行时间上考虑，与传统的基于过程式的花朵建模方法相比，本节方法由于减少了大量的人工交互，结合花朵对称性特点可以直接计算花瓣边缘的深度信息，建模效率较高，平均建模耗时小于 5 min。图 6-31 所示为 6 个花瓣的白色韭兰花、5 个花瓣的琴叶珊瑚花和 6 个花瓣的葱兰花的三维建模结果。从建模结果侧面图 (如图 6-31(d) 所示) 可以看出，基于圆锥代理的花朵建模生成的模型一般呈现出明显的圆锥结构，且模型正视图 (如图 6-31(c) 所示) 效果较好，交互工作量较少。与 Yan 等 (2014) 的建模方法相比 (如图 6-32 所示)，本节方法利用圆锥结构拟合确定花朵各花瓣的对称面信息，并利用花瓣对称性特点直接计算其边缘曲线深度信息以重建三维模型。本节方法计算量较小，建模便捷，能够构建具有较强真实感的花朵模型；Yan 等 (2014) 则利用圆锥直接拟合得到花朵本身整体的结构，在建模时结合所有花瓣拟合生成一个花瓣模板，并利用该花瓣模板去变形匹配每个花瓣，该方法计算量较大，建模过程较复杂。

　　(a)输入图　　　(b)花朵三维模型　　(c)模型正视图　　(d)模型侧视图

图 6-31　基于圆锥代理的花朵三维建模(见彩图)

　　(a)输入图像　　　　(b)Yan 等(2014)方法　　　(c)本节方法

图 6-32　2 种方法的比较

6.3.4　基于三维模型的单幅花朵图像编辑

　　在完成了花朵图像的前景提取及背景修复和基于圆锥代理的花朵三维建模后，接下来需要根据用户需求将三维花朵模型在背景图像中进行相应的变形，从而实现对单幅图像的智能编辑。用户按照其需求对三维花朵模型进行某些特定的编辑操作，主要包括缩放、平移和旋转等，也可以在一张背景图像中额外添加其他的花朵模型等。在完成这些特定编辑操作后，本节方法以一定的视角将三维模型投影到背景图像中得到编辑完成的花朵图像。如图 6-33 所示的单幅花朵图像编辑中，通过对输入图像分别进行前景提取、背景修复和花朵建模等步骤，可以得到图像中的花朵三维模型和修复好的背景图像，用户在背景图像中编辑三维模型并以一定的视角进行投影，得到编辑后的花朵图像。对图 6-33(a)进行图像分割和图像修复后，得到如图 6-33(b)所示的背景图；然后对花朵进行三维建模，得到如图 6-33(c)所示的三维模型；再将单个花朵模型放置在如图 6-33(b)的背景图上进行缩放、平移、旋转等操作，最终得到如图 6-33(d)所示的编辑效果。为了进一步增加编辑效果，可以采用载入模型的方式，在背景图上编辑多个花朵模型进行复合式的图像编辑，如图 6-33(e)所示，使得编辑得到的花朵图像更加生动、逼真。

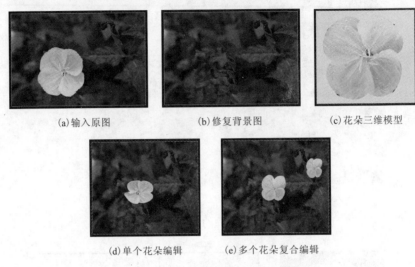

(a)输入原图　　　　　　　(b)修复背景图　　　　　　　(c)花朵三维模型

(d)单个花朵编辑　　　　　(e)多个花朵复合编辑

图 6-33　图像修复和编辑

6.3.5　实验结果与讨论

本节提出的单幅花朵图像编辑方法已经在 3.40 GHz Intel(R)Core(TM)的 PC 机上编程实现，并利用 OpenCV 2.4.10 实现图像的分割及修复预处理，利用 Microsoft Visual studio 2005 平台搭载 OSG 实现三维模型的建模和渲染。用户输入的单幅花朵图像先进行前景提取和背景修复等预处理，再基于圆锥拟合重建花朵三维模型，同时将预处理后得到的背景图像作为输入图像载入编辑平台，并在平台上对花朵三维模型进行编辑，最终实现单幅花朵图像的有效编辑。

为了验证本节图像编辑方法的有效性，根据对花朵图像编辑的需求对用户进行相应指导，用户对输入的花朵图像进行图像处理和三维建模后，在编辑时均能得到满足用户需求的花朵图像，并且还能够以开放性思维对图像进行交叉编辑，更能获得意想不到的生动图像。花朵编辑过程中以能达到用户的编辑需求为目的，对花朵三维模型的编辑操作将不受时间的限制。图 6-34 和图 6-35 所示为 2 位用户编辑的花朵图像的效果。本节方法中，用户在进行图像分割和模型重建过程中需要少量的简单交互，实验中发现，即使 2 位用户没有图形学相关专业知识，花朵建模和花朵编辑的整个过程一般也能控制在 8 min 以内完成，并且其主要时间花费在编辑时目标图像的设计上；同时，用户在整个过程中都认为编辑过程简单且有意义。图 6-34(a)~(c)所示为含 4 个花瓣的秃疮花图像编辑效果，在编辑过程中，利用本节方法通过旋转操作可以将秃疮花编辑成为向右侧开的图像,如图 6-34(b)所示;为了用更多的花朵来修饰图像,用户可以载入 2 个花朵模型,在背景图像上对较远的花朵进行缩小、平移、旋转操作,并对近景的花朵进行平移、旋转操作,得到如图 6-34(c)所示的编辑效果。可以看出,对于较远的花朵,用户在编辑时缩小了花朵模型的大小,这样更符合视觉真实性,编辑得到的花朵图像更加逼真、生动。此外,在相同图像背景中也可以添加其他不同的花朵模型,图 6-34(d)为输入的含 6 个花瓣的韭兰花原图,通过本节方法建模可生成相应的韭兰花模型,图 6-34(e)为添加了单个白色韭兰花的图像编辑结果,可以看出,相同的背景设计添加不同的花朵模型后,能够得到完全新颖的且视觉效果良好的花朵图像。在此基础上,用户可以添加多个韭兰花模型在该背景图像上,如图 6-34(f)所示,用户通过简单的模型编辑能够得到效果卓然的花朵图像,这种编辑方法可以大大丰富花朵图像库的构建方式,为其他应用做准备。

(a)秃疮花原图　　　　　　(b)单个秃疮花的编辑　　　　　　(c)多个秃疮花的编辑

(d)韭兰花原图　　　　　　(e)单个韭兰花的编辑　　　　　　(f)多个韭兰花的编辑

图 6-34　花朵图像的编辑效果

为了展现本节图像编辑方法的高效性和便捷性,图 6-35 为针对近景图像的编辑处理。图 6-35(a)为含 6 个花瓣的葱兰花图像,可以看出,花朵在拍照时距离相机较近,图像中的花朵范围占据的区域较大,在编辑时花朵模型的形状细微变化对编辑效果有较大的影响,此时用户的编辑操作尤为重要;图 6-35(b)中,用户将原本向右侧开的花朵编辑为正视的花朵图像,为了更具有逼真性,编辑过程中用户进行了多次微调,使得花朵的花蕊纹理之间能够贴合;在此基础上载入 2 个花朵模型,同时调整远处的花朵模型大小,以符合用户的视觉真实性和审美标准,从而生成形态逼真的花朵图像,如图 6-35(c)所示;另一方面,在相同的图像背景下添加多个韭兰花和百合花,同样能够获得真实、生动的图像编辑效果,如图 6-35(d)和图 6-35(f)所示为输入的韭兰花和百合花原图,以该图为输入重建相应的花朵三维模型,在同一图像背景上编辑生成相应的花朵图像，如图 6-35(e) 和图 6-35(g) 所示。

　　图 6-36 所示为本节的花朵图像编辑方法与其他 2 种编辑方法的比较。图 6-36(b) 所示为使用 Photoshop CS5 对图像进行图层复制和抠图后形成的图像编辑效果，可以看出，采用 Photoshop CS5 二维编辑时，能够进行的操作只有平移、缩放操作，不能进行旋转操作，编辑形式比较单一，而且所能达到的仅仅是局部范围的编辑。图 6-36(c) 所示为采用 Zheng 等(2012)的编辑方法进行编辑的效果，可以看出，由于该编辑方法采用基于立方体的三维物体建模方式，因此对于建筑、家具等具有较好的编辑效果；但是针对花朵这种结构特殊的物体，在初始标定点的时候就会因为定标点位置确定的不准确而造成建模误差较大，进而使花朵的编辑效果往往达不到用户的要求。图 6-36(d) 和图 6-36(e) 所示为利用本节方法对同一幅图像进行编辑的效果，可以看出，编辑效果更加真实、形象，更好地实现了单幅花朵图像的有效编辑。

(a) 输入原图　　　　(b) 单个花朵的编辑　　　　(c) 多个花朵的编辑

(d) 韭兰花原图　　　　(e) 多个韭兰花的编辑

(f) 百合花原图　　　　(g) 多个百合花的编辑

图 6-35　近景花朵图像的编辑效果

　　然而，本节的单幅图像编辑方法涉及三维建模和图像背景修复，对输入图像有一定的要求。本节方法采用基于圆锥代理的三维建模，要求输入图像中的花朵是倾斜的，即拟合的花朵圆锥呈现一定的倾斜度，否则难以准确重建花朵三维模型；另外，图像背景修复是图像处理中的一个难点，本节要求输入的单幅花朵图像的背景相对简单、结构性并不明显，从而能够利用 PatchMatch 算法（Criminisi et al.，2004）对图像背景区域进行有效修复。

(a) 花朵原图

(b) Photoshop CS5 编辑效果

(c) Zheng 等 (Zheng et al.，2012) 编辑效果

(d) 本节方法编辑效果 1

(e) 本节方法编辑效果 2

图 6-36　花朵图像编辑效果比较

6.4　本章小结

本章介绍了三维形状交互式生成和交互式编辑中的若干问题。首先，本章提出了一个手绘建模系统用于三维对称自由形体的建模生成，该类形体由 2 种类型的部分组成——自对称的部分和相互对称的部分。根据用户少量的笔画，该建模方法能够利用镜像对称特性自动计算不同形状部分的相对深度信息，从而构建三维对称自由形体。其次，基于单幅输入图像，本章提出了一种三维对称自由形体的重建生成方法。该方法以交互手绘方式临摹描绘出输入图像中物体表示的线画图，通过分析用户手绘线画图的对称性特点，重建三维自由形体，并提取输入图像中物体相应部分的颜色纹理信息合成三维模型表面纹理，得到具有较强真实感的重建效果。

基于输入的单幅花朵图像，本章还提出一种基于圆锥代理的图像编辑方法。首先利用 GrabCut 算法对输入的花朵图像进行前景提取，并利用 PatchMatch 算法对背景图像进行修复处理；然后利用提取得到的花朵前景，用户交互描绘出花朵每个花瓣的 2 条边缘曲线，系统根据保存的花瓣关键点拟合一个圆锥，用该圆锥表征花朵结构并计算花朵各花瓣的对称面法向量，利用花瓣对称面直接计算每个花瓣的边缘曲线深度信息，从而重建花朵三维模型；按照用户需求对重建得到的花朵三维模型进行相应的编辑并投影到修复得到的背景图像上，以实现单幅花朵图像的智能编辑。

第 7 章　三维形状的交互式编辑造型

本章在分析三维形状交互式编辑造型的基础上，提出了基于手绘线条的三维模型雕刻方法、基于线画图案的三维模型雕刻方法、模型敏感度驱动的保特征缩放方法。7.1 节在分析三维形状编辑造型的基础上，提出了用户交互方式生成三维模型表面手绘曲线，并实现基于手绘线条的三维模型雕刻方法；基于二维线画图案，7.2节提出了一种基于线画图案的三维模型雕刻方法；针对三维形状的编辑缩放问题，利用模型的显著性度量，7.3 节提出了模型敏感度驱动的三维形状全局缩放和局部缩放方法；最后是本章小结。

7.1　基于手绘线条的三维模型雕刻

随着三维扫描技术的不断发展，网格模型在计算机图形学和几何造型中已逐渐成为一种主流的离散曲面表示方式(Botsch et al.，2007)。为了得到具有真实感效果的三维模型，通常需要在三维模型表面增加纹理或对模型表面进行一些雕刻操作。从纹理生成方法来说，研究者们已经从颜色纹理映射技术(Loop et al.，2005；Jeschke et al.，2009；Halli et al.，2010)发展成为三维模型的实时纹理技术(De Toledo et al.，2008；Wang et al.，2010)。三维模型表面纹理生成丰富了复杂模型的建模内容，比如数字娱乐中的三维艺术作品、工业设计中的汽车模型等，它们可以在建模后期被烙上三维纹理特征来增加其外形美观程度或者提升其艺术品位等。三维模型纹理合成的许多方法通常需要建立纹理图像到模型表面之间的参数化映射(Sander et al.，2001，2003；Levy et al.，2002)，但参数化映射的好坏往往决定了模型纹理合成的效果；而本节提出的方法避开模型参数化这一过程，采用人工交互方式用户可以直接在三维模型上绘制出若干手绘线条，并根据轮廓函数对模型上的手绘曲线附近顶点进行位移，实现了三维模型雕刻效果。

三维复杂模型表面纹理合成技术是计算机图形学的一个重要研究方向，它对于表现复杂模型表面色彩、表面几何质感等起着关键性的作用(Heckbert，1986)。三维模型雕刻是复杂模型表面几何纹理的一种生成方法。Blinn(1978)提出了一种凹凸映射技术，在利用光照明模型计算物体表面光亮度时适当扰动物体表面法向，从而生成复杂物体表面凹凸纹理的真实感绘制效果。Jeschke 等(2009)通过将扩散曲线映射到三维模型表面，结合纹理空间扭曲和动态功能重建，利用扩散曲线生成了三维模型尖锐特征的纹理合成效果。Halli 等(2010)利用 RGBA 纹理图、欧氏距离转换以及距离场梯度，提出了一种基于图像的绘制方法实现了拉伸曲面和旋转曲面的绘制效果。Wang 等(2010)引进了实体纹理的一种紧型随机向量表示方法，利用该表示方法在实体纹理合成过程能够保留模型的尖锐特征和光滑的颜色过渡。顶点位移映射技术[15]通过对三维模型表面顶点位置进行扰动，从而能够增加模型表面的精细细节。为了高效地呈现复杂模型表面丰富的细节特征，Wang 等(2003)提出了一种视点依赖的位移映射方法，该方法能够高效地实现自身阴影和复杂轮廓等物体的高度真实感绘制。不同于图像空间的浮雕生成方法，Zhang 等(2013)提出了一种基于几何压缩的高效快速的浅浮雕生成方法。

　　Frisken 等(2000)提出了一种自适应采样距离域技术，将物体边缘转换为一个带符号的距离场，并将距离存储在四叉树或八叉树结构中实现纹理合成，但该技术中的光滑边缘曲线被限定为二维平面曲线。借助于离散指数映射参数化，Takayama 等(2011)提出了一种复杂模型几何纹理修复和合成的方法，该方法可以将原始模型的部分区域几何纹理特征方便地"拷贝"到目标模型上去。Parilov 等(2008)提出了一种基于特征曲线纹理的法向映射实时绘制技术，通过混合原始模型面片法向和一维纹理轮廓法向得到目标模型面片的合成法向量，并利用合成法向量和轮廓距离函数进行实时绘制。

　　与以往方法不同，本节方法基于用户生成的手绘线条，选取三维模型上与手绘曲线集的距离小于等于特定纹理宽度的顶点，并根据用户选取的轮廓函数计算顶点平移距离以及平移方向，对三维模型上手绘线条附近顶点进行位置平移得到雕刻效果。该方法不需要建立三维模型表面和纹理空间之间的参数化，直接计算定义为采样顶点到手绘线条集距离的轮廓函数来确定平移距离，从而通过改变模型部分顶点的位置来实现三维雕刻效果。

7.1.1　三维模型雕刻方法流程

　　为了实现基于手绘线条的三维模型雕刻，本节方法主要步骤如下：

　　Step 1. 用户交互式绘制模型上若干线条，通过曲线细化确定手绘曲线经过的模型表面边点，将手绘曲线经过的模型三角面片去除，并将去除部分经三角剖分成三角面片之后再插入到原始模型中。

　　Step 2. 计算模型顶点到手绘线条集的距离。

　　Step 3. 根据用户选取的纹理宽度和轮廓函数计算顶点平移距离以及顶点平移方向。

　　Step 4. 根据计算得到的顶点平移距离以及平移方向，对三维模型上手绘线条附近顶点进行平移得到模型的三维雕刻效果。

7.1.2　手绘线条细化和三角面片剖分

1. 手绘曲线的细化及表示

通过交互方式用户绘制手绘线条集时，如何记录绘制的曲线集相关信息成了关键，这些手绘曲线必须尽可能地贴着三维模型表面，后续过程还将对曲线经过的三角面片进行三角剖分，并重新插入新的三角面片到原始模型中去，所以对手绘线条集的细化与表示是三维模型雕刻的关键步骤。

为了使绘制的手绘线条更加贴近曲面，这里将手绘曲线向网格曲面进行投影，并对投影后的点列进行切割细化操作。现依次取相邻的两个投影点，过这两点且平行于两点法矢之和建立一切割平面。如图 7-1 所示，设 A 和 B 两点法向量分别为 N_A 和 N_B，其中如果点在三角面片上则取三角面片面法向作为点法向；如果点在边上则取相邻两个三角面片法向的平均值。现取切割平面的法向量 N 为 $AB \times (N_A + N_B)$ 并单位化，则切割平面方程可以表示为：$(OX - OA) \cdot N = 0$（其中 X 为平面上的任意点，O 为坐标原点）。线段 Q_iQ_j 参数方程可以表示为：$OQ_i + tQ_iQ_j (0 \leq t \leq 1)$。若切割平面与直线 Q_iQ_j 有交点，则可以容易求得交点的参数如下：$t = (OA \cdot N - OQ_i \cdot N)/(Q_iQ_j \cdot N)$；从而若 $t = 0$ 即交于 Q_i；若 $0 < t < 1$ 则交点在边 Q_iQ_j 内部；若 $t = 1$ 则交于 Q_j；若 $t < 0$ 或 $t > 1$ 则不作讨论并继续找切割平面与其他边的交点。这样在点 A 和点 B 之间经过细化后增加了新的边点 C、D、E、F 和 G，如图 7-1 所示。这里只取切割平面与网格边的交点，将得到的交点插入切割边点点列，然后继续进行点 B 和后续点之间的切割细化操作，将得到的交点依次插入到边点点列。图 7-2 中的点列是手绘线条经过投影并切割细化处理后在模型表面生成的切割边点点列。

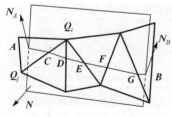

图 7-1　切割细化操作

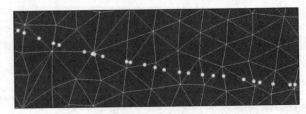

图 7-2　手绘线条上的切割边点点列

最后将模型离散切割边点点列依次连接，得到用户手绘线条的离散表示。同时，由于曲线封闭与否将影响到算法的后续距离计算，为了方便区分手绘曲线的封闭与否，算法中添加了一个标记量 g_i，g_i 为 1 表示第 i 条手绘线条为封闭曲线，否则取值为 0。综上所述，给出了手绘线条的定义如下：$C_i = (V(k_i), g_i)$，其中 $V(k_i)$ 表示组成第 i 条曲线的 k_i 个顶点坐标集合。如果用户绘制的是多条手绘曲线，则可以将用户手绘曲线集信息表示如下：$C(s) = \{C_1, C_2, C_3, \cdots, C_s\}$，其中 s 表示手绘曲线条数。

2. 手绘曲线所经过的面片删除与三角剖分

由于网格模型三维雕刻操作将沿着手绘曲线进行，为了使得经过三维雕刻操作后，网格模型不至于发生断裂，必须将手绘曲线经过的三角面片删除，同时对产生的空洞区域进行三角剖分。

如图 7-3 所示，假设红色的线为用户交互方式下得到的手绘曲线，绿色的点为手绘曲线与三角面片的切割边点点列，而粉红色及暗黄色三角形即为手绘曲线经过的三角面片，也就是需要删除的三角面片。首先，算法定义网格模型所有面片的切割标记，用 U_i $(i=0,1,2,\cdots,n-1)$ 记录三角面片是否被切割过，其中 n 为整个网格模型的总面片数，标记初始置 U_i $(i=0,1,2,\cdots,n-1)$ 均为 0。在手绘曲线切割细化过程中，根据手绘曲线是否经过三角面片做相应处理。如图 7-1 所示手绘曲线上的网格边点点列先后经过 6 个面，则该 6 个面的标记均相应减 1，即 $U_r=U_r-1$（其中 r 为对应 6 个面片的 id 值）。在图 7-3(a)中，粉红色三角面片由于只经过一次手绘曲线，它们的标记值则都是 −1，而白色三角面片标记值都是 0；在图 7-3(b)和图 7-3(c)中，粉红色三角面片标记值都是 −1，黄色三角面片由于经过两次曲线标记值为 −2，这些标记值将用作随后进行的三角剖分操作中。如果 $U_t<0$，则 id 值为 t 的面片需要删除，即图 7-3 所示三种情形中的粉红色和黄色面片都将被删除，并对其区域进行三角剖分后再插入到原始模型中。

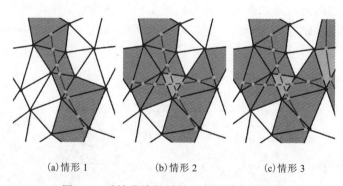

(a)情形 1   (b)情形 2   (c)情形 3

图 7-3 手绘曲线经过的三角面片(见彩图)

对于 $U_t<0$ 的三角面片，利用手绘线条集在三角面片上的切割边点点列分布情况确定手绘线条的删除区域并进行三角剖分。根据图 7-3 中手绘线条经过三角面片的不同情形(只有一个交点的三角形可以直接剖分，这里不作讨论)，考虑到切割边点在一个面片上分布的对称性，可以得到手绘线条集在三角面片上的切割边点点列分布情况如图 7-4 所示，其中情形 4 和情形 5 是两种特殊情况，它们相当于图 7-3(c)中位于右边的黄色面片所示会产生三个切割边点。

根据图 7-4 中手绘线条集在三角面片上的切割边点点列分布情形可以判断手绘

经过该面片的情况，图 7-4(a)是手绘曲线经过一次的情形，图 7-4(b)和图 7-4(c)为手绘曲线经过两次的情形，图 7-4(d)和图 7-4(e)为一个边点恰好为一条手绘曲线端点的情形。根据手绘线条集在三角面片上分布和切割边的可能情况，可以得到如图 7-5 所示的手绘曲线在一个三角面片上的不同分布情形：

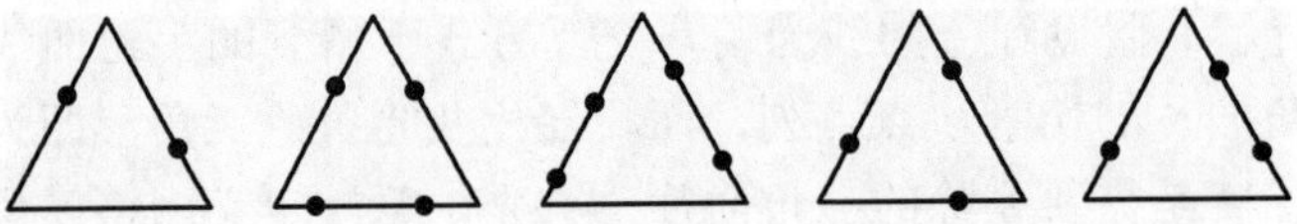

(a) 情形 1　(b) 情形 2　(c) 情形 3　(d) 情形 4　(e) 情形 5

图 7-4　手绘线条在一个三角面片上的切割边点点列分布

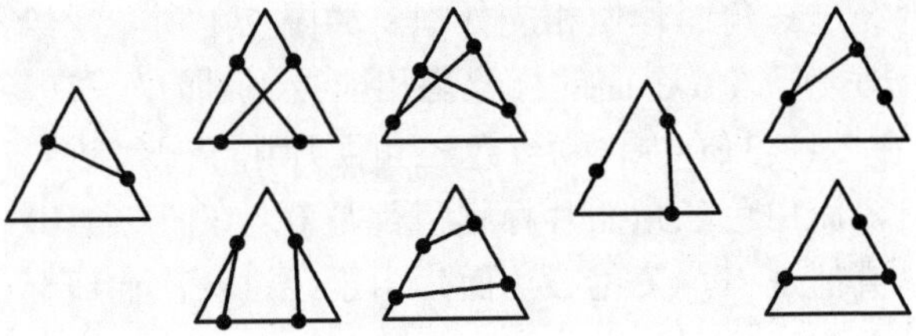

(a) 情形 1　(b) 情形 2　(c) 情形 3　(d) 情形 4　(e) 情形 5

图 7-5　手绘曲线经过一个三角面片的不同情形

相应地，根据手绘曲线在一个三角面片上的不同分布情形，可以得到对手绘曲线经过的三角面片删除后，分别对产生的空洞区域进行三角剖分的不同情形如图 7-6 所示。

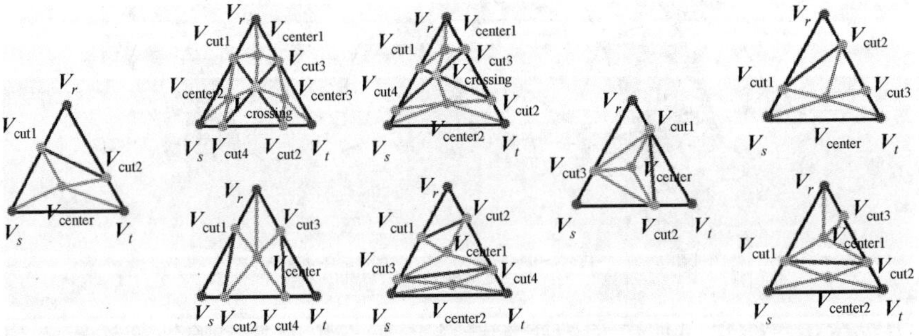

(a) 情形 1　(b) 情形 2　(c) 情形 3　(d) 情形 4　(e) 情形 5

图 7-6　手绘曲线经过的三角面片剖分操作

由于三维模型面片采用三角面片表示，当手绘曲线切割三角面片时，为了使得剖分生成的三角形质量较优，通常取四边形或五边形各顶点的重心点作为新的顶点插入并进行三角剖分。图 7-6(a)中，$\boldsymbol{V}_{\text{cut1}}$、$\boldsymbol{V}_{\text{cut2}}$ 为手绘曲线切割三角面片 $\Delta\boldsymbol{V}_r\boldsymbol{V}_s\boldsymbol{V}_t$ 后得到的交点坐标，$\boldsymbol{V}_{\text{center}}$ 为四边形 $\boldsymbol{V}_s\boldsymbol{V}_t\boldsymbol{V}_{\text{cut2}}\boldsymbol{V}_{\text{cut1}}$ 的重心，则连接 $\boldsymbol{V}_{\text{center}}$ 与四边形的各顶

点，生成 5 个新的剖分三角形，在原始模型中插入 $\Delta V_r V_{cut1} V_{cut2}$、$\Delta V_{center} V_{cut1} V_s$、$\Delta V_{center} V_s V_t$、$\Delta V_{center} V_t V_{cut2}$、$\Delta V_{center} V_{cut2} V_{cut1}$。对于图 7-6(b) 和图 7-6(c) 中上下的两种情形，由于手绘曲线两次经过同一个三角面片时可能相交也可能不相交，对于图 7-6(b) 上面的情形中 $V_{crossing}$ 为交点，$V_{center1}$、$V_{center2}$ 和 $V_{center3}$ 分别为四边形 $V_r V_{cut1} V_{crossing} V_{cut3}$、四边形 $V_s V_{cut4} V_{crossing} V_{cut1}$ 和四边形 $V_t V_{cut3} V_{crossing} V_{cut2}$ 的重心，依次连接重心与四边形顶点，并向原始模型插入所有新剖分成的三角形。同理，对于其他情况都可以类似地进行三角剖分并将剖分三角形插入到原始模型中去。

7.1.3 模型顶点到手绘曲线集的距离计算

为了实现基于手绘线条的三维模型雕刻，模型顶点到手绘曲线集的距离计算是又一个关键问题，它直接影响着随后的轮廓函数计算和三维雕刻效果的生成。计算模型顶点到手绘曲线集的距离可以分解为顶点到线段的距离计算、顶点到单条手绘曲线的距离计算和顶点到手绘曲线集的距离计算等。

1. 顶点到手绘线段的距离计算

对于三维空间的一个点，可以计算它到三维空间某一线段的最近距离。如图 7-7 中，线段 $V_s V_{s+1}$ 为三维空间中的任一线段，P 为空间中任意一点。对于图 7-7(a) 中情形，可以连接边 PV_s 及边 PV_{s+1}，考虑利用 $\Delta PV_s V_{s+1}$ 所在平面去求三角形边 $V_s V_{s+1}$ 上的高得到点 P 到线段的距离；但对于图 7-7(b) 中情形则不然，这里要求的是点 P 到线段的最近距离，点 P 到点 V_s、V_{s+1} 两点所在直线的垂直距离并不是点 P 到线段 $V_s V_{s+1}$ 的真实距离。分析图 7-7(a) 和图 7-7(b) 两种情形，由于图 7-7(a) 中点 P 的投影 P' 正好落在线段内，所以可以用三角形边 $V_s V_{s+1}$ 上的高计算点到线段 $V_s V_{s+1}$ 的距离，此时满足 $\cos \angle PV_s V_{s+1} \geq 0$ 且 $\cos \angle PV_{s+1} V_s \geq 0$。

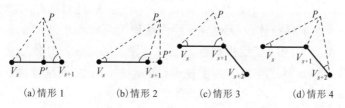

(a) 情形 1   (b) 情形 2   (c) 情形 3   (d) 情形 4

图 7-7 点到线段的距离计算

设点 P'_s 是点 P 在边 $V_s V_{s+1}$ 上的投影点，用 $D(P, V_s, 1)$ 表示点 P 到由点 V_s 及其后继点 V_{s+1} 所组成的线段 $V_s V_{s+1}$ 的最近距离，记 $D(P, V_s)$ 为点 P 到点 V_s 的欧氏距离，$D(P, P'_s)$ 为点 P 到投影点 P'_s 的欧氏距离，则当 $\cos \angle PV_s V_{s+1} \geq 0$ 且 $\cos \angle PV_{s+1} V_s \geq 0$ 成立时，$D(P, P'_s) = D(P, V_s) \sin \angle PV_s V_{s+1}$；否则特别定义 $D(P, P'_s) = \infty$。从而点到手绘线段距离可以计算为：$D(P, V_s, 1) = \min \{ D(P, P'_s), D(P, V_s), D(P, V_{s+1}) \}$。

2. 顶点到单条手绘曲线的距离计算

用户交互生成的手绘曲线可以看成是由多条首尾相连的手绘线段拼接而成。如图 7-7(c)中所示，有：

$$D(\boldsymbol{P},\boldsymbol{V}_s,1) = D(\boldsymbol{P},\boldsymbol{V}_s)\sin\angle\boldsymbol{P}\boldsymbol{V}_s\boldsymbol{V}_{s+1}, \quad D(\boldsymbol{P},\boldsymbol{V}_{s+1},1) = D(\boldsymbol{P},\boldsymbol{V}_{s+1})$$

图 7-7(c) 中点 $\boldsymbol{P}$ 到点 $\boldsymbol{V}_s$、$\boldsymbol{V}_{s+1}$、$\boldsymbol{V}_{s+2}$ 依次组成曲线段的最短距离显然为 $D(\boldsymbol{P},\boldsymbol{V}_s)$ $\sin\angle\boldsymbol{P}\boldsymbol{V}_s\boldsymbol{V}_{s+1}$。图 7-7(d) 中，$D(\boldsymbol{P},\boldsymbol{V}_s,1) = D(\boldsymbol{P},\boldsymbol{V}_{s+1})$，$D(\boldsymbol{P},\boldsymbol{V}_{s+1},1) = D\left(\boldsymbol{P},\boldsymbol{V}_{s+1}\right)$，即点 $\boldsymbol{P}$ 到点 $\boldsymbol{V}_s$、$\boldsymbol{V}_{s+1}$、$\boldsymbol{V}_{s+2}$ 依次组成曲线段的最短距离为 $D(\boldsymbol{P},\boldsymbol{V}_{s+1})$。从而顶点到单条手绘曲线的距离计算可以转化为计算顶点到每条线段距离的最小值，即顶点 $\boldsymbol{P}$ 到曲线 C_i 的最短距离 $D(\boldsymbol{P},C_i)$ 计算为：

$$D(\boldsymbol{P},C_i) = \min_{1\le j\le k_i-1+g_i}\left\{D(\boldsymbol{P},\boldsymbol{V}_j,1)\right\} = \min_{1\le j\le k_i-1+g_i}\{\min\{D(\boldsymbol{P},\boldsymbol{P}_j'),D(\boldsymbol{P},\boldsymbol{V}_j),D(\boldsymbol{P},\boldsymbol{V}_{j+1})\}\}$$

3. 顶点到手绘曲线集的距离计算

利用顶点到单条手绘曲线的距离计算，可以将手绘曲线集看作若干条不连续的曲线组成，算法可以先求出顶点到每条手绘曲线的距离，并取其最小值作为顶点到手绘曲线集的距离，即顶点 $\boldsymbol{P}$ 到手绘曲线集 $C(s)$ 的距离 $D(\boldsymbol{P},C(s))$ 计算为：

$$D(\boldsymbol{P},\mathrm{C}(s)) = \min_{1\le i\le s}\{D(\boldsymbol{P},C_i)\}$$

7.1.4　轮廓函数及顶点平移方向计算

1. 轮廓函数确定

为了得到三维模型的雕刻效果，可以利用定义为模型顶点与手绘曲线集距离的轮廓函数 $H(d)$ 实现模型的不同雕刻操作。假设所要雕刻的轮廓纹理宽度为 W（总宽度为 $2W$），则顶点平移操作仅仅对与手绘曲线集距离 d 不超过 W 的手绘线条附近顶点进行。为了得到不同的三维模型雕刻效果，图 7-8(a)～(d) 分别定义了若干轮廓函数（算法仅取 $d\ge 0$ 部分函数），为了使得经雕刻后的三维模型有良好的光滑性和连贯性，在 $d=W$ 处用户定义的轮廓函数 $H(d)$ 要求具有良好的可导性并满足 $\lim_{d\to W}H'(d)\approx 0$ 且 $H(W)=0$。

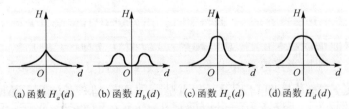

(a) 函数 $H_a(d)$　　(b) 函数 $H_b(d)$　　(c) 函数 $H_c(d)$　　(d) 函数 $H_d(d)$

图 7-8　不同的轮廓函数示例

图 7-8 中对应的轮廓函数分别如下所示：

$$H_a(d) = 2W - \sqrt{(2W)^2 - (W-d)^2}$$

$$H_b(d) = \begin{cases} \dfrac{6d^2}{W} & \left(0 \leq d < \dfrac{W}{6}\right) \\[3mm] \dfrac{W}{6} + \dfrac{W}{6}\sqrt{1-\left(\dfrac{6d}{W}-2\right)^2} & \left(\dfrac{W}{6} \leq d < \dfrac{W}{2}\right) \\[3mm] \dfrac{W}{6} - \dfrac{W}{6}\sqrt{1-\dfrac{1}{9}\left(\dfrac{6d}{W}-6\right)^2} & \left(\dfrac{W}{2} \leq d \leq W\right) \end{cases}$$

$$H_c(d) = \begin{cases} \sqrt{\dfrac{W^2}{25}-d^2} + \dfrac{32W}{45} & \left(0 \leq d < \dfrac{W}{5}\right) \\[3mm] \dfrac{4W^2}{50d-5W} - \dfrac{4W}{45} & \left(\dfrac{W}{5} \leq d \leq W\right) \end{cases}$$

$$H_d(d) = \begin{cases} \dfrac{W}{3}\sqrt{1-\left(\dfrac{3d}{W}\right)^2} + \dfrac{2W}{3} & \left(0 \leq d < \dfrac{W}{3}\right) \\[3mm] \dfrac{2W}{3} - \dfrac{W}{3}\sqrt{4-\left(\dfrac{3d}{W}-3\right)^2} & \left(\dfrac{W}{3} \leq d \leq W\right) \end{cases}$$

2. 平移方向计算

在三维模型雕刻过程中，为了使模型雕刻后的效果更加自然，我们采用顶点位移映射方法。对于与手绘曲线集距离不超过给定纹理宽度的原始模型顶点 P 就取其顶点法向 N_P 作为平移方向；对于切割边上新生成的顶点以及剖分过程中新插入的顶点则利用周围邻接三角面片的法向进行面积加权平均计算平移方向如下：

$$N_P = \sum_{j=1}^{m} A_j \boldsymbol{n}_j \left/ \left\| \sum_{j=1}^{m} A_j \boldsymbol{n}_j \right\| \right.$$

其中，A_j 表示与新增顶点相邻的三角形面 T_j 的面积；$\boldsymbol{n}_j$ 为面片 T_j 的法向；m 为新增顶点的邻接面数目。

7.1.5　三维模型雕刻操作

在对与手绘曲线集距离不超过给定纹理宽度的模型顶点进行平移操作时，为了方便确定待平移顶点沿着平移方向向外或向内平移，算法定义了纹理凹凸系数 γ 并由用户选择雕刻纹理的凹凸性质，其中 $\gamma=1$ 表示实现模型的凸雕刻，而 $\gamma=-1$ 则表示实现模型的凹雕刻。同时，为了尽量避免模型雕刻过程中将手绘线条附近顶点沿其平移方向平移时产生不同程度的自交现象，引入了参数 μ 来调节位移距离。具体地说，对于与手绘曲线集距离不超过给定宽度 W 的模型顶点 $\boldsymbol{P}$，进行如下平移操作：

$$\boldsymbol{OP}' = \boldsymbol{OP} + \gamma\mu H(D(\boldsymbol{P}, C(s))) \cdot \boldsymbol{N_P}$$

其中，$\boldsymbol{O}$ 为坐标原点；点 $\boldsymbol{P}'$ 为点 $\boldsymbol{P}$ 经平移操作后的顶点位置；γ 为纹理凹凸系数；μ 为位移调节系数；$H(\cdot)$ 为轮廓函数；$D(\boldsymbol{P}, C(s))$ 为顶点 $\boldsymbol{P}$ 到用户绘制的手绘曲线集 $C(s)$ 的距离；$\boldsymbol{N_P}$ 为顶点平移方向。

7.1.6　实验结果与讨论

本节算法已经在 Microsoft Visual Studio 2005 开发环境下实现，程序的运行环境为 Intel Core 2 Duo E7500，2.93 GHz CPU，2GB 内存。

图 7-9(a) 为用户在三维模型上绘制的"福"字的手绘曲线集，用户分别选择不同轮廓函数进行模型雕刻且均选择为凸雕刻，可以得到图 7-9 中不同三维雕刻效果，其中 W 均取为 10，位移调节系数 μ 均取为 1.0。图 7-9(b)～(e) 分别为在相应轮廓函数 $H_a(d)$、$H_b(d)$、$H_c(d)$、$H_d(d)$ 下的不同雕刻效果，图中第一行均为正面视图效果，第二行均为偏左方向的视图效果，第三行均为右下侧的视图效果。图 7-9(b) 利用了比较尖锐的轮廓函数进行雕刻，可以从侧视图中的光照明暗变化清晰地看到雕刻纹理的轮廓；图 7-9(c) 利用了双峰轮廓函数进行雕刻，可以看到轮廓边缘的两侧凸起而轮廓中间则是下凹的。图 7-9(d) 中采用的轮廓函数中间凸起部分用半圆弧定义，并与反比例函数拼接达到光滑性要求；图 7-9(e) 中采用的轮廓函数中间凸起部分也用半圆弧，并将其与四分之一圆弧拼接来实现。在同等宽度 W 的条件下，图 7-9(e) 中采用的轮廓函数增加了上半部半圆弧在整个函数中的分量，雕刻效果中

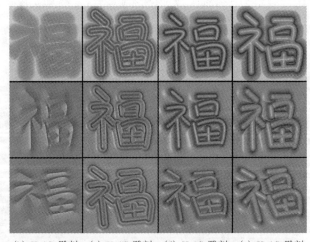

(a)　　　(b) $H_a(d)$ 雕刻　(c) $H_b(d)$ 雕刻　(d) $H_c(d)$ 雕刻　(e) $H_d(d)$ 雕刻

图 7-9　利用不同轮廓函数生成的不同雕刻效果

笔画凸出部分比较浑厚；而图 7-9(d)的雕刻效果中笔画凸出部分却相对较窄。需指出的是，三维雕刻结果中的暗色部分是由于轮廓函数的末端函数值收敛至零所致，虽然函数 $H_a(d)$、$H_b(d)$、$H_d(d)$ 均满足连续光滑性要求且在 $d=W$ 处导数均为零，与周围区域达到了一种很好的过渡，但处理顶点平移操作时仅仅修改顶点位置，而对于网格曲面来说也就是修改离散顶点集的位置，在特定光照下过渡区域看起来会比周围略暗。这并不影响整体的三维雕刻效果，从图 7-9 第二行中的左视图及图 7-9 第三行中的右下视图中可以清晰地看到不同雕刻效果中雕刻纹理周围过渡区域的连贯性与平滑性。

图 7-10 为利用不同的手绘线条集生成的模型不同雕刻效果，其中位移调节系数 μ 均取为 1.0。图中第一行为左视图，第二行为下视图，其中图 7-10(a)的轮廓函数为 $H_a(d)$，图 7-10(b)的轮廓函数为 $H_d(d)$，图 7-10(c)的轮廓函数为 $H_c(d)$。

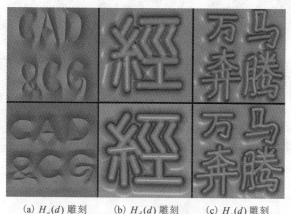

(a) $H_a(d)$ 雕刻　　　(b) $H_d(d)$ 雕刻　　　(c) $H_c(d)$ 雕刻

图 7-10　利用不同手绘线条集生成的不同雕刻效果

图 7-11 为将本节提出的模型雕刻方法与 Parilov 等(2008)雕刻方法的比较。图 7-11(a)为利用 Parilov 等(2008)基于改变法向纹理雕刻的结果；图 7-11(b)为利用本节提出的通过修改顶点位置实现模型雕刻的效果，其中利用轮廓函数 $H_c(d)$ 进行雕刻，位移调节系数 μ 取为 1.0。从图 7-11(b)中可以明显看出，通过本节提出的改变顶点位置的雕刻方法能清晰地展示雕刻的三维效果。

图 7-12 为利用本节方法对不同模型进行三维雕刻的效果，其中位移调节系数 μ 均取为 0.5。图 7-12 中第一行均为原始模型，第二行为不同模型的三维雕刻效果。图 7-12(a)是对 Maneki-Neko 模型进行雕刻，将"财"字纹理雕刻到招财猫背部的效果；图 7-12(b)是对 Buddha 模型雕刻佛教标志左旋"卍"符号于胸前，并将"CAD CG"字样雕刻于肚子上的效果；图 7-12(c)是对 Buste 模型脖子雕刻上项链和胸挂十字架后的效果。

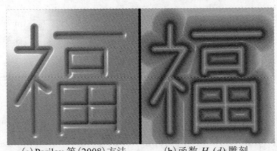

(a) Parilov 等 (2008) 方法　　　　(b) 函数 $H_c(d)$ 雕刻

图 7-11　与 Parilov 等 (2008) 的雕刻效果比较

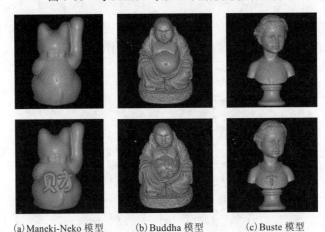

(a) Maneki-Neko 模型　　　(b) Buddha 模型　　　(c) Buste 模型

图 7-12　不同模型的三维雕刻效果

　　表 7-1 列出了实现本节部分三维雕刻效果的模型相关数据及雕刻所需时间的统计，从中可以看出模型雕刻时间一般会随着手绘曲线集附近的平移顶点数目及手绘线条经过的剖分面片数目的增加而增加。这是由于在该方法中，一方面需要计算顶点到曲线集的距离及切割边点平移方向，故手绘曲线集邻域内顶点数目及曲线集线段数目会影响雕刻的速度；另一方面，对于需要重新剖分的三角面片越多，则面片三角剖分并重新插入面片到原始模型的时间会有所增加。实验结果表明，本节提出的基于用户手绘线条的雕刻方法可以在用户交互方式下方便高效地实现三维雕刻，达到了较好的雕刻效果。

表 7-1　模型相关数据及雕刻时间统计

模型	图 7-9(e) 模型	图 7-10(a) 模型	图 7-10(b) 模型	图 7-11 模型	图 7-12(a) 模型	图 7-12(b) 模型	图 7-12(c) 模型
删除及剖分面片数量	1200	1281	1282	1462	1246	1158	757
曲线集的线段数量	1187	1271	1267	1449	1239	1147	754
待平移的顶点数量	20948	21420	21551	22809	38078	27181	14523
雕刻所需平均时间/s	4.323	4.486	4.550	4.980	7.922	6.772	2.079

7.2 基于线画图案的三维模型雕刻

三维网格模型是计算机图形学、数字几何处理和计算机辅助设计等领域的表达三维物体外形的基本表达形式，在包括诸如三维计算游戏、影视特效、工业应用等方面有着广泛的应用。一般来说，表征三维数字模型的属性通常包含两方面内容(Botsch et al.，2007)：模型的几何属性(如顶点位置信息和顶点之间的拓扑连接信息)和模型的外观属性(如表面材质属性、几何纹理和颜色纹理信息等)。三维模型的数字雕刻操作作为生成复杂模型的一种造型手段，可以在原有模型基础上通过特定的雕刻方法方便高效地生成具有丰富表面浮雕纹理的复杂模型，从而极大地丰富了三维复杂模型的建模内容，比如一些三维艺术作品、汽车模型、生活用品(桌椅、花瓶、碗)、建筑物的图腾雕刻等；同时对模型表面添加三维特征纹理不仅增加了三维模型的美观性和艺术性，也使得生成的三维模型更具有真实感。基于用户输入的二维线画图案，本节提出了一种三维简单模型表面的高效雕刻方法，将二维线画图案通过特定的参数化映射转为三维雕刻线条后，利用轮廓函数对原始网格模型顶点位置进行平移，实现了三维模型的雕刻效果。该方法通过从二维图像自动获取三维离散雕刻线，方便了用户对于雕刻图案的设计或选取，实现了美观复杂多样的三维雕刻效果。

三维模型表面的纹理合成技术对于增加模型表面色彩、质感等材料属性和几何形状起着关键性的作用，是计算机图形学的一个重要研究方向。一般来说，三维雕刻是指沿着模型表面特定线条对其顶点进行移动以生成表面复杂几何纹理的过程，它是复杂模型表面纹理生成的一种重要方法。Blinn(1978)提出了一种凹凸映射技术，通过对物体表面的法线方向附加一个扰动函数引起景物表面的法向量的扰动，产生凹凸不平的视觉效果。凹凸映射只是扰动表面法向，仍没有改变表面的几何形状，对此 Cook(1984)提出了一种顶点位移映射技术，通过扰动三维模型表面顶点位置，增加模型表面的精细细节。Wang 等(2003)在这基础上提出了一种视点依赖的位移映射方法，能够高效地实现自身阴影和复杂轮廓，呈现了复杂模型表面丰富的细节特征。Oliveira 等(2000)提出了浮雕纹理映射，将基于图像绘制的三维变换技术与传统的二维纹理映射相结合，在平面上实现了用传统的纹理映射方法难以实现的凹凸细节效果。

随着纹理合成技术的发展，研究者们开始广泛关注基于特征的纹理合成。Frisken等(2000)采用自适应距离场将二维或三维物体边缘转换为一个带符号的距离场，并将距离存储在四叉树或八叉树中实现纹理合成，但该技术虽得到了光滑边缘曲线，却丢失了尖锐拐角信息。Takayama 等(2011)利用离散指数映射参数化实现了三维复杂模型表面纹理细节特征的迁移和"拷贝"。Zhou 等(2006)通过对纹理样本进行缝制，利用网格编织技术生成任意表面的复杂几何纹理，从而可以制作出精美的装饰物品。Ramanarayanan 等(2004)提出了基于特征的纹理，边界特征用贝赛尔曲线段表示，每个像素点可以有任意数量的边界交点，得到更高质量的纹理映射。Sen 等(2003)提出的轮廓线映射是一种类似的方法，但是每个像素只能表达有限的边界结构。Jeschke 等(2009)将扩散曲线映射到三维模型表面，通过结合纹理空间变形和特征重建功能生成了高质量的三维模型尖锐特征的纹理合成效果。Parilov 等(2008)提出了一种保持离散特征曲线的距离函数插值方法，将面片法向和一维纹理轮廓法向合成目标模型面片的法向量，并用轮廓距离函数进行实时纹理绘制。缪永伟等(2014)提出了一种快速的三维雕刻方法，通过在三维模型上手绘线条，计算模型上的点到手绘线条集的距离，用雕刻函数计算在纹理宽度内的顶点的平移方向和距离，实现了较好的三维雕刻效果；但是该方法虽然实现了与用户的交互，但由于轮廓线的生成是通过用户指定较多的关键点并拟合出曲线，因此交互工作量大，雕刻线条具体走势不受用户直接控制，用户较难在模型上设计出所需的复杂雕刻效果。为了方便地在简单三维模型表面生成复杂的线画雕刻效果，以线画图案作为输入图，本节方法能够从二维图案自动提取三维离散雕刻线，用户只需设计或选择所需的雕刻图案，便可获得雕刻有输入图案的三维模型。

7.2.1　三维模型雕刻方法流程

基于用户输入的二维线画图案和待雕刻三维网格模型，如图 7-13 所示，本节的模型雕刻方法步骤如下：

Step1. **输入线画图案的预处理**。根据像素点梯度提取用户输入的二维线画图案的线条边缘信息，将线条两侧边缘点沿着梯度方向向中心收缩，提取线条中心线作为雕刻轮廓线进行雕刻处理。

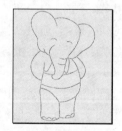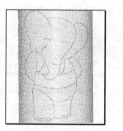

　(a)输入的线画图案　　(b)预处理后的雕刻轮廓线　(c)模型表面的离散雕刻线条　(d)三维模型雕刻效果

图 7-13　三维雕刻算法流程

Step2. **三维模型参数化和离散雕刻线条生成**。对待雕刻的三维模型进行参数化，将二维雕刻轮廓线离散化并借助于参数化映射为三维模型上的离散雕刻线条。对于简单三维模型，如圆柱面、球面等可以利用简单的参数化方法，确定轮廓线离散点的对应三维顶点；对于复杂三维模型，先指定三维模型表面的一局部区域作为雕刻区域，然后对该局部雕刻区域进行参数化，最后将二维雕刻轮廓线映射为三维模型雕刻区域上的离散雕刻线条。其中模型表面的局部雕刻区域可以由用户通过手绘一条雕刻区域中心线，并选择模型表面所有到该中心线的最短距离不超过用户选择的距离阈值的顶点集合来指定。

Step3. 三维模型雕刻操作。计算三维模型上待雕刻顶点到三维雕刻线条的距离，根据用户选取的线条宽度和雕刻函数确定顶点的平移距离，对待雕刻顶点沿法线方向进行平移得到模型的雕刻效果。

7.2.2　输入线画图案的预处理

在雕刻过程中，需要利用用户输入的二维线画图案进行中心线提取并借助于参数化映射到三维模型表面。对于复杂的原始线画图案往往含有大量的像素点，直接利用输入的复杂线画图案进行三维雕刻，往往由于像素点数目过多而导致随后的参数化映射、模型顶点到雕刻线条的距离计算、待雕刻区域顶点的移动等操作比较耗时，因此，作为预处理过程，需要根据输入的复杂线画图案提取出像素点尽可能少的清晰雕刻轮廓线。

类似于 Noris 等(2013)中的方法，雕刻轮廓线的提取主要是根据二维线画图案的边界信息，由线画图案的边缘沿着梯度方向分别向中心线聚拢，通过边缘收缩以得到清晰的中心线条。通常二维线画图案的边界可以认为是图像像素点亮度梯度变化较大的区域。先将输入的二维线画图案转为灰度图，并计算每个像素点的亮度梯度值，将梯度值大于一定阈值(考虑到噪声的影响，实验中取梯度最大值的 10% 为阈值)的像素点作为待移动像素点，记录待移动像素点总数 n_{move}。对于待移动的像素点，沿着其单位化梯度方向向中心移动，每个待移动像素点移动到中心附近时停止移动。判断像素点停止移动的方法如下：首先收集像素点 p_i 的邻域 $N_i = \{p_j \mid \|p_j - p_i\| \leq 1\}$，判断该点邻域内点的梯度方向 ∇_j 与该点的梯度方向 ∇_i 是否一致，当 $\nabla_i \cdot \nabla_j \leq 0$ 时，说明此时邻域范围内已经有移动方向相反的点 p_j，即 p_j 是由与 p_i 相对轮廓中心线相反的边界移动得到的点，p_i 已经靠近轮廓中心线；此时，再判断 p_i 是否移动越过 p_j，当 $(p_j - p_i) \cdot \nabla_i < 0$ 时，p_i 越过 p_j，说明 p_i 已经到达轮廓中心线处，故停止移动。随着停止移动的像素点的增多，待移动像素点越来越少，当前待移动点数目不超过 $\lambda \cdot n_{\text{move}}$ 时，整个收缩过程结束。实验中参数 λ 取 0.01。收缩过程结束以后，为了处理可能出现少量的孤立点情况，得到干净的中心线作为雕刻轮廓线，本节方法将其中邻域 N_i 中的邻域点数目少于 2 个的像素点 p_i 作为孤立点进行去除。

7.2.3　模型参数化和离散雕刻线条生成

利用上述方法获得二维雕刻轮廓线条后，为了实现三维模型的雕刻操作，需要对待雕刻的三维模型进行参数化，并利用参数化将二维雕刻轮廓线映射为三维模型上的离散雕刻线条。

1. 模型雕刻区域参数化

为了实现高效三维雕刻，对于简单三维模型表面，可以实现模型表面的大范围雕刻，可以采用整体参数化。对于三维圆柱面，可以利用柱面参数化，将半个圆柱面参数化作为雕刻区域。设圆柱面母线平行于 Z 轴，在 XOY 平面任取一点作为基准点 O，圆柱面上的点 $M(x,y,z)$ 在 XOY 平面上的投影点 $M'(x,y,0)$ 与基准点张成的角度为 θ，圆柱高为 h，从而点 M 的参数坐标为 $(s,t)=(\theta/\pi, \|z-z_O\|/h)$，其中 z_O 是点 O 的 z 坐标。对于三维球面，球面表面上的任一点 $M(x,y,z)$ 的参数坐标可以取为 $(s,t)=(\arccos(z/r), \arctan(y/x))$，其中 r 为球面半径。

对于一般的三维模型，为了保持模型雕刻效果的有效性，不能直接将整个模型作为雕刻区域，只能由用户指定模型表面局部区域作为雕刻区域。因此不能采用一般的整体参数化方法，只能对指定的雕刻区域进行局部参数化。进行参数化的目的是将二维雕刻轮廓线映射到指定的局部区域内，而通常图像的像素采样会比模型的顶点采样更加密集，因此对参数化方法的要求不是特别高。为了方便用户操作，使参数化过程变得有效且便于实现，本节采用基于曲线的局部参数法方法，即将手绘曲线周围区域按其顶点相对于线条的位置距离计算其参数坐标。为此，用户首先在模型表面待雕刻区域中心手绘一条曲线线条，作为雕刻区域中心线，并选择模型表面到该中心线最大的距离作为距离阈值。模型表面所有到该中心线的最近距离不超过用户选定的距离阈值的顶点集合形成雕刻区域，详细过程如下：①对用户手绘线条进行细化，细化过程中利用文献(缪永伟等，2014)的方法可以依次确定该手绘中心线与模型表面的交点，记录每个交点所在的平面，从而得到手绘中心线经过的面片集合 Δ 并确定手绘中心线与网格边的交点集合 $v_1, v_2, \cdots, v_l$，从而可以对手绘中心线沿着经过的三角面片进行均匀重采样得到的基准线点集 $\overline{v}_1, \overline{v}_2, \cdots, \overline{v}_m$；②为了高效确定模型表面的局部雕刻区域，由三维模型表面手绘中心线经过的面片集 Δ 的 k-邻域 F_k 区域作为候选区域并建立如下带权图(如图 7-14)，分别取网格模型的顶点和边作为图的顶点和边，权值取为相应边长，实验中 k 取为 120。将基准线点集 $\overline{v}_1, \overline{v}_2, \cdots, \overline{v}_m$ 加入到该带权图中，采用金耀等(2010)算法计算候选区域每个顶点 v_i 到基准线的最短路径长度 d_i。若 k-邻域 F_k 中的某个面片 Δ_i 满足其三个顶点到基准线的最短距离均小于用户预先给定的距离阈值 $d_{\max} = \mathrm{I} \cdot L$ (通常取 $d_{\max}$ 为模型平均边长 L 的整数倍)，则 Δ_i 即为待雕刻区域的面片，F_k 中所有满足该条件的面片集合 F_S 为局部雕刻区域。如图 7-14 所示，图中蓝色面片为手绘线条经过的面片集 Δ，绿色范围及被其包含在内的面片是 Δ 的 k-邻域面片集 F_k，利用候选区域 F_k 上的顶点和边作为图的顶点和边，权值取为相应边长建立带权图，红色范围及被其包含在内的面片则是最后得到的局部雕刻区域 F_S。

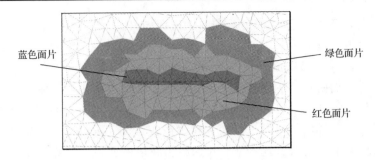

蓝色面片

绿色面片

红色面片

图 7-14　手绘中心线经过的面片集 Δ 的 k-邻域图

　　然后，对局部雕刻区域 F_S 进行参数化，雕刻区域内的任意顶点 v 的参数坐标可以由该顶点相对于手绘中心基准线的位置计算得到，如图 7-15 所示，设 $\overline{v}_1$ 与 $\overline{v}_m$ 为基准线的两个端点，$\overline{v}_i$ 为 v 点在基准线上的最近点，过 $\overline{v}_1$ 和 $\overline{v}_m$ 两点作平面且平行两点面法矢的平均值，v' 为 v 点在平面上的投影点，v'' 为 v' 在平面上距离线段 $\overline{v}_1\overline{v}_m$ 最近的点，从而网格模型顶点 v 的参数坐标可以取为 $(s,t)=(d/d_{\max}, t(v))$，其中 $t(v)=\|\overline{v}_1 v''\| / \|\overline{v}_1 \overline{v}_m\|$。

　　上述参数坐标计算中，点 v 到基准线的最近距离 d 在生成雕刻区域时已经计算得到，但由于最近距离 d 是一个无符号的距离值，为了区别雕刻区域中基准线两侧顶点参数坐标 s 的不同符号，还需要对参数坐标赋予一符号以表明相应顶点相对于基准线 $v\overline{v}_i$ 的所处位置为：$\operatorname{sgn}(v) = \operatorname{sgn}(v\overline{v}_i \cdot (T_{\overline{v}_i} \times N_{\overline{v}_i}))$，其中 $N_{\overline{v}_i}$ 为 $\overline{v}_i$ 的法向，$T_{\overline{v}_i}$ 是 $\overline{v}_i$ 在基准线上的切线，$v\overline{v}_i$ 是 v 到 $\overline{v}_i$ 的向量，从而顶点 v 的参数坐标可以修正为：

$$(s,t) = (\operatorname{sgn}(v) \cdot d / d_{\max}, t(v))$$

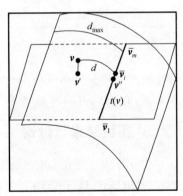

图 7-15　局部参数化

此时参数坐标 s 的取值范围为 $[-1,1]$，为了将其归一化为 $[0,1]$，需要将雕刻区域内所有顶点相对基准线向右平移 $d_{\max}$ 距离，即雕刻区域内任意顶点 v 参数坐标可取为 $(s,t) = ((\operatorname{sgn}(v) \cdot d + d_{\max}) / (2 \cdot d_{\max}), t(v))$（Schmidt，2013）。

2. 三维离散雕刻线条生成

　　利用三维模型的上述不同参数化方法，可以将二维雕刻轮廓线映射为三维模型上的离散雕刻线条，即需要确定轮廓线像素点映射到三维模型上的对应三维顶点坐标，该映射过程如下：设雕刻区域为 F_S，参数化后其在参数域上对应的面片集为 $\overline{F_S}$。参数域缩放到与二维图像大小一致后，将二维图像中提取的雕刻轮廓线条像素点映射到三维模型上，根据像素坐标以及每个参数域面片的三个顶点坐标判断每个像素点 p 映射后处在某个面片上。设 p 位于 $\overline{F}_i$ 内，则 p 可以由 $\overline{F}_i$ 的三

个顶点 $\overline{v}_0$，$\overline{v}_1$ 和 $\overline{v}_2$ 表示如下：$p = \lambda_1\overline{v}_0 + \lambda_2\overline{v}_1 + \lambda_3\overline{v}_2$（其中 $\lambda_1 + \lambda_2 + \lambda_3 = 1$）。设由 $\overline{F_i}$ 对应的三维网格雕刻区域面片 F_i 的顶点分别为 v_0，v_1 和 v_2，则将像素点 p 映射到三维网格面片 F_i 上的点可以确定为 $v = \lambda_1 v_0 + \lambda_2 v_1 + \lambda_3 v_2$。由于通常图像的像素采样会比模型的顶点采样更加密集，因此在映射到三维模型表面之前先对二维雕刻轮廓线进行如下降采样处理，对每个包含像素点的参数域面片 $\overline{F_i}$，将所含的所有像素点的位置求平均，得到降采样后的离散二维雕刻轮廓像素点 p，再将 p 借助参数化映射得到三维模型表面点 v，将所有这些 v 加入到原始网格模型中，这样便将二维雕刻轮廓线条映射得到了三维模型上的离散雕刻线条。

7.2.4　三维模型雕刻操作

利用文献(缪永伟等，2014)中的方法计算雕刻区域内的网格顶点到三维离散雕刻线条的距离，根据用户指定雕刻宽度，将距离小于雕刻宽度的顶点按雕刻函数 $H(d)$ 计算平移距离，沿着顶点法线方向正向(凸雕刻)或负向(凹雕刻)进行平移，实现三维雕刻效果。本节用到的雕刻函数如下(如图 7-16)：

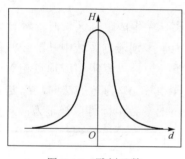

图 7-16　雕刻函数

$$H(d) = \begin{cases} \sqrt{\dfrac{W^2}{25} - d^2} + \dfrac{32W}{45}, & 0 \leqslant d < \dfrac{W}{5} \\[3mm] \dfrac{4W^2}{50d - 5W} - \dfrac{4W}{45}, & \dfrac{W}{5} \leqslant d \leqslant W \end{cases}$$

该雕刻函数由半圆弧定义中间的凸起，用近似相切的反函数来实现收敛，从而能使得经雕刻后的网格模型有良好的光滑性和连贯性。同时该函数的凸出部分较小而收敛部分较大，在雕刻宽度相同时，处理雕刻线条较相近的情况下，能有较好的雕刻效果。该雕刻函数中的参数 W 称为雕刻宽度，由用户指定。

7.2.5　实验结果与讨论

本节算法已经在 Microsoft Visual Studio 2005 开发环境下实现，程序的运行环境为 IntelCore2 Duo E7500，2.93GHz CPU，2GB 内存。

图 7-17 是不同的用户输入线画图案在半圆柱表面生成的雕刻效果，均采用圆柱面参数化，其中雕刻宽度 W 均取为 6。第一列均为用户输入的线画图案，第二列为雕刻轮廓线提取结果，第三列为实现的三维模型表面雕刻效果。图 7-17(a) 是将铃铛图案凹雕刻到圆柱面上；图 7-17(b) 是将天安门图案凸雕刻到圆柱面上。可以看出无论采用凹或凸雕刻形式，在圆柱面上的雕刻都能取得较好的效果，且雕刻纹理完全与用户输入图案一致。图 7-18 是输入的文字线画图案在不同三维模型上采取不

同参数化得到的雕刻效果，均采用凸雕刻形式，雕刻宽度 W 均取为 6，局部参数化的最大距离阈值中 d_{max} 均为 $80L$ (L 为模型平均边长，以下同)。图 7-18 (a) 是用户输入的"精忠报国"字样的线画图案；图 7-18 (b) 是预处理后的"精忠报国"雕刻轮廓线；图 7-18 (c) 是采用球面参数化方法，在球面模型表面实现的雕刻效果；图 7-18 (d) 是采用圆柱面参数化方法，在圆柱表面实现的雕刻效果；图 7-18 (e) 是通过局部参数化，在一般三维模型表面实现的雕刻效果。相比而言，利用柱面参数化或球面参数化生成的雕刻效果更加清晰，这是因为柱面参数化或球面参数化是将大范围区域作为雕刻区域，参数化过程中误差较小，得到的雕刻效果更精细准确；而对一般三维模型表面，由于利用局部参数化，雕刻区域较小，雕刻效果并不是很精细，要取得更精细的雕刻效果可以采取对雕刻区域进行加密采样的方法来处理。

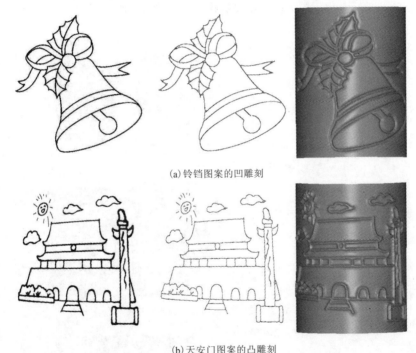

(a) 铃铛图案的凹雕刻

(b) 天安门图案的凸雕刻

图 7-17　圆柱面上的不同雕刻效果

　　图 7-19 是借助于局部参数化，在不同模型表面得到的雕刻效果，均采用凸雕刻形式，其中第一列均为用户输入的线画图案；第二列均为预处理后得到的雕刻轮廓线图案；图 7-19 (a) 和图 7-19 (b) 第三列，图 7-19 (c) 第三列第一行分别是待雕刻原始三维模型；图 7-19 (a) 和图 7-19 (b) 第四列，图 7-19 (c) 第三列第二行是利用本节方法实现的不同雕刻效果。图 7-19 (a) 将花朵图案雕刻在花瓶模型表面，指定的最大距离阈值 d_{max} 为 $120L$，雕刻宽度 W 取为 6；图 7-19 (b) 将卡通图案"Hello Kitty"

(a)输入图像　　　　　　　　(b)雕刻轮廓线提取

(c)球面表面的雕刻效果　　(d)柱面表面的雕刻效果　　(e)三维模型表面的雕刻效果

图 7-18　文字线画图案的不同雕刻效果

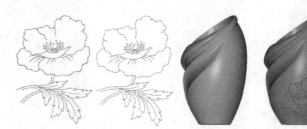

(a)花瓶模型表面的花朵图案雕刻效果

(b)茶杯模型表面的卡通图案雕刻效果

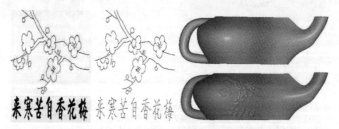

(c)茶壶模型表面的字画图案雕刻效果

图 7-19　不同模型表面的雕刻效果图

雕刻到茶杯模型表面，最大距离阈值 d_{max} 为 $100\,L$，雕刻宽度 W 取为 6；图 7-19(c)

将配有"梅花香自苦寒来"字样的梅花图雕刻到茶壶模型表面,最大距离阈值 d_{max} 为 $60\,L$,雕刻函数中的参数 W 取为 3。需要指出的是,雕刻区域的中心线、雕刻区域的长度和宽度均由用户控制,当用户决定的雕刻区域长宽比例与用户输入的二维图像长宽比例失调时,雕刻结果可能会出现一定程度的变形。

图 7-20 给出了本节雕刻方法与文献(Parilov et al., 2008)、文献(缪永伟等,2014)中的雕刻方法的比较。图 7-20(a) 为基于文献(Parilov et al., 2008)通过直接改变法向方法实现纹理雕刻的效果;图 7-20(b) 为利用文献(缪永伟等,2014)方法通过在模型表面交互式输入手绘线条,并对手绘线条附近的模型顶点进行位置平移得到的雕刻效果;图 7-20(c) 为利用本节方法实现的雕刻效果。相比于文献(Parilov et al., 2008),本节方法得到的雕刻效果其三维视觉效果更加明显,利用输入线画图案大大方便了三维模型复杂雕刻效果的造型过程,并可以有效生成凸雕刻或凹雕刻。从图 7-20(b) 中的手绘线条图可以看出,用户利用文献(缪永伟等,2014)方法在设计手绘线条输入时,往往需要大量的用户交互且雕刻图案的最终形状不一定能按照用户预期的形状,特别是当设计的雕刻图案比较复杂时;而本节方法通过从图像中自动提取雕刻图案,用户只需在二维图像上设计特定的雕刻图案,便可以得到符合预期的雕刻效果,该方法在模型表面可以方便地得到复杂的三维雕刻效果。

(a) 文献(Parilov et al., 2008) 的雕刻效果　　　　　(b) 文献(缪永伟等,2014) 的交互输入手绘线条和雕刻效果

(c) 本节方法的雕刻图案和三维雕刻效果

图 7-20　与文献(Parilov et al., 2008)和文献(缪永伟等,2014)的方法比较

表 7-2 列出了实现本节部分三维雕刻效果的模型相关数据及雕刻所需时间的统计,从中可以看出模型雕刻时间一般会随着参数化区域的扩大、雕刻轮廓线顶点数量及轮廓线附近的平移顶点数量的增加而增加。这是由于在本节方法中,一方面需要计算参数域中每个面片的参数坐标及雕刻轮廓线上的点所在面片并计算相应的三

维模型表面顶点；另一方面需要计算三维网格模型上的点到雕刻线条的距离。从而，对模型雕刻区域进行参数化映射中，参数区域大小和雕刻线条上顶点数目都会直接影响模型三维雕刻的效率。

表 7-2　　实验用模型的数据统计

模　型	线画图案像素点数	边缘收缩后像素点数	三维雕刻线条顶点数	参数化面片数	边缘收缩时间 /s	参数化时间 /s	雕刻线映射时间 /s	雕刻时间 /s
图 7-17(b)	33576	8194	5356	124002	5.136	3.245	33.883	7.707
图 7-18(c)	13127	2952	1172	62806	1.719	18.741	13.102	5.391
图 7-19(a)	25566	15008	4569	199286	3.775	34.429	107.219	92.930
图 7-19(b)	40736	5479	2768	142796	6.630	43.249	29.156	15.426
图 7-19(c)	31706	8636	2709	44546	5.451	34.204	18.112	19.705

从实验结果可以看到，本节提出的基于二维线画图案的三维雕刻技术可以方便地在不同类型模型表面生成较好的复杂图案雕刻效果，从而丰富了三维复杂模型的建模内容，例如桌椅、花瓶、碗等生活用品以及建筑物的图腾雕刻等，可以在工业上获得较好的应用。然而，本节方法的缺陷在于对三维网格模型的采样分辨率具有较高的要求，对面片数目较少或者采样分辨率较低的三维模型表面进行雕刻时，往往会导致不太理想的三维雕刻效果(如图 7-21)，这是我们未来需要克服和解决的问题。

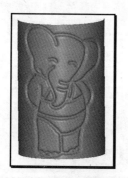 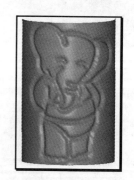

(a)顶点数为 62500 雕刻效果　　　　　(b)顶点数为 10000 雕刻效果

图 7-21　　本节方法的局限性

7.3　模型敏感度驱动的保特征缩放

数字图像和视频的缩放研究得到了研究者的普遍关注(Vaquero et al.，2010；Wolf et al.，2007；Zhang et al.，2008)。由于缩放操作中图像长宽纵横比的改变，传统的图像或视频的均匀缩放往往会引入变形扭曲和人工痕迹。与均匀缩放不同，保特征缩放技术在对图像和视频进行缩放的同时考虑图像和视频的内容特征，从而保护其视觉重要区域，使缩放对视觉显著区域的扭曲程度达到最小（Wang S Y et al.，2008；Dong et al.，2009）。利用图像的显著度映射和裁剪窗口的自动选择，Suh 等（2003）提出了一种图像的保特征裁剪方法，该方法对图像进行缩放时能够很好地保护图像的特征内容。细缝雕刻（Seam Carving）技术（Avidan et al.，2007；Rubinstein et al.，2008）是一种经典的图像保特征缩放算法。该方法是一种贪婪算法，通过不断地移除重要性最小的细缝减少图像宽度和高度，最后达到缩放图像的目的。细缝雕刻方案能够减少重要图像区域的扭曲，因为其每一次都会移除重要度足够低的细缝。然而，当移除的细缝穿过图像特征频繁出现区域时，细缝雕刻方法可能导致人工痕迹。基于卷曲的图像缩放方法（Wang S Y et al.，2008；Zhang G X et al.，2009）则首先借助了辅助网格，将图像嵌入到辅助网格中，然后利用非线性卷曲函数将辅助网格变形至目标尺寸，最后通过插值获取最终缩放结果。Wang S Y 等（2008）提出一种最优化缩放-拉伸卷曲函数，利用图像的重要性映射引导图像内容的形变。受保角能量的启发，Zhang G X 等（2009）提出了一种形状保护的图像缩放方法。该方法先定义了三种手柄，每一种代表不同图像特征，通过测量每种手柄的形状扭曲能量并最小化扭曲能量函数达到保特征缩放目的。此外，Rubinstein 等（2009）提出的多重操作方法结合了缝雕刻技术和裁剪算法，实现图像视频的保特征缩放。Dong 等（2009）结合缝雕刻和缩放技术实现了图像的保特征缩放。

与图像视频的保特征缩放相比，三维几何模型缩放的研究工作却不多。传统的三维数字模型均匀缩放方法是将模型沿着指定方向全局地、均匀地拉伸至指定尺寸，这不可避免地会扭曲原始模型的固有特征，从而导致模型变形失真。一般来说，一个复杂模型表面的视觉显著特征区域对拉伸、变形等操作比较敏感，这些区域在操作过程中要尽可能受到保护；而非显著特征区域对这些操作则并不敏感。三维数字模型的保特征缩放中，其关键问题是如何将模型显著性度量引入到缩放操作中，使得原始模型能够被有效缩放，同时自适应地保持模型的视觉显著特征区域。Kraevoy 等（2008）首先考虑了三维模型的保特征缩放，首先将输入网格模型嵌入到一个三维保护网格中，根据三维保护网格与模型相交情况基于模型曲率计算保护网格上的易受影响性映射，然后通过对保护网格的非均匀缩放带动三维模型的非均匀缩放。该方法在模型缩放时能保持显著特征，扭曲变形被分散到相对不重要的区域。然而，由于整个模型都嵌入到三维空间中，这种基于空间形变的缩放方法比较耗时。

在模型缩放过程中需要引入视觉显著度测量，根据顶点的显著度，计算每条边的显著度，可以由边的两个端点显著度的最大值作为边的显著度值。同时考虑缩放方向，可以把边与缩放方向的夹角的余弦值作为每条边的滑移度值。结合边的显著度和滑移度值，确定边对当前缩放操作的敏感性。根据模型敏感度信息，尽量保护含有重要特征的模型显著区域，将扭曲变形扩散到不重要的区域，从而能够在模型缩放过程中有效保持模型的显著特征区域。

7.3.1 模型缩放方法流程

敏感度驱动的模型保特征缩放是指对模型进行缩放操作时，对显著特征区域缩放敏感，在缩放过程中尽可能得到保护；而对非显著区域不受影响，可以允许对其有较大的变形。因此，引入模型显著性度量和边敏感度度量并进行显著特征敏感的缩放操作，将能有效保护复杂模型的视觉显著特征区域。

以三角形网格模型作为输入，一般地，可以将模型表示为 $M = <V, E, F>$，其中 V 是模型顶点集合，E 是边集合，F 是面片集合。敏感度驱动的模型保特征缩放的方法流程可描述为以下步骤：

(1)计算三维网格模型的每条边的敏感度。对缩放操作而言，边的敏感度由边显著度和滑移度两方面决定；显著度表明该边的显著程度，而滑移度度量了该边对缩放方向的敏感程度。边的这两个属性由边所包含的两个顶点对应属性所决定。

(2)基于每条边的敏感度测量，建立一个二次能量函数。该能量函数用于衡量网格模型在当前缩放操作下的扭曲能量，显著区域对扭曲更为敏感，这意味在相同的扭曲程度下显著区域所积蓄能量会比非显著区域所积蓄能量要高。该二次能量函数可以建立在整个模型上，也可以建立在局部区域。

(3)求解最小化二次能量函数。为了获取每条边的实际缩放因子，根据不同的情形求解最小化二次能量函数。将二次能量函数最小化问题转化为求解稀疏线性方程组问题，该线性方程组可以用 MKL 工具库(Intel Math Kernel Library)求解。

(4)更新模型顶点坐标以获得最终的非均匀缩放结果。

7.3.2 三维网格模型的边敏感度度量

1. 网格模型的显著度测量

早在 1985 年，Koch 和 Ullman 指出图像显著区域是指与其周围区域具有视觉上显著差别的区域(Koch et al., 1985)。Itti 等(1998)将中心环绕信息结合到不同的特征映射，并在不同尺度上进行计算，结合不同尺度上的显著信息计算每一个像素点显著度，最终获取图像的显著度映射。Decarlo 等(2002)利用显著度映射简化图像并得到非真实感的绘画渲染效果。Yee 等(2001)利用文献(Itti et al., 1998)方法计算三维动态场景粗糙渲染的二维投影显著度映射，并以此确定精确渲染时需要聚焦于哪些计算资源。Mantiuk 等(2003)利用一个实时的二维显著算法引导三维场景动画的 MPEG 压缩。Frintop 等(2004)利用显著度映射图加速对三维数据中物体的检测，其结合了从代表场景深度和强度的二维图像计算得到的显著性图。Howllet 等(2004)

将显著度用于三维模型简化，取得了较好的效果。另外，显著度映射可用于二维图像边缘检测中，Guy 等(1996)将其扩展应用到三维数据中并用于平滑插值稀疏三维数据寻找曲面轮廓。Wantanbe 和 Belyaev(2001)提出了一种识别网格上主曲率沿着主曲率方向局部极大的区域的方法。Hisada 等(2002)提出检测模型表面脊线和谷线的方法，该方法通过计算三维骨架并寻找骨架边缘的非流形点。

针对三维数字模型，Lee 等(2005)提出了一种网格模型的显著度计算方法，并将该显著度用于模型简化和最佳视点的选择。该方法首先利用离散网格的曲率定义(Taubin，1995b；Meyer et al.，2002)计算模型顶点的曲率。对于网格模型上的顶点 v，记 $\ell(v)$ 为其顶点曲率，$N(v,\sigma)$ 表示顶点 v 的 σ-邻域点集合 $N(v,\sigma)=\{x\|\|x-v\|<\sigma\}$，其中 x 是网格上的顶点。模型顶点 v 处的高斯加权平均曲率 $G(\ell(v),\sigma)$ 可计算如下：

$$G(\ell(v),\sigma) = \frac{\sum_{x \in N(v,2\sigma)} \ell(x)\exp[-\|x-v\|^2/(2\sigma^2)]}{\sum_{x \in N(v,2\sigma)} \exp[-\|x-v\|^2/(2\sigma^2)]}$$

针对特定尺度 σ_i，顶点 v 的显著度可以用粗糙尺度和精细尺度上的高斯加权平均曲率的差分来计算，即：

$$\phi_i(v) = \|G(\ell(v),\sigma_i) - G(\ell(v),2\sigma_i)\|$$

其中，尺度 σ_i 可以依据实际应用选取，一般 $\sigma_i \in \{2\varepsilon,3\varepsilon,4\varepsilon,5\varepsilon,6\varepsilon\}$，其中 ε 是模型包围盒的对角线长度的0.3%。最终的网格模型显著度可以在多个尺度上执行非线性压缩操作来计算。这种非线性压缩操作能提高小极值的效果而抑制大极值效果。具体地说，在每一尺度上，首先执行标准化；然后计算最大显著度值 M_i 和局部最大值的平均值 $\bar{m}_i$，该平均值不包括该尺度上的全局最大值；最后在每个尺度值 ϕ_i 上乘上因子 $(M_i-\bar{m}_i)^2$，最终的显著度值可以通过叠加压缩操作后的多尺度显著度值获取如下：

$$\phi = \sum_i S(\phi_i) = \sum_i (\phi_i \cdot (M_i-\bar{m}_i)^2)$$

与传统曲率计算不同，显著度在复杂模型处理中更具视觉说服力、更具效率(Tood 2004；Lee et al.，2005；Gal et al.，2006；Kim et al.，2008；Qu et al.，2008；Feixas et al.，2009；Miao et al.，2011)。这里引入网格模型的视觉显著度计算，对于模型每个顶点，先计算顶点的高斯加权曲率值；再利用多尺度上的绝对差分操作和非线性压缩操作计算顶点的显著度。以 κ_{v_i} 表示顶点 v_i 的显著度，以 $e_{ij}=v_iv_j$ 表示顶点 v_i 和 v_j 是边 e_{ij} 的两个端点，则模型边的显著度值可以取两个端点的最大显著度值，即 $\kappa_{e_{ij}} = \max(\kappa_{v_i},\kappa_{v_j})$。最后，所有边的显著度值都将被单位化到[0,1]。

2. 边的敏感度度量

模型的缩放操作将沿着用户指定的特定方向，仅使用边的显著度值并没有包含与缩放方向相关的信息。然而，每条边的缩放因子将同时依赖边的显著度值和特定的缩放方向，因此需要考虑如何引入缩放方向考虑边的敏感度度量。

Gelfand 等(2004)提出了一种滑移度的定义，该定义用于检测三维模型刚性运动的滑移度。当对模型施行刚性运动时，该模型上每个点的瞬时速度向量都与曲面相切，则称这个刚性运动对于该模型是可滑移的。受该定义的启发，这里可以将模型沿着特定方向缩放看成一个平移刚性运动。在模型缩放运动中，高滑移度的曲面块应保持不变，反之，低滑移度的曲面块可以被允许有一定形变。换言之，在模型缩放过程中，包含低滑移度值的曲面块应尽可能被保护，而包含高滑移度的曲面可以允许被拉伸。滑移度分析表明，边与平移刚性运动的夹角越小，该边的缩放因子也就越大，反之亦然(Gelfand et al.，2004)。因此，这里将边的滑移度值 ω_e 定义为边 e 与缩放方向 r 之间的夹角的正弦值，即：

$$\omega_e = \sin\langle e, r \rangle$$

然而，单单引入网格显著度或边的滑移度并不能准确地描述边对缩放的敏感度。一般地，对于复杂三维模型，高显著区域在缩放过程中要受到保护，即使该区域有低滑移度值；同理，低显著区域如果有高滑移度值，则该区域在缩放过程中也要受到保护。所以，如果单独考虑边的显著度测量，模型在缩放方向的垂直方向不可避免地会发生不自然的伸缩。因此，结合边地显著度测量和滑移度值，边的敏感度测量 s_{ij} 可以计算为：

$$s_{ij} = \max(\kappa_{e_{ij}}, \omega_{e_{ij}})$$

7.3.3 敏感度驱动的三维网格模型全局缩放

对于网格模型上的每条边 $e_{ij} \in E$，边的敏感度 s_{ij} 用于计算边在缩放操作过程中可以被缩放的程度。为了达到保护网格模型显著特征的目的，缩放操作中高敏感度边应尽可能保持不被拉伸或缩短，而低敏感度边允许有一定拉伸。同时，为了保护模型局部细节，每个顶点的拉普拉斯坐标应尽可能保持不变(Sorkine et al.，2004a，2004b)。因此，在二次能量函数中引入拉普拉斯约束(Sorkine et al.，2004b)，从而用于模型缩放的二次能量函数可描述为：

$$E_G = \sum_{e_{ij} \in E} s_{ij} \left\| (v_i' - v_j') - g(s_{ij})(v_i - v_j) \right\|^2 + \sum_{v_j \in V} \left\| L(v_j') - \delta_j \right\|^2 \tag{7.1}$$

其中，v_i' 和 v_j' 表示边 $e_{ij} = v_i v_j$ 两个端点的缩放后坐标；s_{ij} 表示边 e_{ij} 的敏感度测量；L 代表拉普拉斯坐标：

$$L(v_i) = v_i - \frac{1}{d_i} \sum_{v_j \in N_i} v_j \tag{7.2}$$

而其中的 δ_j 表示顶点 $\boldsymbol{v}_j$ 的初始拉普拉斯坐标。

在本节模型保特征缩放算法中，边 $\boldsymbol{e}_{ij}=\boldsymbol{v}_i\boldsymbol{v}_j$ 的敏感度 s_{ij} 被归一化为 $[0,1]$，而 $g(s_{ij})$ 描述了边 $\boldsymbol{e}_{ij}$ 在缩放操作过程中的期望缩放量，其值介于用户指定的缩放因子 l 和 1 之间。这里，引入 $g(s_{ij})$ 表示每条边的实际缩放程度，如下：

$$g(s_{ij})=(1-l)s_{ij}+l$$

如果 $l>1$，则边敏感度 s_{ij} 越大，$g(s_{ij})$ 的值越接近 1，这意味着高敏感度边在能量函数最小化过程中越接近保持不变；相反，敏感度 s_{ij} 越低，$g(s_{ij})$ 也越接近 l，这意味着低敏感度边在能量函数最小化过程中可允许按用户指定的缩放因子进行缩放。$0\leqslant l\leqslant 1$ 的情况类似于上述分析。因此，缩放操作中由于模型显著区域的扭曲被扩散到了非显著区域，模型显著区域的扭曲误差将比非显著区域低。

下面从另一个角度看待能量函数的引导作用。如果将网格模型看作一个弹性系统，对其做的任何形变都会改变其所包含的势能。令模型原始状态的势能为零，则对该网格进行拉伸将会在模型上积蓄一定的势能。如果该弹性系统是不均匀系统，不同的局部区域被拉伸同一程度所积蓄的势能通常是有所不同，敏感度高的区域所积蓄的势能相对较高，敏感度高的区域通常是其特征希望得到有效保持的区域。因此，在将模型拉伸至特定尺寸时，让模型积蓄的势能最小即最小化能量函数，将使得缩放过程中有效保持模型的重要区域。

根据用户指定的沿着特定缩放方向 r 的缩放因子 l，缩放后模型的每个新顶点坐标可以通过求解最小化二次能量函数来计算，该能量函数最小化问题可转化为求解一个稀疏线性系统方程组。为使二次能量函数最小化，对于未知顶点 $\boldsymbol{v}_i'$，令 $\dfrac{\partial E_G}{\partial \boldsymbol{v}_i'}=0$，即：

$$\frac{\partial E_G}{\partial \boldsymbol{v}_i'}=\sum_{j\in N_i}2s_{ij}((\boldsymbol{v}_i'-\boldsymbol{v}_j')-g(s_{ij})(\boldsymbol{v}_i-\boldsymbol{v}_j))+2\left(\boldsymbol{v}_i'-\frac{1}{d_i}\sum_{j\in N_i}\boldsymbol{v}_j'-\delta_i\right)+$$

$$\sum_{j\in N_i}2\left(\boldsymbol{v}_j'-\frac{1}{d_j}\sum_{k\in N_j}\boldsymbol{v}_k'-\delta_j\right)\cdot\left(-\frac{1}{d_j}\right)$$

因此，经过计算整理，可得到稀疏线性系统方程组：

$$\boldsymbol{v}_i'+\sum_{j\in N_i}s_{ij}(\boldsymbol{v}_i'-\boldsymbol{v}_j')+\sum_{j\in N_i}\left(\left(-\frac{1}{d_i}-\frac{1}{d_j}\right)\boldsymbol{v}_j'+\frac{1}{d_j^2}\sum_{k\in N_j}\boldsymbol{v}_k'\right)=\delta_i+\sum_{j\in N_i}s_{ij}g(s_{ij})(\boldsymbol{v}_i-\boldsymbol{v}_j)-\sum_{j\in N_i}\frac{\delta_j}{d_j}$$

$$(7.3)$$

其中，对于网格上的每个顶点 $\boldsymbol{v}_i$，$i=1,2,3,\cdots,n$。值得注意的是，这里的缩放操作是用拉伸边实现的，因此缩放操作中仅仅改变了模型的顶点坐标而不改变模型顶点的拓扑连接关系。

从稀疏线性系统方程组(7.3)可以看出，每一个新顶点的坐标的 x、y、z 坐标值，即 $v_i'|_x$、$v_i'|_y$、$v_i'|_z$，都可以使用 MKL 工具库(Intel Math Kernel Library)单独求解。在求解 x、y、z 坐标值时，最终线性系统总是使用相同的系数矩阵，不同之处仅仅在于线性系统的右手边系数不一样。因此，对于每一次求解 x、y、z 坐标值，系数矩阵的稀疏分解只需执行一次，例如在求解 x 坐标值时，系数矩阵的系数分解结果可以保留，求解 y、z 坐标值时可以使用这一结果而不需要再次执行稀疏分解。这将大大提高求解效率，从而缩短模型缩放算法执行的时间。

实验发现，一般仅求解式(7.1)中的二次能量函数一次并不一定能将输入网格缩放至用户指定的尺寸大小。受 Wang 等(2009)的启发，这里采用迭代执行最小化能量函数 E_G 的方法，直到达到预期的缩放因子或迭代次数超出指定的阈值。这里，用 M 表示输入的原始网格，M' 表示执行最优化后的缩放结果，函数 $\text{width}(M,r)$ 表示网格模型 M 沿着指定的缩放方向 r 的最大有向宽度，数值 max_num 表示最大迭代次数。ε 表示用户指定的精度阈值，其值越小，缩放后的模型尺寸越接近用户指定的缩放尺寸。给定缩放方向 r 和目标缩放因子 l_s，可以按照如下步骤迭代求解最小化二次能量函数 E_G：

(1)设置初始值，$l = l_s$，$c = c_0 = \text{width}(M,r)$。

(2)当满足条件($\left|\dfrac{c}{c_0} - l_s\right| > \varepsilon$ 并且 iter_num<max_num)时，执行如下操作：

①计算每条边的敏感度 s_{ij} 并最小化能量 E_G，获得缩放后的网格模型 M'；

②根据网格模型 M' 沿着缩放方向 r 的最大有向宽度更新数值 c，即 $c = \text{width}(M',r)$；

③令 $l = \dfrac{l_s \cdot l}{\dfrac{c}{c_0}}$。

迭代结束后，所得 l 就是网格模型的实际缩放因子，按照该缩放因子再次执行最小化二次能量函数，将能在用户指定的精度范围内将模型缩放至特定尺寸，获得最终的非均匀缩放结果。

7.3.4　敏感度驱动的三维网格模型局部缩放

模型的保特征缩放方法同样可以应用到模型的局部缩放。与全局的模型缩放操作类似，局部缩放操作同样可以产生新的三维数字模型。在局部缩放操作中，首先需要用户选定感兴趣的区域，即网格模型的一个顶点子集，该区域也被称为感兴趣区域(region of interesting，ROI)，表示用户即将对该区域进行局部操作。感兴趣区域可以通过确定一个封闭回路来指定，该回路圈选了用户感兴趣的区域，即 ROI 的边界。ROI 边界上的顶点集合也被称为静态锚点，该边界划定了模型上可编辑区域与固定不变的非编辑区域。因此，根据用户给定的缩放因子和缩放方向，模型 ROI 区域可以被非均匀缩放，而模型的其余部分将保持不变。假设将用户选择的局部 ROI 区域表示为 I，将静态锚点集合表示为 A，而其他非编辑区域表示为 U，如图 7-22（a）所示。

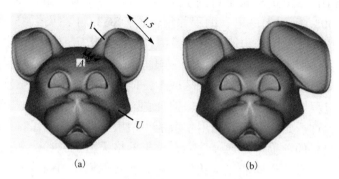

（a）　　　　　　　　　　　　　　　　（b）

图 7-22　Cat 模型的局部缩放示例

　　类似于模型的全局缩放操作，感兴趣区域内顶点的新坐标也可以通过最小化能量函数来计算，其前提是按照用户指定的缩放因子和缩放方向。然而，不同于模型的全局缩放操作，这里必须引入与静态锚点集合 A 有关的约束来保证非编辑区域 U 保持不变，同时编辑区域与非编辑区域能较自然地过渡。针对模型的局部缩放，可以建立如下二次能量函数：

$$E_L = \sum_{e_{ij} \in E} s_{ij} \left\| (\boldsymbol{v}_i' - \boldsymbol{v}_j') - g(s_{ij})(\boldsymbol{v}_i - \boldsymbol{v}_j) \right\|^2 + \sum_{\boldsymbol{v}_j \in I} \left\| L(\boldsymbol{v}_j') - \boldsymbol{\delta}_j \right\|^2 + \sum_{\boldsymbol{v}_k \in A} \alpha \left\| \boldsymbol{v}_k' - \boldsymbol{u}_k \right\|^2 \quad (7.4)$$

其中，E 表示感兴趣区域 I 的边集合，$\boldsymbol{u}_k$ 表示静态锚点 A 的顶点 $\boldsymbol{v}_k$ 原始坐标。引入权重 α 是为了确保静态锚点 A 保持原坐标不变，在实验中 α 值选择为 50.0。因此，感兴趣区域顶点的新坐标可以通过最小化该二次能量函数来求解。同样地，该二次能量函数最小化将导出一个稀疏线性方程组的求解。经过计算整理，该线性系统方程组可写为：

$$\boldsymbol{v}_i' + \sum_{j \in N_i} s_{ij}(\boldsymbol{v}_i' - \boldsymbol{v}_j') + \sum_{j \in N_i} \left(\left(-\frac{1}{d_i} - \frac{1}{d_j} \right) \boldsymbol{v}_j' + \frac{1}{d_j^2} \sum_{k \in N_j} \boldsymbol{v}_k' \right) + \alpha \sum_{k \in A} \boldsymbol{v}_k' =$$

$$\boldsymbol{\delta}_i + \sum_{j \in N_i} s_{ij} g(s_{ij})(\boldsymbol{v}_i - \boldsymbol{v}_j) - \sum_{j \in N_i} \frac{\boldsymbol{\delta}_j}{d_j} + \alpha \sum_{k \in A} \boldsymbol{u}_k \quad (7.5)$$

其中，对于感兴趣 ROI 区域的每一个顶点 $\boldsymbol{v}_i$，$i = 1, 2, 3, \cdots, m$。需要注意的是，在局部保特征缩放过程中，这里同样只是通过拉伸感兴趣区域的边达到模型缩放的目的，而并不新增或删除顶点，也就是说感兴趣区域顶点的拓扑连接关系不变。这一点在许多实际应用中至关重要。图 7-22 展示了 Cat 模型的局部保特征缩放效果。

7.3.5　实验结果与讨论

本节算法在 Intel(R) core(TM) 2 Duo CPU E7500@2.93GHz，内存为 2GB，显卡为 ATI Radeon HD4550 的机器上得到了实现。操作系统为 Windows 7，编程平台是 Visual Studio 2005，采用 C++语言编程并结合了 OSG3.0.1 渲染引擎完成算法的实现和结果展示。传统的模型均匀缩放方法是将模型沿着指定方向全局地、均匀地拉伸至指定尺寸，这不可避免地会扭曲原始模型的固有特征，导致模型变形扭曲或失真。然而，三维复杂模型表面的视觉显著区域对拉伸、变形操作比较敏感，这些区域在缩放变形操作过程中要求尽可能得到保护；而非显著特征区域对这些操作并不敏感，在缩放过程中允许一定的变形。利用本节的模型敏感度驱动的保特征缩放方法，在保证模型缩放尺寸的前提下，通过建立在整个网格模型上或者建立在模型感兴趣局部区域上的能量函数，借助能量函数最小化迭代实现模型的缩放操作，该方法能有效地缩放模型并保持模型显著特征。

1. 网格模型的全局缩放操作

敏感度驱动的模型保特征缩放中，要求用户指定缩放方向和目标缩放因子，借助能量函数最小化将对模型进行非均匀缩放。这里给出了模型保特征缩放的若干实验图例，如图 7-23～图 7-25 所示。图 7-23 中，整个 Chinese Lion 模型沿着 Z 轴方向被缩放至原始尺寸的 1.5 倍，即缩放因子 $l=1.5$，可以看到，Lion 模型毛发、嘴巴、面部等处的显著特征在模型缩放过程中得到了有效保持。从图 7-23(c)可以看出，本节方法很好地保持了模型特征区域，而将大部分扭曲变形转移到了非特征区域。Wang 等(2009)方法也能较好地保护特征区域(图 7-23(d))，但是在模型如腿部、铃铛等区域产生了人工痕迹，如左腿被过渡拉伸，而右腿拉伸程度似乎又不够等。图 7-23(e)展示的是传统均匀缩放方法对模型的缩放结果，可以看出整个模型被不自然地压扁，而并没有区别模型的显著特征区域和非显著区域。

图 7-24 给出了 Statue 模型沿 Z 轴方向的缩放结果，其中缩放因子 $l=2.0$。如图 7-24(b)所示，Statue 模型显著特征主要分布在面部、头发纹理上、尖锐边缘以及支撑部位上，本节方法在模型缩放过程中能很好地保持了模型局部特征，比如嘴巴、眼睛等(如图 7-24(c))，模型变形效果比较自然。但是，使用 Wang 等(2009)方法对模型进行缩放操作时，如图 7-24(d)所示，则出现了不可忽略的扭曲变形，如面部器官的特征没有得到保持，脸部被明显地压扁，整个模型已经变形失真。图 7-24(e)是传统的均匀缩放方法对模型的缩放结果，可以看出整个模型被不自然地缩扁了，而并没有区别模型的显著特征区域和非显著区域。

图 7-23　Chinese Lion 模型的全局缩放，沿着 Z 坐标轴，缩放因子 $l = 1.5$ 。
(a)原始 Chinese Lion 模型；(b)模型的显著度映射；(c)本节敏感度驱动的
缩放结果；(d)Wang 等(2009)方法的缩放结果；(e)传统的均匀缩放结果

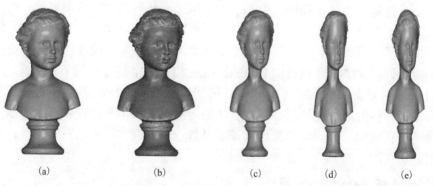

图 7-24　Statue 模型的全局缩放，沿着 Z 坐标轴，缩放因子 $l = 2.0$ 。(a)原始 Statue 模型；
(b)模型的显著度映射；(c)本节敏感度驱动的缩放结果；(d)Wang 等(2009)方法的
缩放结果；(e)传统的均匀缩放结果

　　为了表明本节方法也适用于模型缩小操作，图 7-25 给出了 Deer 模型的缩放效
果，将 Deer 模型沿着 Z 轴方向缩小至原来的二分之一，即缩放因子 $l = 0.5$ 。本节方
法在保证模型缩放尺寸的前提下，有效保持了模型的显著特征，使缩放后的模型自

然合理，如图 7-25(b)所示，可以看出模型的眼睛、耳朵、鼻子以及尾巴都没有被压扁的痕迹,模型被缩小的区域大部分都集中在不重要区域(如腿部)。Wang 等(2009)的方法也很好地保持了上述特征部位(图 7-25(c))，但是在腿和足部之间，腿部明显地陷入了足部，整个模型看起来并不自然。同样地，如图 7-25(d)所示，用传统均匀缩放方法对 Deer 模型进行缩放操作时整个模型发生了变形扭曲,无论是模型特征显著区域和非特征区域，都同样程度地发生了扭曲。

(a)　　　　　(b)　　　　　(c)　　　　　(d)

图 7-25 Deer 模型的全局缩放，沿着 Z 坐标轴，缩放因子 $l = 0.5$。(a)原始 Deer 模型；(b)敏感度驱动的缩放结果；(c)Wang 等(2009)方法的缩放结果；(d)传统的均匀缩放结果

　　综上，与 Wang 等(2009)方法以及均匀缩放方法进行比较，本节提出的敏感度驱动的模型保特征缩放方法，在保证缩放尺寸的前提下，能够很好保持模型特征并产生自然的、令人满意的结果；而 Wang 等(2009)方法虽然在一定程度上能够保持模型特征，但是也在一定程度上引入了人工痕迹，使得模型变得不自然；而全局均匀缩放因为不考虑显著区域的特殊性，对重要区域和非重要区域一视同仁，模型缩放过程中通常会引入扭曲变形而使模型呈现被压扁的现象。此外，本节算法效率较高，如对于拥有 33618 个顶点的 Chinese Lion 模型，全局缩放用了 23.42s；Dragon 模型的 ROI 区域拥有 11838 个顶点，其局部缩放用了 5.26s。这里所说的运行时间并没有包括网格的显著度检测部分，算法的运行时间大部分消耗在对二次能量函数最小化的迭代求解上，而每一次迭代都要求解一个线性方程组。在实验中，对于不同模型，迭代次数基本上在 2 到 4 之间。

　　2. 网格模型的局部缩放操作

　　根据用户指定的缩放因子和缩放方向，并且选定网格模型的感兴趣 ROI 区域，使用本节提出的方法能实现模型的局部保特征缩放。其结果是将用户选定的感兴趣区域缩放至指定尺寸，同时保护显著区域，并且被缩放的局部能与非编辑区域保持自然衔接。图 7-26 和图 7-27 给出了本节方法用于模型局部缩放的效果。图 7-26 中，Dragon 模型的头部沿着指定方向进行了缩放，其中缩放因子 $l = 1.5$，可以看出，模型特征区域(如 Dragon 模型的牙齿、眼睛等)能够得到自然地保持,而感兴趣区域与非编辑区域依旧很自然地衔接在一起。图 7-27 给出的是利用本节方法对 Evil Dragon 的多个局部区域进行缩放的效果。Evil Dragon 模型的头部和尾部都沿着各自特定的缩放方向,缩放因子分别为 $l=1.5$ 和 $l=1.8$;而 Evil Dragon 模型两个爪子的缩放因子都是 $l=0.6$,缩放后整个模型非常自然。实验表明,本节提出的敏感度驱动的保特征缩放方法能有效地用于局部缩放操作。

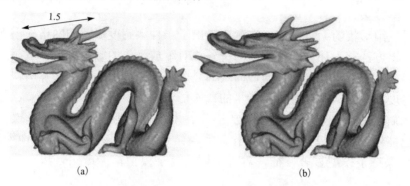

图 7-26　Dragon 模型的局部缩放结果。(a)原始 Dragon 模型,黄色部分为 ROI 区域;
(b)敏感度驱动的模型局部保特征缩放的结果(见彩图)

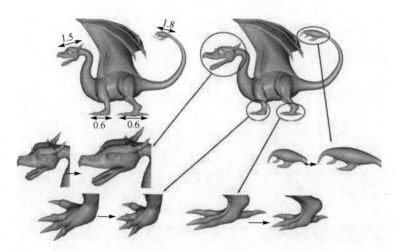

图 7-27　利用本节的模型保特征缩放对 Evil Dragon 模型不同部位的缩放结果

7.4　本 章 小 结

本章介绍了三维形状交互式编辑造型中的若干问题。首先,通过用户交互方式生成三维模型表面若干手绘曲线,然后根据定义在模型顶点到手绘线条集距离的轮廓函数计算模型手绘曲线集附近顶点的平移距离，最后对手绘曲线集附近顶点进行位置平移，从而实现三维模型的雕刻效果。其次，利用二维线画图案，提出一种实现三维雕刻的方法。根据用户输入的二维线画图案，通过边缘收缩操作提取线条中心线作为雕刻轮廓线，将二维雕刻轮廓线离散化并利用参数化映射为三维模型上的离散雕刻线条，然后对模型表面到雕刻线条的距离小于特定阈值的雕刻顶点根据用户选取的雕刻函数确定顶点平移距离，最后对雕刻顶点沿其法向进行平移得到三维模型的雕刻效果。

针对三维形状的编辑缩放，本章还提出了一种敏感度驱动的网格模型保特征缩放方法。该方法首先计算网格模型的每条边对缩放操作的敏感度，该敏感度的值是由边的显著度和滑移度来计算的，而边的显著度又是由边的两个端点所决定；根据边的敏感度，建立一个衡量扭曲能量的二次能量函数；最后通过对该二次能量函数的迭代求解最终实现输入模型的缩放操作。本章方法不仅能用于复杂模型的全局缩放，也能用于复杂模型的局部操作。实验结果表明，该方法能有效地缩放模型，同时有效保持了模型显著特征，对于不同的复杂模型都能产生自然合理的缩放变形结果。

第 8 章　三维形状的空间变形

本章在分析三维形状空间变形的基础上,提出了一个统一的三维模型编辑框架,讨论了两种重要的编辑操作:形状变形和变形迁移。8.1 节分析了三维形状空间变形的研究背景;基于三维形状的四面体控制网格,8.2 节提出了一个统一的模型编辑框架,并讨论了三维形状的变形操作;基于源控制网格和目标控制网格的体对应关系,8.3 节讨论了三维形状的变形迁移操作;最后是本章小结。

8.1　模型的空间变形概述

三维模型的形状变形(也称编辑造型)是指通过用户编辑操作或约束对几何模型的形状进行修改的几何处理技术,其在工业和艺术设计等领域有着广泛的应用,如计算机动画中需要对已有三维模型进行变形设计以产生关键帧或插值帧、机械零部件设计中可以根据已有部件进行编辑变形生成新的零部件等。随着高分辨率三维几何模型的普及以及相关应用的需求驱动,保持模型几何细节的交互式形状变形技术成为几何处理领域的研究热点。空间变形技术,也称为自由曲面变形(Free Form Deformation,FFD)或空间变形(Warping),是指通过对曲面嵌入空间的变形实现对曲面的形状改变。空间变形通过求解空间的变形场 $d: \boldsymbol{R}^3 \rightarrow \boldsymbol{R}^3$ 对嵌入的曲面 S 进行变换 $\Phi: \boldsymbol{p}' = \boldsymbol{p} + d(\boldsymbol{p})$,$\boldsymbol{p} \in S$。

空间变形可以对任意嵌入其中的物体(曲面)进行变形,这种独立于具体物体几何表示的空间变形技术具有简单、高效等优点,作为主流变形技术之一在计算机动画、工业设计等领域中有着广泛的应用。空间变形技术主要包括自由变形技术、骨架驱动变形技术、刚性变换技术、变形迁移技术等。

8.1.1　自由变形技术

早期的变形方面的研究工作主要集中于自由变形技术(Joshi et al.,2007;Lipman et al.,2007,2008;Huang et al.,2008)。该类方法最早由 Sederberg 和 Parry 在 1986 年引入,随后得到了许多学者的广泛关注并进行了更深入的研究,现在已经在一些商业软件中得到了应用,比如 3D Studio、Maya 等。其主要思想是:将原始模型嵌入到一个比较简单、容易处理的空间中,并且得到原始模型在该空间中的表示。在变形时,用户只需要对嵌入空间进行操作,然后利用两者之间的映射关系就可以得到变形后的模型。

Ju 等(2005)针对封闭三角形网格提出了均值坐标,并讨论了三个有价值的应用:

边界属性插值、体纹理和曲面变形。均值坐标对控制网格的凸凹性没有要求，并且能够保证在空间中任一点都是连续的。然而均值坐标是全局相关的，即空间任一点的坐标，都要通过控制网格上所有的顶点来计算。而且在控制网格为凹的情况下，坐标值可能会出现负值，从而导致不合理的变形结果。

Joshi 等(2007)通过在整个空间中求解 Laplace 方程提出了调和坐标。相对于以往的坐标定义方式，它具备两个更好的性质：无穷次可微、边界处达到极值。特别地，调和坐标是局部相关的，有利于变形的局部控制。而且即便在控制网格为凹的情况下，它仍然能够保证每一点的坐标值恒非负。调和坐标的缺点在于时间复杂度太高。

随着计算机硬件的发展，Lipman 等(2007)提出了一种正定的、局部相关的、适合 GPU 计算的均值坐标，在效率和效果两方面，都取得了进展。Huang 等(2008)针对四面体网格提出了一种改进的重心坐标，也可以实现对变形的局部控制：为每个控制网格顶点都引入一个线性变换，来消除传统的重心坐标在相邻四面体之间的一阶不连续性。Lipman 等(2008)利用格林第三积分等式提出了格林坐标。与以往的方法不同，格林坐标不但考虑了控制网格的顶点信息，还考虑了面法向信息，因此它具有一定的保特征的能力。但是改进的重心坐标和格林坐标都不具备边界插值性。自由变形技术的优点在于它具有通用性，即对输入模型的具体表示方式没有要求，方便实用，并且可以达到很高的效率。缺点在于它不能准确地保持输入模型的几何特征，一般比较适合于光滑模型的变形。

8.1.2　骨架驱动变形技术

骨架驱动变形技术(Magnenat-Thalmann et al.，1988；Lewis et al.，2000)首先为网格模型构造骨架，并建立网格顶点与骨架之间的影响关系，此过程被称为蒙皮(Skinning)。然后用户就可以通过编辑骨架来得到网格模型的变形结果。骨架驱动技术非常直观且操作简便，尤其适合于具有明显骨架结构的网格模型，例如人体等。目前，该技术已经被应用到一些商业软件中，例如 3DSMAX、Character Studio 等，成为动画师的主要工具。此外，骨架驱动技术还能对变形序列进行压缩：只需要记录序列中每一帧的骨架信息，利用网格顶点与骨架之间的关系就可以重建出整个变形序列。

骨架驱动技术的主要难点在于蒙皮过程中需要确定每根骨头在网格模型上的影响区域，以及对影响区域内每个网格顶点的权值(即影响因子)。由于相邻骨头的影响区域会有重叠部分，变形结果对权值的选择相当敏感，非常容易出现形状塌陷、局部自交等现象。对于一些比较复杂的模型，设计合适的权值往往非常困难，需要进行细致的调节。已有的算法要么给出一些规则来约束求解权值(Bloomenthal，2002；Wang et al.，2002；Mohr et al.，2003；James et al.，2005；Park et al.，2006)，要么通过一些例子进行学习(Sloan et al.，2001；Shi et al.，2008)，但目前尚没有一种方法对所有的情况都适用。

8.1.3　刚性变换技术

近年来，一些学者提出了一种新的变形策略：通过对原始模型作用一系列的刚性变换来得到变形结果。这样可以使得模型在编辑过程中进行尽量刚性地变形，从而在最大程度上防止几何细节的扭曲和不自然的体积变化。

为了实时地模拟大规模场景，Müller 等(2005)为每个模型只引入一个变换。虽然这样可以达到实时，但却无法模拟复杂的变形。Botsch 等(2006)在原始网格表面生成一层棱柱，通过约束棱柱的刚性来防止不合理的变形结果。Sorkine 等(2007)通过约束网格模型每条边的刚性来消除局部的扭曲。尽管能够获得理想的变形效果，这几个算法的效率都比较低。Sumner 等(2007)引入了变形图(Deformation Graph)的概念，通过直接衡量线性变换与旋转变换的差别来使得模型进行尽量刚性地变形。然而变形图的影响域是由欧氏距离决定的，图的某一部分的变形可能会影响与其无关的区域。Rivers 等(2007)将输入模型嵌入到规则空间六面体网格中，并提出了FastLSM(Fast Lattice Shape Matching)方法来实时地模拟大规模场景。但由于对变形空间进行规则剖分，没有考虑到输入模型采样的不规则性。进一步，Steinemann 等(2008)将该算法扩展至自适应空间六面体网格，能够处理变形中的拓扑改变和场景LOD 中的动态采样等问题。但是它仍然无法实现对输入模型的直接控制。

8.1.4　变形迁移技术

变形迁移的概念最早由 Sumner 等(2004)提出：对于两个拓扑相似的模型(源模型和目标模型)，首先通过参数化建立网格顶点之间的对应关系，然后将源模型的变形(一系列的仿射变换)传递给目标模型，使得目标模型进行相同的运动。该技术主要目标是实现变形的重用。Zayer 等(2005)首先通过曲面调和场来建立源模型和目标模型的对应关系，然后利用 Poisson 编辑(Yu et al.，2004)进行优化来得到最终的迁移结果。Chang 等(2006)对骨架驱动的变形序列进行迁移，其关键问题在于将源模型的骨架和蒙皮权值等信息传递给目标模型。Wang Y S 等(2008)给出了一个基于草图的动画系统，可以将多个源模型的变形合成到一个目标模型上。以上这些变形迁移算法都需要建立源模型和目标模型之间的对应关系，而对应的精细程度又取决于用户指定的特征对应点的数量。对于采样稠密的模型，指定足够多的特征对应点是一件非常烦琐费时的工作。

基于四面体控制网格，本章提出了一个统一的三维模型编辑框架，讨论了两种重要的编辑操作：形状变形和变形迁移(Zhao et al.，2009，2012)。本章框架不但能够支持多种模型表示方式，例如网格模型、点云模型、具有多个不连接部分或非流形结构的模型等，而且能够在不同胚的物体之间进行变形的迁移。除此之外，该框架还非常易于控制，用户只需要操纵若干个控制顶点就可以实现对输入模型的编辑。算法首先将输入模型嵌入到一个稀疏的四面体控制网格中，并且利用一种改进的重心坐标来建立两者之间的关系。变形时，通过约束控制网格的刚性，可以在最大程度上保持输入模型的几何细节，防止不自然的体积变化。此外，误差驱动的控制网格细分策略能够自动检测出变形误差较大的区域，并且通过细分来对这些区域进行更好的逼近，以提高变形的质量。进一步，本章还给出了一个简便实用的变形迁移算法，通过建立控制网格之间的体对应关系，能够使得变形的迁移在源控制网格和目标控制网格之间进行，有效地减少了用户的交互并提高了算法的效率。

8.2　空间变形方法

首先，我们给出基于四面体控制网格的交互式空间变形方法。设输入模型为 M，利用已有开源软件 NETGEN（https://github.com/NGSolve/netgen）可自动生成其四面体控制网格 $C = (U, H)$，其中 $U = (\boldsymbol{u}_1, \cdots, \boldsymbol{u}_n)$ 是所有控制顶点的集合，$H = (\boldsymbol{h}_1, \cdots, \boldsymbol{h}_m)$ 是所有四面体的集合，而 n、m 分别是控制顶点和四面体的个数。下面我们来建立 M 与 C 之间的对应关系。

8.2.1　改进的重心坐标插值

重心坐标插值在计算机图形学中有着重要的应用，例如网格参数化、自由变形技术以及 Gouraud 光照明模型等。特别地，它具有局部支撑性，有利于在变形过程中进行局部控制和快速计算。

对于空间中任意给定的一点 $\boldsymbol{u}$，传统的重心坐标插值可以定义为：

$$\boldsymbol{x}(\boldsymbol{u}) = \sum_{i=1}^{n} \phi_i(\boldsymbol{u}) \boldsymbol{x}_i$$

其中，$\boldsymbol{x}_i$ 是控制顶点 $\boldsymbol{u}_i$ 变形后的几何位置；$\phi_i(\boldsymbol{u})$ 是重心坐标基函数，满足 $\sum_{i=1}^{n} \phi_i(\boldsymbol{u}) \equiv 1$ 且 $\phi_i(\boldsymbol{u}_j) = \delta_{ij}$。

虽然这种传统的插值函数在四面体内部是连续的，但是在相邻四面体之间却存在一阶不连续性，直接进行插值会带来瑕疵，如图 8-1（b）所示。为了得到在整个区域上都连续的插值方式，Huang 等（2008）提出了一种改进的重心坐标插值函数，为每个四面体控制网格顶点分别引入一个线性变换，对插值梯度进行调整，使得其在相邻四面体之间尽量保持一致。

(a)原始 Bar 模型及其四面体控制网格　　(b)传统的重心坐标插值的结果　　(c)改进的重心坐标插值的结果

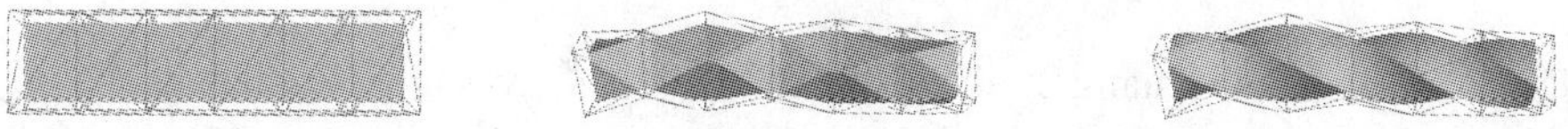

图 8-1　两种插值方法的结果比较

根据文献(Huang et al.，2008)，改进的重心坐标插值定义如下：

$$x(u) = \sum_{i=1}^{n} \phi_i(u)(x_i + M_i(u - u_i)) \qquad (8.1)$$

其中，M_i 是控制顶点 u_i 处的线性变换矩阵，可通过优化一个由连续性能量(8.2.2 节)和振动能量(8.2.3 节)组成的二次线性能量函数得到。设四面体控制网格顶点的几何位置 $(u_1, \cdots, u_n)$ 和线性变换矩阵 $(M_1, \cdots, M_n)$ 的向量式表示分别为 x、m，那么上式可以简写为：

$$x(u) = A(u)x + B(u)m \qquad (8.2)$$

其中，$A(u)$ 和 $B(u)$ 都是关于 u 的矩阵。

图 8-1 比较了传统的重心坐标插值和改进的重心坐标插值，其中变形后的四面体控制网格由用户给定。图 8-1(b) 为传统的重心坐标插值的结果，出现了明显的不连续的现象，而图 8-1(c) 为改进的重心坐标插值的结果。由此可见，算法(Huang et al.，2008)可以有效消除瑕疵，得到连续的插值结果。

8.2.2　连续性能量

由于重心坐标基函数 $\phi_i(u)$ 是关于 u 的分段线性函数，所以在相邻四面体之间插值函数 $x(u)$ 的梯度会出现不连续的现象(一阶不连续)。为了衡量这种不连续性，算法(Huang et al.，2008)将相邻四面体 h_i、h_j 的插值梯度 $\nabla x(u)$ 的差沿它们的交界面 $i \leftrightarrow j$ 进行积分：

$$E_{i \leftrightarrow j}(x, m) = \int_{i \leftrightarrow j} \left\| \nabla x(u) \big|_{i \leftrightarrow j} - \nabla x(u) \big|_{j \leftrightarrow i} \right\|^2 d\sigma \qquad (8.3)$$

其中，$i \leftrightarrow j$、$j \leftrightarrow i$ 分别表示在 h_i、h_j 一侧的交界面。将所有相邻四面体之间的 $E_{i \leftrightarrow j}(x, m)$ 进行累加，就得到了对插值梯度 $\nabla x(u)$ 在整个区域上不连续性的衡量：

$$E_{\text{disc}}(x, m) = \sum_{\{h_i, h_j\}} E_{i \leftrightarrow j}(x, m) \qquad (8.4)$$

8.2.3　振动能量

在曲面设计、机械制造中，光顺性是一个非常重要的衡量标准。为了衡量插值结果的光顺性，算法(Huang et al.，2008)将插值函数 $x(u)$ 的 Hessian 矩阵 $\dfrac{\partial^2 x(u)}{\partial u \partial u}$ 在整个区域上进行积分：

$$E_{\text{vibr}}(x,m) = \oint_H \left\| \frac{\partial^2 x(u)}{\partial u \partial u} \right\|^2 d\tau = \sum_{h_i \in H} |h_i| \cdot \left\| \frac{\partial^2 x(u)}{\partial u \partial u} \right\|^2 \tag{8.5}$$

由于 $x(u)$ 是关于 u 的二阶函数，所以 Hessian 矩阵 $\dfrac{\partial^2 x(u)}{\partial u \partial u}$ 在每个四面体 h_i 的内部都是一个常数矩阵，则 $E_{\text{vibr}}(x,m)$ 可以被进一步表示为一个有限和的形式，其中 $|h_i|$ 是四面体 h_i 的体积。

8.2.4　位置约束

基于以上连续性能量和振动能量的定义，算法(Huang et al.，2008)通过求解以下的能量优化问题来得到每个控制网格顶点的线性变换矩阵 M_i：

$$\min_{\{M_1,\cdots,M_n\}} \{E_{\text{disc}}(x,m) + \alpha E_{\text{vibr}}(x,m)\} \tag{8.6}$$

其中，参数 α 是用来协调两个能量项的权值。图 8-1(c)即为改进的插值结果。然而上述过程要求变形后的四面体控制网格顶点的几何位置 $(x_1,\cdots x_n)$ 已知，这样就使得用户必须经过复杂的前期处理来得到变形后的控制网格。为了提高算法的实用性，算法(Huang et al.，2008)引入了位置约束来实现交互式变形的目的，即用户可以交互地选取若干个控制顶点作为操作点集，并通过直接为它们指定变形后的几何位置来得到预期的变形效果。

设 $\{c_i\}_{i=1}^k$ 是所有操作点的索引，则位置约束可以表达如下：

$$E_{\text{pos}}(x) = \sum_{i=1}^k \left\| x_{c_i} - \hat{x}_{c_i} \right\|^2 \tag{8.7}$$

其中，$\hat{x}_{c_i}$ 是用户为控制顶点 x_{c_i} 指定的变形后的几何位置。那么需要求解的能量优化问题就相应地变为：

$$\min_{\{x_1,\cdots,x_n,M_1,\cdots,M_n\}} \{E_{\text{disc}}(x,m) + \alpha E_{\text{vibr}}(x,m) + \beta E_{\text{pos}}(x)\} \tag{8.8}$$

其中参数 α、β 是用来协调三个能量项的权值。

8.2.5　刚性约束

虽然算法(Huang et al.，2008)通过求解优化问题(8.8)已经可以实现交互式的变形，但是连续性能量和振动能量的作用仅仅是保证插值结果的连续性和光顺性，而无法防止输入模型在大尺度编辑过程中出现退化现象，即严重的细节扭曲和明显的体积变化。为此，我们引入了一个刚性约束来解决这个问题。

如图 8-2 所示，若四面体 $h_i = (\boldsymbol{u}_{i_1}, \boldsymbol{u}_{i_2}, \boldsymbol{u}_{i_3}, \boldsymbol{u}_{i_4})$ 进行刚性变形，则必然存在一个旋转矩阵 $\boldsymbol{R}_{h_i}$ 使：

$$\boldsymbol{x}_{i_j} - \boldsymbol{c}_{h_i}' = \boldsymbol{R}_{h_i}(\boldsymbol{u}_{i_j} - \boldsymbol{c}_{h_i}), \quad 1 \leqslant j \leqslant 4$$

其中，$\boldsymbol{x}_{i_j}$ 是控制顶点 $\boldsymbol{u}_{i_j}$ 变形后的几何位置；$\boldsymbol{c}_{h_i}$、$\boldsymbol{c}_{h_i}'$ 分别为变形前后四面体的重心。

事实上，向量 $\{\boldsymbol{u}_{i_j} - \boldsymbol{c}_{h_i}\}_{j=1}^4$ 和重心 $\boldsymbol{c}_{h_i}$ 可以唯一地确定四面体 h_i，反之亦然。并且 $\{\boldsymbol{u}_{i_j} - \boldsymbol{c}_{h_i}\}_{j=1}^4$ 描述了 h_i 的体细节，只要它们能够在变形时保持各自的长度以及相互之间的夹角不变，即 $\{\boldsymbol{u}_{i_j} - \boldsymbol{c}_{h_i}\}_{j=1}^4$ 进行刚性变形，就可以使得 h_i 也进行相同的刚性变形，从而保持其形状不变。而输入模型的变形结果又是由控制网格的变形结果插值获得的，因此能够在最大程度上保持输入模型的几何细节，防止不合理的体积变化。但是 h_i 所做的变形不可能是严格刚性的，以上等式只能在最小二乘意义下满足，即最小化：

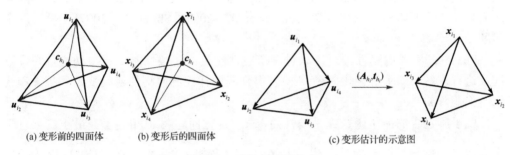

(a) 变形前的四面体　　　(b) 变形后的四面体　　　　　(c) 变形估计的示意图

图 8-2　刚性约束的定义

$$E_{h_i}(\boldsymbol{x}) = \sum_{j=1}^4 \left\| (\boldsymbol{x}_{i_j} - \boldsymbol{c}_{h_i}') - \boldsymbol{R}_{h_i}(\boldsymbol{u}_{i_j} - \boldsymbol{c}_{h_i}) \right\|^2 \tag{8.9}$$

很明显，$E_{h_i}(\boldsymbol{x})$ 的值越小，h_i 所做变形的刚性就越强。对所有四面体的 $E_{h_i}(\boldsymbol{x})$ 进行累加，就可以得到整个控制网格的刚性约束：

$$E_{\text{rigidity}}(\boldsymbol{x}) = \sum_{h_i \in H} w_i E_{h_i}(\boldsymbol{x}) \tag{8.10}$$

其中 $w_i = |h_i|$ 是四面体 h_i 的权值。

下面来估算旋转矩阵 $\{\boldsymbol{R}_{h_i}\}_{i=1}^m$。因为向量 $\{\boldsymbol{u}_{i_j} - \boldsymbol{c}_{h_i}\}_{j=1}^4$ 与四面体 h_i 可以相互唯一确定，那么它们在变形过程中要进行相同的运动，所以 h_i 所做变形 $(\boldsymbol{A}_{h_i}, \boldsymbol{t}_{h_i})$ 的旋转部分就能够用来描述 $\boldsymbol{u}_{i_j} - \boldsymbol{c}_{h_i}$ 与 $\boldsymbol{x}_{i_j} - \boldsymbol{c}_{h_i}$ 之间的关系(图 8-2(c))，其中 $\boldsymbol{A}_{h_i}$ 是一个线性变换(引起朝向和形状的变化)，$\boldsymbol{t}_{h_i}$ 是一个平移向量(引起空间位置的变化)。根据文献(Muller et al., 2005)，线性变换 $\boldsymbol{A}_{h_i}$ 应该满足：$\boldsymbol{A}_{h_i} \boldsymbol{U}_{h_i} = \boldsymbol{X}_{h_i}$，其中 $\boldsymbol{U}_{h_i} = (\boldsymbol{u}_{i_2} - \boldsymbol{u}_{i_1}, \boldsymbol{u}_{i_3} - \boldsymbol{u}_{i_1}, \boldsymbol{u}_{i_4} - \boldsymbol{u}_{i_1})$，$\boldsymbol{X}_{h_i} = (\boldsymbol{x}_{i_2} - \boldsymbol{x}_{i_1}, \boldsymbol{x}_{i_3} - \boldsymbol{x}_{i_1}, \boldsymbol{x}_{i_4} - \boldsymbol{x}_{i_1})$。由于初始的四面体控制网格是非退化的，则 $(\boldsymbol{u}_{i_2} - \boldsymbol{u}_{i_1}, \boldsymbol{u}_{i_3} - \boldsymbol{u}_{i_1}, \boldsymbol{u}_{i_4} - \boldsymbol{u}_{i_1})$ 构成一个非退化的仿射坐标系，即 $\boldsymbol{U}_{h_i}$ 是可逆的，那么

$$\begin{cases} A_{h_i} = X_{h_i} U_{h_i}^{-1} \\ t_{h_i} = c_{h_i}' - A_{h_i} c_{h_i} \end{cases} \tag{8.11}$$

则 A_{h_i} 的旋转部分可以通过对其进行极分解得到：

$$R_{h_i} = A_{h_i} \sqrt{A_{h_i}^T A_{h_i}}^{-1} \tag{8.12}$$

8.2.6　两阶段的编辑框架

那么最终需要求解的能量优化问题就相应地变为：

$$\min_{\{x_1,\cdots,x_n,M_1,\cdots,M_n\}} \{E_{\text{disc}}(x,m) + \alpha E_{\text{vibr}}(x,m) + \beta E_{\text{pos}}(x) + \gamma E_{\text{rigidity}}(x)\} \tag{8.13}$$

其中，参数 α、β、γ 是用来协调 4 个能量项的权值。由于刚性约束需要估计旋转矩阵，而对旋转矩阵的估计又依赖于变形结果，因此优化问题(8.13)是非线性的。我们采用一个两阶段的求解框架(Sumner et al.，2004；Shi et al.，2007)来解决这个问题。

Phase1：不考虑刚性约束，只对三个线性能量：连续性能量、振动能量和位置约束进行求解，即求解优化问题(8.8)，得到四面体控制网格的初始变形结果 $\tilde{x}$ 和线性变换矩阵 $\tilde{m}$。

由于所包含的能量函数都是线性的，求解优化问题(8.8)相当于在最小二乘意义下求解一个稀疏线性方程组：$P\begin{pmatrix} x \\ m \end{pmatrix} = b$，其中 P 和 b 可以通过对式(8.4)、式(8.5)、式(8.7)进行离散得到，并且只与初始的四面体控制网格和用户的交互有关。因此控制网格的初始变形结果和线性变换矩阵可以通过求解以下的标准方程组获得：$P^T P \begin{pmatrix} \tilde{x} \\ \tilde{m} \end{pmatrix} = P^T b$。

Phase2：加入刚性约束，迭代地求解能量优化问题(8.13)来得到四面体控制网格的最终变形结果和线性变换矩阵。

由于刚性约束是非线性的，对优化问题(8.13)的求解必须迭代地进行，这等价于在最小二乘意义下求解一系列的常系数稀疏线性方程组：$\begin{pmatrix} P \\ Q \end{pmatrix} \begin{pmatrix} x \\ m \end{pmatrix} = \begin{pmatrix} b \\ \bar{b} \end{pmatrix}$，其中 Q 和 $\bar{b}$ 可以通过对式(8.10)进行离散得到。因此控制网格的最终变形结果和线性变换矩阵可以通过求解以下的标准方程组获得：$(P^T P + Q^T Q) \begin{pmatrix} x \\ m \end{pmatrix} = P^T b + Q^T \bar{b}$。虽然 P、Q、b 只与初始的四面体控制网格和用户的交互有关，但是 $\bar{b}$ 与初始的四面体控制网格、用户的交互和旋转矩阵都有关，而对旋转矩阵的估计又与初始的和变形后的四面体控制网格有关，因此这里采用了一个两步迭代法：

设 $\boldsymbol{x}^t$、$\boldsymbol{m}^t$、$\boldsymbol{R}^t$ 分别为 t 时刻四面体控制网格的几何位置、线性变换矩阵和旋转矩阵，且 $\boldsymbol{x}^0 = \boldsymbol{u}$，$\boldsymbol{m}^0 = 0$，$\boldsymbol{R}^0 = \boldsymbol{I}$，$\boldsymbol{x}^1 = \tilde{\boldsymbol{x}}$，$\boldsymbol{m}^1 = \tilde{\boldsymbol{m}}$。

Step1：旋转矩阵的更新。通过比较控制网格的初始状态 $\boldsymbol{x}^0$ 和当前状态 $\boldsymbol{x}^t$，估计出当前的旋转矩阵 $\boldsymbol{R}^t$（式(8.12)）。

Step2：四面体控制网格的变形结果和线性变换矩阵的更新。当旋转矩阵被更新后，可以相应地更新 $\overline{\boldsymbol{b}}$，然后通过求解更新后的标准方程组 $(\boldsymbol{P}^{\mathrm{T}}\boldsymbol{P} + \boldsymbol{Q}^{\mathrm{T}}\boldsymbol{Q})\begin{pmatrix} \boldsymbol{x}^{t+1} \\ \boldsymbol{m}^{t+1} \end{pmatrix} = \boldsymbol{P}^{\mathrm{T}}\boldsymbol{b}^{t+1} + \boldsymbol{Q}^{\mathrm{T}}\overline{\boldsymbol{b}}^{t+1}$ 来得到下一时刻控制网格的几何位置 $\boldsymbol{x}^{t+1}$ 和线性变换矩阵 $\boldsymbol{m}^{t+1}$。

以上两步可以一直迭代下去直到优化问题(8.13)的能量值小于用户给定的阈值，而输入模型的变形结果可以由四面体控制网格的最终变形结果 $\boldsymbol{x}^{t+1}$ 和线性变换矩阵 $\boldsymbol{m}^{t+1}$ 通过式(8.2)插值获得。由于在变形过程中保持了控制网格的刚性，因此能够防止输入模型出现严重的细节扭曲和不合理的体积变化。图 8-3 所示是复杂模型 Dinosaur 的变形结果。

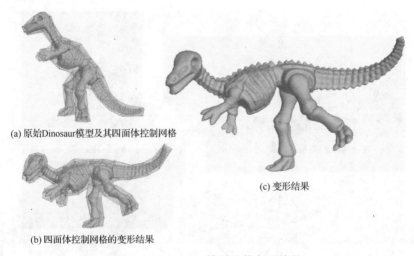

(a) 原始Dinosaur模型及其四面体控制网格

(b) 四面体控制网格的变形结果

(c) 变形结果

图 8-3　Dinosaur 模型及其变形结果

8.2.7　误差驱动的细分

事实上，四面体控制网格是对变形空间的一种剖分，它的分辨率越高，对变形空间的剖分就越精细。若初始的控制网格过于稀疏，在复杂变形中会造成较大的误差，如图 8-4 (b) 所示，Asian Dragon 模型的下颚出现了明显的扭曲。因此必须对变形误差较大的区域进行细分，以保证这些区域对应更多的控制元素。

我们将四面体 h_i 的变形误差定义为它偏离刚性的程度，即当前的线性变换 $\boldsymbol{A}_{h_i}$ 与其旋转部分 $\boldsymbol{R}_{h_i}$ 之间的差别：

$$E_{h_i}^{\mathrm{error}} = \left\| A_{h_i} - R_{h_i} \right\|　　　　　　　　(8.14)$$

由极分解可知，四面体 h_i 在变形中的扭曲是由其所做变形的缩放部分导致的，因此 $E_{h_i}^{\mathrm{error}}$ 衡量了 h_i 的扭曲程度。当 $E_{h_i}^{\mathrm{error}}$ 的值超过用户给定的阈值时，可以通过以下方式进行细分（图 8-4(c)）：在每条边的中间位置插入新的顶点，并将它们连接起来，这样就可以将四面体 $h_i = (u_{i_1}, u_{i_2}, u_{i_3}, u_{i_4})$ 剖分为八个子四面体：$(u_{i_1}, u_{i_{12}}, u_{i_{13}}, u_{i_{14}})$、$(u_{i_{12}}, u_{i_2}, u_{i_{23}}, u_{i_{24}})$、$(u_{i_{13}}, u_{i_{23}}, u_{i_3}, u_{i_{34}})$、$(u_{i_{14}}, u_{i_{24}}, u_{i_{34}}, u_{i_4})$、$(u_{i_{12}}, u_{i_{13}}, u_{i_{14}}, u_{i_{34}})$、$(u_{i_{12}}, u_{i_{13}}, u_{i_{23}}, u_{i_{34}})$、$(u_{i_{12}}, u_{i_{14}}, u_{i_{24}}, u_{i_{34}})$、$(u_{i_{12}}, u_{i_{23}}, u_{i_{24}}, u_{i_{34}})$。从而引入更大的自由度做进一步的优化，以提高变形的质量。图 8-4(d) 即为改进的结果，我们的细分方法能够自动地检测出变形误差较大的区域，并提高了变形的质量。

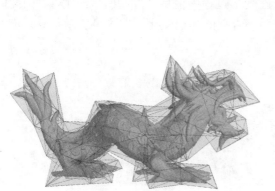

(a) 原始 AsianDragon 模型及其四面体控制网格

(b) 没有细分的变形结果

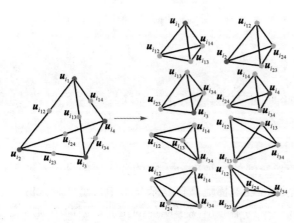

(c) 细分方式的示意图

(d) 有细分的变形结果

图 8-4　误差驱动的细分

8.2.8　实验结果与讨论

在图 8-5 中，对 Bar 模型进行了大尺度的扭曲、弯曲等操作。实验结果显示，即使在包含大旋转的变形中，本章算法仍能获得令人满意的效果。图 8-6、图 8-7

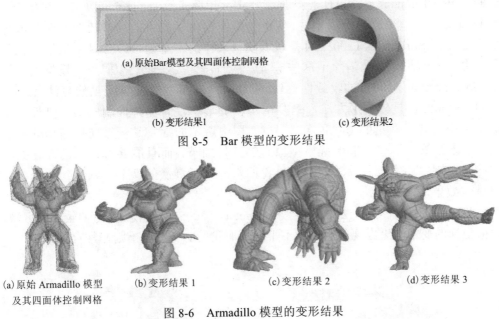

(a) 原始Bar模型及其四面体控制网格

(b) 变形结果1

(c) 变形结果2

图 8-5　Bar 模型的变形结果

(a) 原始 Armadillo 模型
及其四面体控制网格

(b) 变形结果 1

(c) 变形结果 2

(d) 变形结果 3

图 8-6　Armadillo 模型的变形结果

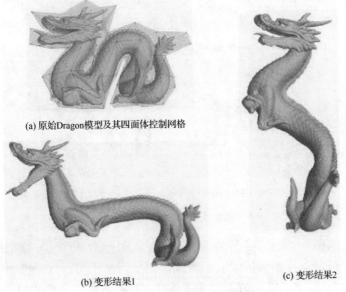

(a) 原始Dragon模型及其四面体控制网格

(b) 变形结果1

(c) 变形结果2

图 8-7　Dragon 模型的变形结果

分别给出了复杂模型 Armadillo 和 Dragon 的变形结果，刚性约束有效地防止了几何细节的扭曲和体积的变化。

　　图 8-8 给出了本章算法与其他三个算法的比较，其中算法(Lipman et al.，2004；Sorkine et al.，2007)都是基于曲面的，而算法(Huang et al.，2008)是基于体控制网格的。由于 Lipman 等(2004)采用的是 Uniform 形式的 Laplacian 算子，没有考虑到 Dinosaur 模型采样的不规则性，变形结果中出现了严重的细节扭曲和明显的体积收缩。而 Sorkine 等(2007)则考虑了模型采样的不规则性，并且采用了迭代的变形框架，因此有效地消除了这些瑕疵。然而，直接处理采样稠密的模型使得算法(Sorkine et al.，2007)的收敛性比较差(Dinosaur 模型的腰部)。虽然算法(Huang et al.，2008)也是体变形方法，但是由于在变形中没有保持控制网格的刚性，变形结果中出现了严重的退化现象。另外，图中所示的数字是变形前后模型体积的比值。本章算法不但能够保持模型原有的几何细节，而且能够将体积的变化控制在一定范围之内。对各算法的参数，我们都进行了多次的调节，以达到每个算法的最佳效果。

　　图 8-9 给出了本章算法与均值坐标(Ju et al.，2005)的比较，在弯曲较大的区域，均值坐标的变形结果出现了明显的不平滑，而我们的变形结果则非常自然。

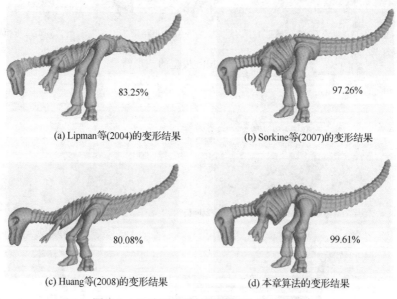

(a) Lipman等(2004)的变形结果　　　83.25%

(b) Sorkine等(2007)的变形结果　　　97.26%

(c) Huang等(2008)的变形结果　　　80.08%

(d) 本章算法的变形结果　　　99.61%

图 8-8　　几种不同算法的变形结果的比较

　　由于利用四面体控制网格来编辑输入模型，因此本章算法与模型的具体表示方式无关，不但可以支持多种模型表示方式，例如网格模型、点云模型等，而且能够处理模型中的自交、断裂、非流形结构等现象。为了体现本章算法的通用性，图 8-10

给出了 Santa 模型的变形结果，该模型由多个不连接部分组成并且包含非流形结构。进一步，图 8-11 给出了点云模型 Bunny 的变形结果。

(a) 原始 Phonograph 模型及其四面体控制网格　　　　(b) 均值坐标的变形结果　　　　(c) 本章算法的变形结果

图 8-9　本章算法与均值坐标 (Ju et al.，2005) 的比较

(a) 原始 Santa 模型及其四面体控制网格　　　(b) 变形结果 1　　　(c) 变形结果 2　　　(d) 变形结果 3

图 8-10　Santa 模型的变形结果

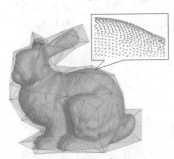 

(a) 原始 Bunny 模型及其四面体控制网格　　　　　　　(b) 变形结果

图 8-11　点云模型 Bunny 的变形结果

在两阶段的编辑框架中，最耗时的是对方程组的求解。但由于它们的系数矩阵都是只与初始的四面体控制网格有关的常数矩阵，在整个编辑过程中始终保持不变，因此可以将它们预分解为一些特殊矩阵的乘积，在迭代过程中只要进行逐次向后回代就可以得到方程组的解。而且由于 X、Y、Z 三个坐标轴方向是相互无关的，因此可以分开进行求解。根据变形尺度和模型复杂度的不同，一般迭代 5~10 次就可以使得能量优化问题 (8.13) 的能量值小于用户给定的阈值 (默认值为 0.001)。表 8-1 列出了变形过程中所用模型及其四面体控制网格的几何信息和变形效率的统计数据，

其中预计算包括能量函数的离散和系数矩阵的分解，变形包括旋转估计、方程组的
求解和改进的重心坐标插值。

表 8-1　变形效率的统计数据

原始模型	原始模型的顶点个数	控制网格的顶点个数	控制网格的四面体个数	预计算时间/ms	变形时间/ms
Dinosaur	59,194	204	567	509.845	63.751
Asian dragon	249,934	173	473	406.546	119.222
Armadillo	172,962	273	849	799.034	123.950
Dragon	101,108	200	648	596.779	80.710
Photograph	71,495	187	550	490.435	55.634
Santa	24,727	560	1616	1559.381	140.151
Bunny	34,835	103	297	163.351	19.305

8.3　空间变形迁移

此外，本章还给出了基于四面体控制网格的变形迁移算法。下文中，我们分别
用 S、T 来表示源模型和目标模型，而 C_S、C_T 则分别表示它们的四面体控制网格。
假设 S' 是源模型 S 的一个变形状态，在直观上，我们可以将变形迁移理解为类比：为
目标模型 T 产生一个变形状态 T'，使得从 T 到 T' 所呈现的变形与从 S 到 S' 的类似。

与已有的迁移算法不同，本章利用稀疏的四面体控制网格来完成源模型和目标模型
之间的变形迁移。图 8-12(b)给出了本章迁移算法的流程。为了实现这个目标，有两个问
题需要解决：首先需要建立 C_S 和 C_T 之间的体对应关系，其次需要将 S 的变形传递给 C_S。

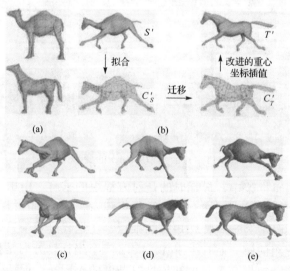

图 8-12　变形迁移（从 Camel 模型到 Horse 模型）。(a)原始模型（S、T）以及它们的四面体控制网格
（C_s、C_T）；(b)迁移流程：假设 S' 是 S 的一个变形状态，相应的 C_s 的变形状态可以通过拟合得到，
然后利用体对应关系，该变形可以迁移给 C_T 并通过插值传递给 T；(c)~(e)为更多的迁移结果

8.3.1　体对应关系

对于目标控制网格 C_T 中的每个四面体，我们都要在源控制网格 C_S 中确定一个四面体与之对应。

在文献（Wang Y S et al.，2008）中提出了一个建立曲面对应关系的算法：首先利用最小二乘网格（Least Square Meshes）（Sorkine et al.，2004a）将源网格和目标网格变形至相似的形状，然后通过比较变形后三角面片重心的距离来确定它们之间的对应关系。如图 8-13 所示，我们将该想法推广至四面体网格。为了指导对应关系的建立，用户需要在 C_S 和 C_T 上指定若干个特征对应点。由于它们都是非常稀疏的，用户只需要指定少量的特征对应点即可，因此很容易完成。

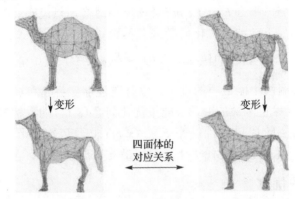

图 8-13　体对应关系的建立过程。首先将源控制网格和目标控制网格变形至相似的形状，
然后通过比较变形后四面体重心的距离来确定它们之间的对应关系

文献（Sorkine et al.，2004a）的最小二乘网格法通过求解一个 Laplace 方程来重建出变形结果。对于四面体网格，带特征点约束的 Laplace 方程可以表达为：

$$\begin{cases} (\mathrm{Div}\cdot\Delta)\boldsymbol{x} = 0 \\ \boldsymbol{x}_{m_i} = \hat{\boldsymbol{x}}_{m_i}, \quad 1\leqslant i \leqslant l \end{cases} \tag{8.15}$$

其中，Div、Δ 分别为四面体网格的散度算子和梯度算子（Tong et al.，2003），$\{\hat{\boldsymbol{x}}_{m_i}\}_{i=1}^{l}$ 是特征点的位置约束，$\{\boldsymbol{m}_i\}_{i=1}^{l}$ 是特征点的索引，而 l 是特征点的个数。实际上，以上方程产生的是一个调和映射：它将每个控制网格顶点放置在其 1 环邻域的重心位置，并且能够保证变形结果比较光顺。经过上述操作，C_S 和 C_T 的形状已经非常相似，我们通过比较变形后四面体重心的距离来确定它们之间的对应关系：对于 C_T 中的每个四面体，将 C_S 中与之最近（重心之间的距离）的四面体作为它的对应。

8.3.2　拟合源四面体控制网格的变形状态

为了在控制网格之间进行变形的迁移，我们必须要将源模型 S 的变形传递给它的四面体控制网格 C_S。注意到 S 和 C_S 之间的关系是通过改进的重心坐标来描述的：$L(\boldsymbol{x},\boldsymbol{m},\boldsymbol{u}), \forall \boldsymbol{u} \in S$。通过保持 S 和 C_S 的关系在变形前后不变，我们给出了拟合约束的定义：

$$E_{\text{fitting}}(\boldsymbol{x},\boldsymbol{m}) = \oint_S \|S'(\boldsymbol{u}) - L(\boldsymbol{x},\boldsymbol{m},\boldsymbol{u})\|^2 \, \mathrm{d}\omega \qquad (8.16)$$

其中，$S'(\boldsymbol{u})$ 变形后的几何位置，$\mathrm{d}\omega$ 是 $\boldsymbol{u}$ 周围的一个曲面微元。

然而，$E_{\text{fitting}}(\boldsymbol{x},\boldsymbol{m})$ 是欠约束的：对于 C_S 中的一个控制网格顶点，如果它的相邻四面体与 S 都不相交，那么 $E_{\text{fitting}}(\boldsymbol{x},\boldsymbol{m})$ 对该控制网格顶点没有影响。考虑到刚性约束，最终通过求解如下的能量优化问题来获得 C_S 的变形状态 C_S'：

$$\min_{\{\boldsymbol{x},\boldsymbol{m}\}} \{E_{\text{fitting}}(\boldsymbol{x},\boldsymbol{m}) + \lambda E_{\text{rigidity}}(\boldsymbol{x})\} \qquad (8.17)$$

其中，λ 是用来协调两个能量项的权值。这样既能够保持 S 和 C_S 之间的对应关系，又能够使得 C_S 进行尽量刚性的变形。能量优化问题 (8.17) 的求解框架与能量优化问题 (8.13) 类似：第一阶段以线性约束 $E_{\text{fitting}}(\boldsymbol{x},\boldsymbol{m})$ 求得初始变形结果，第二阶段对 $E_{\text{fitting}}(\boldsymbol{x},\boldsymbol{m}) + \lambda E_{\text{rigidity}}(\boldsymbol{x})$ 进行迭代优化，得到最终变形结果。

8.3.3　迁移后的优化

我们得到了体对应关系和源控制网格的变形状态，从而可以在四面体控制网格之间进行变形迁移。通过比较 C_S 和 C_S'，我们可以将变形表达为一系列的仿射变换 $\{(\boldsymbol{A}_{h_i}^{C_S}, \boldsymbol{t}_{h_i}^{C_S})\}_{i=1}^{|C_S|}$（式 (8.11)），其中 $\boldsymbol{A}_{h_i}^{C_S}$ 是一个线性变换，$\boldsymbol{t}_{h_i}^{C_S}$ 是一个平移向量，而 $|C_S|$ 是 C_S 中四面体的个数。因为相邻四面体有公共的顶点，如果将这些仿射变换直接作用给目标控制网格 C_T，会导致相邻四面体出现分离 (Sumner et al.，2004)。为此，我们通过求解能量优化问题 (8.13) 来维持连贯性，即保证相邻四面体的公共顶点在变形后只能有一个几何位置，并记 C_T 的变形状态为 C_T'。最后，利用改进的重心坐标插值 (式 (8.2)) 将该变形传递给目标模型 T 来获得最终的迁移结果 T'。

8.3.4　实验结果与讨论

通过建立源控制网格和目标控制网格的体对应关系，变形的迁移可以在控制网格之间进行，有效地降低了用户的交互量。在图 8-12 中，我们将变形从 Camel 模型迁移给 Horse 模型，来得到一匹奔跑的马。图 8-14 将各种各样的 Cat 模型的变形迁移给 Lion 模型，而体对应关系的建立仅用了 15 对特征点。

图 8-14　变形迁移（从 Cat 模型到 Lion 模型）。各种各样的 Cat 模型的变形
被迁移给 Lion 模型，最左边是原始模型以及它们的四面体控制网格

图 8-15 给出了本章算法与迁移算法（Sumner et al.，2004）的比较。虽然迁移结果非常相似，但是从另一个视点下的局部放大图可以看出，本章算法更好地保持了 Lion 模型的几何细节。由于利用四面体控制网格来完成变形迁移工作，因此本章算法能够在不同胚的模型之间进行变形的迁移。如图 8-16 所示，Bar 模型的扭曲、弯曲等变形被迁移给 Block 模型。而已有的变形迁移算法（Sumner et al.，2004；Zayer et al.，2005；Chang et al.，2006；Wang Y S et al.，2008）都无法处理这种情形。

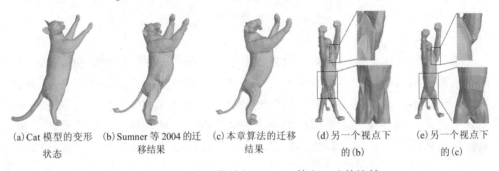

(a) Cat 模型的变形　　(b) Sumner 等 2004 的迁　(c) 本章算法的迁移　　(d) 另一个视点下　　(e) 另一个视点下
　　　状态　　　　　　　　移结果　　　　　　　　结果　　　　　　　　的(b)　　　　　　　的(c)

图 8-15　本章算法与 Sumner 等（2004）的比较

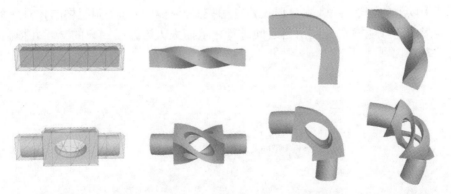

图 8-16　不同胚的模型之间的变形迁移 Bar 模型的扭曲、弯曲等变形被迁移给 Block 模型。
最左边是原始模型以及它们的四面体控制网格

表 8-2 列出了迁移过程中所用模型及其四面体控制网格的几何信息和变形迁移效率的统计数据,其中体对应关系的时间不包括用户指定特征点的时间,预计算包括拟合过程和迁移后的优化过程中能量函数的离散和系数矩阵的分解,拟合过程包括旋转估计和相应的方程组的求解,迁移后的优化包括旋转估计、相应的方程组的求解和改进的重心坐标插值。

表 8-2　变形迁移效率的统计数据

源模型和目标模型	原始模型的顶点个数	控制网格的顶点个数	控制网格的四面体个数	体对应关系的时间/ms	预计算的时间/ms	拟合过程的时间/ms	迁移后的优化的时间/ms
Camel	21,887	467	1375	67.895	2345.814	108.900	123.855
Horse	8,431	512	1463				
Cat	7,207	200	522	28.240	759.190	37.442	45.464
Lion	5,000	209	567				
Bar	23,402	35	78	5.906	629.264	5.402	15.989
Block	11,371	57	147				

8.4　本 章 小 结

基于稀疏的四面体控制网格,本章提出了一个统一的三维模型编辑框架,讨论了两种重要的编辑操作:形状变形和变形迁移。四面体控制网格能够很好地逼近输入模型,使得本章算法易于控制,具有较高的效率和较好的收敛性,可以支持多种模型表示方式,并且能够在不同胚的物体之间进行变形的迁移。形状变形时,通过约束控制网格的刚性,本章算法能够在大尺度编辑过程中防止几何细节的扭曲和体积的变化。此外,动态的细分策略能够进一步优化变形误差较大的区域,并且提高变形的质量。

基于以上的变形算法,本章通过建立源控制网格和目标控制网格的体对应关系,使得变形的迁移能够在控制网格之间进行,从而大大方便了用户的交互并提高了算法的效率。

第9章 三维形状的网格变形

本章在分析三维形状的网格变形基础上，提出了大尺度变形过程中刚性约束的求解框架，研究了保细节的网格刚性变形算法。9.1节分析了三维形状的网格变形研究背景；基于曲面的微分坐标技术，9.2节介绍了大尺度变形过程中刚性约束的求解框架，并讨论了三维形状的网格变形操作；9.3节提出了三维形状的保细节刚性变形算法；最后是本章小结。

9.1 模型的网格变形概述

基于曲面的网格变形就是在满足用户编辑约束的条件下得到一个直观上合理的新曲面，从数学上看，就是确定曲面变形前后的一个位移函数 $d: S \to \mathbf{R}^3$，该函数将待编辑曲面 S 的每个点映射到变形曲面 S' 的相应点：$S' = \{ \boldsymbol{p} + d(\boldsymbol{p}) \mid \boldsymbol{p} \in S \}$。在基于曲面的网格变形中，最典型、直观的约束是位置约束，即用户选择曲面上的一些点作为变形句柄，通过指定这些点的新位置，将曲面 S 变形到新曲面 S'。新曲面上的句柄点必须满足这些位置约束：$d(\boldsymbol{p}_i) = \boldsymbol{d}_i, \quad \forall \boldsymbol{p}_i \in H$。

典型的基于曲面的网格变形技术有多分辨率技术、微分坐标技术。

9.1.1 多分辨率技术

如图9-1所示，多分辨率技术(Zorin et al., 1997；Kobbelt et al., 1998；Guskov et al., 1999)将原始网格分解为基网格和一系列的高频几何细节，其中高频几何细节通过位移向量表示，这样得到了原始网格的多分辨率表示。在编辑过程中，首先对基网格进行变形，然后再将高频几何细节叠加回去可以得到最终的变形结果。由于基网格是光滑的，对其进行变形不会损失几何细节，从而可以在一定程度上保持模型原有的几何特征。

Botsch 等(2003)将多分辨率技术从曲面推广到体，从而防止变形过程中出现明显的体积变化和局部自交现象。Kircher 等(2006)利用多分辨率技术来编辑网格变形序列。通过小波分解，Sauvage 等(2007)能够将原始网格的体积表达为任一层多分辨

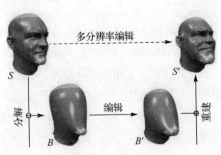

图9-1 多分辨率技术的算法流程
(Botsch et al., 2008)

率系数的三线性组合，从而在变形中实现了保体积的目的。但由于多分辨率技术没有根据基网格的变形对几何细节的朝向进行相应的调整，因而在变形较大的区域仍然会出现细节的扭曲。

9.1.2　微分坐标技术

微分坐标技术最早出现于 2003 年(Alexa，2003)，并在随后的几年中迅速发展起来，成为目前最成熟、最常用的一种变形方法(Lipman et al.，2004；Sorkine et al.，2004a，2004b；Yu et al.，2004；Lipman et al.，2005；Zhou et al.，2005)。三维形状变形中，模型几何细节的保持至关重要，微分坐标技术利用 Laplacian 坐标来表示网格模型的局部几何细节。Laplacian 坐标几何意义在于：它是对模型上平均曲率的一种逼近。微分坐标技术将变形归结为一个能量优化问题，通过求解一系列的常系数稀疏线性方程组来拟合改变的微分坐标，从而重建出最终的变形结果。由于在优化过程中直接保持细节的尺度、调整细节的朝向，该技术能够将变形引起的误差均匀地扩散到整个模型上，有效地防止了几何细节的扭曲。事实上，微分坐标技术和基于物理的变形技术有着紧密的联系，详情可参考综述文献(Xu et al.，2009)。由于 Laplacian 坐标不具备旋转不变性，且对其朝向的调整依赖于变形结果，因此微分坐标技术是一个非线性优化问题。根据求解策略的不同可以大致将已有算法分为两类：线性方法和非线性方法。

线性方法将非线性优化问题线性化(Alexa，2003)，从而能够简便地估计出局部的旋转变换来调整 Laplacian 坐标的朝向，最终通过求解一个线性系统来得到变形结果。虽然线性方法易于实现，但是只适用于小变形，在大变形时会出现严重的细节扭曲。Lipman 等(2004)首先利用初始的 Laplacian 坐标求得初始变形结果，然后以每个顶点处的局部坐标系在变形中所经历的旋转变换来调整几何细节的朝向。Sorkine 等(2004b)、Nealen 等(2005)将局部变换表达为变形前后几何位置的线性组合。Yu 等(2004)、Zhou 等(2005)通过测地距离加权的方式将操作点集的变换(由用户输入)扩散到整个模型，而 Zayer 等(2005)则利用曲面调和场来扩散操作点集的变换。Lipman 等(2005)将每个顶点的局部标架表达为其 1 环邻域点局部标架的线性组合，通过求解一个线性方程组来扩散操作点集的变换。

非线性方法对优化问题进行迭代求解，每代都会调整 Laplacian 坐标的朝向，最终需要求解一系列的常系数稀疏线性方程组来得到变形结果。虽然在理论上非线性方法能够求得最优解，但是迭代过程的收敛性并没有保证。Huang 等(2006)提出了一个基于约束的统一的变形框架，其中包括保体积的体积约束和维持刚性的骨架约束，并采用子空间技术来提高算法的效率和加速算法的收敛，如图 9-2 所示。Au 等(2006)在 Laplacian 坐标的基础上提出了对偶 Laplacian 坐标，并讨论了它的收敛性问题。Lipman 等(2007)利用网格模型的活动标架表示(Moving Frames Representation)来保持曲面的细节和模型的体积。Au 等(2007)提出了操作点相关的刚性

（Handle-aware Rigidity）的概念，利用曲面调和场的等值线来降低优化问题的维数。Xu 等（2007）将微分坐标技术推广到网格变形序列的编辑。虽然微分坐标技术能够获得令人满意的变形效果，但由于需要求解大型稀疏线性方程组，该类算法的时间复杂度和空间复杂度都比较高。

图 9-2　微分坐标技术对 Armadillo 模型和 Santa 模型的变形（Huang et al.，2006）

　　传统的基于曲面的微分坐标技术在大尺度变形过程中会引起不合理的体积变化，本章首先提出了一种新的刚性约束来解决这个问题（Zhao et al.，2014，2016）。我们的刚性约束可以通过若干个嵌入网格模型内部的小立方体来实现。用户可以交互地在易于出现体积变化的区域加入立方体，并利用均值坐标将它们表达为网格顶点的线性组合。变形时，刚性约束能够保持每个立方体的刚性，防止网格顶点之间的相对移动，使得目标区域进行尽量刚性的变形，从而有效地防止局部塌陷、体积收缩等退化现象。

　　本章还提出一种新的保细节的网格变形算法（Zhao et al.，2015）。首先利用一个基于自适应聚类简化的变形传递技术来得到网格模型的初始变形结果，然后通过最小化一个二次能量函数，为每个网格顶点估算一个刚性变换来得到其最终的几何位置。为了保证变形结果的连续性，变形框架可以对这些刚性变换进行迭代优化，使得相邻网格顶点的刚性变换尽量相近。由于初始变形是在简化网格上进行的，因此在很大程度上提高了算法的效率。同时，最终变形结果是通过一系列的刚性变换获得的，从而能够使得网格模型在编辑过程中进行尽量刚性的变形，有效地防止了几何细节的扭曲。实验结果表明，所提出的算法简单高效，获得了令人满意的效果。

9.2　大尺度变形中的刚性约束

9.2.1　变形能量

　　设原始三角形网格模型为 $M = \{P, E\}$，其中 $P = \{\boldsymbol{p}_i \in \mathbb{R}^3 \mid i = 1, 2, 3, \cdots, N\}$ 是所有网

格顶点的集合，$E = \{(i,j) \mid \boldsymbol{p}_i 与 \boldsymbol{p}_j 相连\}$ 记录了网格顶点之间的连接关系，其中 N 是网格顶点的个数。记网格顶点 $\boldsymbol{p}_i$ 的 1 环邻域为 $N(i) = \{j \mid (i,j) \in E\}$。同时，还要假设 M 是一个封闭的模型，以便下面利用均值坐标(Ju et al.，2005；Floater et al.，2005)，否则必须首先对 M 进行几何修复(Ju，2004；Nguyen et al.，2005；Kraevoy et al.，2005)。

1. Laplacian 算子

微分坐标技术利用 Laplacian 坐标表示曲面的局部几何细节，下面简单回顾一下 Laplacian 算子以及相应的变形能量。

如图 9-3 所示，网格顶点 $\boldsymbol{p}_i$ 的 Laplacian 坐标 $\boldsymbol{d}_i$ 可以表达为其 1 环邻域边的线性组合：

$$\boldsymbol{d}_i = L_M(\boldsymbol{p}_i) = \sum_{j \in N(i)} w_{ij}(\boldsymbol{p}_i - \boldsymbol{p}_j) \tag{9.1}$$

其中，L_M 被称为网格模型 M 的 Laplacian 算子；w_{ij} 是网格顶点 $\boldsymbol{p}_j$ 的权值。

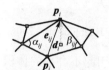

图 9-3　Laplacian 坐标的示意图

在本章中，我们采用的是 Cotangent 加权方式(Desbrun et al.，1999；Huang et al.，2006)：

$$w_{ij} = \frac{\cot \alpha_{ij} + \cot \beta_{ij}}{2}$$

其中 α_{ij}、β_{ij} 分别为邻域边 $\boldsymbol{e}_{ij}$ 的两个对角。Cotangent 形式的 Laplacian 坐标具备两个性质：① $\boldsymbol{d}_i$ 与 $\boldsymbol{p}_i$ 的法向在一条直线上；② $\boldsymbol{d}_i$ 的长度等于 $\boldsymbol{p}_i$ 处的平均曲率。

在变形前，用户可以交互地将网格模型 M 分为三个部分：待编辑区域(Region of Interest)、固定区域和边界区域，其中边界区域位于待编辑区域和固定区域之间，以保证两个区域的光滑过渡。为了对变形进行直接控制，用户可以在待编辑区域内选取若干个网格顶点作为操作点集。变形时，通过直接为它们指定变形后的位置，来得到预期的变形效果。变形最终通过求解以下的二次能量优化问题实现：

$$\min_{\boldsymbol{p}_i'} \left\{ \sum_{i=1}^n \left\| L_M(\boldsymbol{p}_i') - \boldsymbol{d}_i' \right\|^2 + \alpha \sum_{j=1}^m \left\| \boldsymbol{p}_j' - \boldsymbol{q}_j \right\|^2 \right\} \tag{9.2}$$

其中，$\boldsymbol{p}_i'$ 是变形后的几何位置；$\boldsymbol{d}_i'$ 是变形后的 Laplacian 坐标(由式(9.3)计算)；$\boldsymbol{q}_j$ 是用户为 $\boldsymbol{p}_j$ 指定的位置约束；n 是待编辑点和边界点的总数；m 是操作点和边界点的总数。第一项是为了保持模型的几何细节，第二项是为了满足用户的交互，参数 α 是用来协调两个能量项的权值。

由于 Laplacian 坐标不具备旋转不变性，初始的 Laplacian 坐标不能体现变形后的几何细节的朝向，因此需要估计一个旋转矩阵对其进行调整。变形后的 Laplacian 坐标可以通过以下公式计算：

$$d_i' = R_i d_i \tag{9.3}$$

其中 R_i 是一个旋转矩阵。估计 R_i 的方法非常多，在下一小节，我们将弹性力学中的显式旋转估计公式引入到网格变形中。

2. 显式旋转估计

设第 i 个网格顶点在变形前后的几何位置分别为 p_i、p_i'，并且记 $p_{ij} = p_j - p_i$，$p_{ij}' = p_j' - p_i'$。根据文献（Müller et al.，2005），首先要求出一个线性变换 A_i，满足：

$$\min_{A_i}\left\{ \sum_{j \in N(i)} \left\| A_i p_{ij} - p_{ij}' \right\|^2 \right\}$$

对 A_i 求导并使之等于零可得：$A_i = \left(\sum_{j \in N(i)} p_{ij}' p_{ij}^{\mathrm{T}} \right)\left(\sum_{j \in N(i)} p_{ij} p_{ij}^{\mathrm{T}} \right)^{-1}$。那么旋转矩阵 R_i 就可以通过对 A_i 进行极分解得到：$A_i = R_i S_i$，其中 R_i 是一个正交矩阵，S_i 是一个对称半正定矩阵。数学上实现极分解的经典方法包括：奇异值分解（SVD）和 Jacobi 迭代法。然而在弹性力学领域，Dui（1998）基于 Cayley-Hamilton 定理推导出了旋转矩阵 R_i 的显式表达式：

$$R_i = \Delta_{S_i}^{-1}[I_{S_i} II_{A_i} I + (I_{S_i}^2 - II_{S_i}) A_i - I_{S_i} I_{A_i} A_i^{\mathrm{T}} + I_{S_i} (A_i^{\mathrm{T}})^2 - A_i B_i] \tag{9.4}$$

其中，I 是单位矩阵；$B_i = A_i^{\mathrm{T}} A_i$，$I_{A_i}$、$II_{A_i}$、$I_{S_i}$、$II_{S_i}$、$III_{S_i}$ 分别是 A_i 和 S_i 的主不变量；$\Delta_{S_i}^{-1} = (I_{S_i} II_{S_i} - III_{S_i})^{-1}$。

对于已知矩阵 A_i，它的主不变量可以直接计算。那么式（9.4）中的未知量就只有未知矩阵 S_i 的主不变量：I_{S_i}、II_{S_i}、III_{S_i}。它们的表达式已由文献（Hoger et al.，1984；Sawyers，1986；Xiong et al.，1988）给出：

$$\begin{cases} I_{S_i} = U + \sqrt{I_{B_i} - U^2 + 2\sqrt{III_{B_i}} / U} \\ II_{S_i} = \sqrt{II_{B_i} + 2I_{S_i} III_{S_i}} \\ III_{S_i} = \sqrt{III_{B_i}} \end{cases}$$

其中

$$U = \sqrt{(I_{B_i} + 2\sqrt{I_{B_i}^2 - 3II_{B_i}} \sin\varphi) / 3}$$

$$\varphi = \frac{1}{3}\arcsin\left(\frac{9I_{B_i} II_{B_i} - 2I_{B_i}^3 - 27III_{B_i}}{2(I_{B_i}^2 - 3II_{B_i})^{3/2}} \right)$$

而 I_{B_i}、II_{B_i}、III_{B_i} 是已知矩阵 B_i 的主不变量。

表 9-1 中比较了不同方法实现极分解的平均时间和平均误差：运用各方法多次

进行极分解，然后取平均值。在计算效率时，时间以毫秒为单位。在计算误差时，以奇异值分解(SVD)的结果为标准，其余两种方法都与之比较(采用矩阵的F范数)。对比数据表明，显式旋转估计公式比两种经典方法快了2倍多，精度也高于Jacobi迭代法。

表9-1　不同方法实现极分解的平均时间和平均误差的比较

	奇异值分解(SVD)	Jacobi迭代法	显式旋转估计公式
平均时间/ms	0.009	0.006	0.0025
平均误差	—	0.0003409	0.0002885

3. 刚性约束

尽管传统的微分坐标技术能够有效地保持曲面的几何细节，但是在大尺度变形过程中会出现局部塌陷、体积收缩等不自然的现象，如图9-4(c)、图9-5(b)、图9-6(b)所示。Zhou等(2005)通过为原始网格构造体图，并将微分坐标技术从曲面推广到体来解决该问题。但由于体图的顶点个数远远多于原始网格，因而大大地降低了算法的效率。

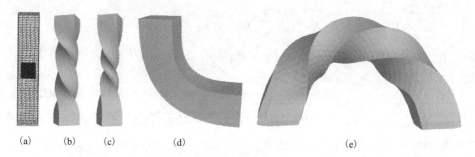

图9-4　Bar模型的变形结果的比较。(a)用户施加的刚性约束；(b)本章算法的变形结果；(c)Au等(2005)的变形结果；(d)弯曲的结果；(e)扭曲&弯曲的结果

图9-5　Armadillo模型的变形结果的比较。(a)原始模型；(b)Au等(2005)的变形结果；(c)本节算法的变形结果，左上角为用户施加的刚性约束

本章提出了一种新的刚性约束来防止明显的体积变化。该刚性约束可以通过嵌

入网格模型内部的小立方体来实现。用户只需要点击变形较大的区域，算法就会自动地在该区域内部指定一个立方体(图 9-5(a))：设用户点击的像素为 p，我们构造一条由视点出发且经过该像素的直线，然后计算它与网格模型的两个交点，分别记为 p_a、p_b。那么就在 $(p_a + p_b)/2$ 处，以 $l = \|p_a - p_b\|/2$ 为初始边长建立一个平行于坐标平面的立方体。为了处理复杂的情形，立方体的位置和边长可以由用户做进一步的调整。

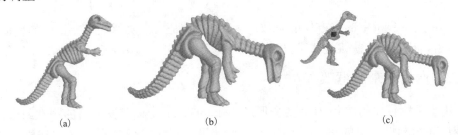

图 9-6 Dinosaur 模型的变形结果的比较。(a)原始模型；(b)Lipman 等(2004)的变形结果；
(c)本节算法的变形结果，左上角为用户施加的刚性约束

三维形状变形中的刚性约束被定义为立方体的刚性，即立方体的边长及相邻边的正交性。如图 9-7(b)所示，建立一个局部的正交坐标系 $\{v_1, v_2, v_3\}$ 来描述立方体的刚性，其中 $v_1 = c_{fc1} - c_{fc2}$，$v_2 = c_{fc3} - c_{fc4}$，$v_3 = c_{fc5} - c_{fc6}$，而 c_{fc1}、c_{fc2}、c_{fc3}、c_{fc4}、c_{fc5}、c_{fc6} 分别为立方体六个面的中心。显然，$\{v_1, v_2, v_3\}$ 的刚

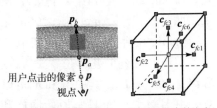

(a)刚性约束的指定　(b)刚性约束的定义

图 9-7　刚性约束的指定

性等价于立方体的刚性：向量 $v_i (1 \leqslant i \leqslant 3)$ 的长度等于立方体的边长，且它们之间的正交性等价于立方体的正交性。则刚性约束可以表达如下：

$$V_c = \left\| v_1 - l \cdot \frac{v_2 \times v_3}{\|v_2 \times v_3\|} \right\|^2 + \left\| v_2 - l \cdot \frac{v_3 \times v_1}{\|v_3 \times v_1\|} \right\|^2 + \left\| v_3 - l \cdot \frac{v_1 \times v_2}{\|v_1 \times v_2\|} \right\|^2 \qquad (9.5)$$

其中，l 是立方体的初始边长。V_c 描述了 $\{v_1, v_2, v_3\}$ 的正交性，即任一向量 v_i 都与其余两个向量 v_{i+1}、v_{i-1} 的外积同向。同时，V_c 也保持了 $v_i (1 \leqslant i \leqslant 3)$ 的长度，从而防止立方体在变形时出现缩放。

为了建立刚性约束与网格模型之间的关系，我们利用均值坐标(Ju et al.，2005)将立方体六个面的中心 $\{c_{fci}\}_{i=1}^6$ 表达为网格顶点的线性组合：

$$c_{fci} = \sum_{j=1}^N k_{ij} p_j, \quad 1 \leqslant i \leqslant 6 \qquad (9.6)$$

其中，$\{k_{ij}\}$ 是 c_{fci} 关于网格顶点 p_j 的均值坐标；N 是网格顶点的个数。式(9.6)将网

格模型与立方体绑定在一起,变形时网格顶点位置的相对移动会影响立方体的刚性,而被刚性约束阻止.通过保持立方体的刚性能够使得目标区域进行尽量刚性的变形,从而防止明显的体积变化.用户可以交互地在易于出现体积变化的区域加入立方体,那么最终需要求解的能量优化问题就相应地变为:

$$\min_{\boldsymbol{p}_i'}\left\{\sum_{i=1}^{n}\left\|L_M(\boldsymbol{p}_i')-\boldsymbol{d}_i'\right\|^2+\alpha\sum_{j=1}^{m}\left\|\boldsymbol{p}_j'-\boldsymbol{q}_j\right\|^2+\beta\sum_{c=1}^{K}V_c\right\} \tag{9.7}$$

其中,K是用户指定的立方体的个数;参数α、β是用来协调三个能量项的权值(取$\alpha=10.0$、$\beta=1.0$为默认值).图 9-4(b)、图 9-5(c)、图 9-6(c)都是改进的变形结果.

9.2.2　迭代的求解框架

由于求解优化问题(9.7)需要变形后的 Laplacian 坐标和变形后的刚性约束,而旋转估计和刚性约束的更新又依赖于变形结果,因此式(9.7)是一个非线性优化问题,需要迭代地进行求解.设 $\boldsymbol{x}^t$、$\boldsymbol{d}^t$、$\{\boldsymbol{v}_{k1}^t,\boldsymbol{v}_{k2}^t,\boldsymbol{v}_{k3}^t\}$ 分别为 t 时刻网格模型的几何位置、Laplacian 坐标和第 k 个立方体的刚性约束.特别地,$t=0$ 表示初始状态.下面采用两步迭代法(Au et al.,2006)来求解优化问题(9.7):

Step1:几何位置的更新.利用当前的 Laplacian 坐标 $\boldsymbol{d}^t$ 和刚性约束 $\{\boldsymbol{v}_{k1}^t,\boldsymbol{v}_{k2}^t,\boldsymbol{v}_{k3}^t\}_{k=1}^K$ 来计算下一时刻的几何位置 $\boldsymbol{x}^{t+1}$。这等价于在最小二乘意义下求解一个稀疏线性方程组:$\boldsymbol{A}\boldsymbol{x}^{t+1}=\boldsymbol{b}^t$,其中 $\boldsymbol{A}$ 和 $\boldsymbol{b}^t$ 可以通过 Laplacian 算子、刚性约束和位置约束来计算,并且 $\boldsymbol{A}$ 是一个只与原始网格和用户的交互有关的常数矩阵,而 $\boldsymbol{b}^t$ 则与当前的 Laplacian 坐标、当前的刚性约束和用户的交互有关.那么下一时刻的几何位置就可以通过求解以下的标准方程组获得:

$$\boldsymbol{A}^{\mathrm{T}}\boldsymbol{A}\boldsymbol{x}^{t+1}=\boldsymbol{A}^{\mathrm{T}}\boldsymbol{b}^t \tag{9.8}$$

Step2:Laplacian 坐标和刚性约束的更新.当几何位置被更新后,利用式(9.4)来估计旋转矩阵,并计算下一时刻的 Laplacian 坐标:$\boldsymbol{d}^{t+1}=\boldsymbol{R}^{t+1}\boldsymbol{d}^0$。而下一时刻的刚性约束则由式(9.5)、式(9.6)获得.

以上两步可以一直迭代下去直到优化问题(9.7)的能量值小于用户给定的阈值.当迭代过程结束时,变形结果的 Laplacian 算子 L_M^{t+1} 应该和初始的 Laplacian 算子 $L_M^0(=L_M)$ 相似.Laplacian 坐标的朝向得到合理地调整,而长度则被保持住.每个立方体的刚性也得到保持,即边长和正交性都保持不变.

9.2.3　误差分析

为了衡量变形的误差,我们引入了四个度量,同时它们也可以作为上述迭代过程的结束条件.

第一个度量定义为变形前后 Laplacian 权系数的差的平均值,用来衡量 Laplacian

算子变化：

$$E_1 = \sqrt{\frac{1}{\sum_{i=1}^{N}|N(i)|} \sum_{i=1}^{N}\sum_{j \in N(i)} (w_{ij}^0 - w_{ij}^t)^2} \tag{9.9}$$

其中，w_{ij}^0、w_{ij}^t 分别是原始网格和变形结果的 Cotangent 权值。

第二个度量定义为变形前后 Laplacian 坐标长度的差的平均值，用来衡量几何细节的尺度变化：

$$E_2 = \sqrt{\frac{1}{N}\sum_{i=1}^{N}(h_i^0 - h_i^t)^2} \tag{9.10}$$

其中，$h_i^0 = \left\|\boldsymbol{d}_i^0\right\|$，$h_i^t = \left\|\boldsymbol{d}_i^t\right\|$。

第三个度量定义为变形后局部坐标系 $\{\boldsymbol{v}_{k1}^t, \boldsymbol{v}_{k2}^t, \boldsymbol{v}_{k3}^t\}_{k=1}^{K}$ 中任一向量 $\boldsymbol{v}_{ki}^t$ 与其余两个向量 $\boldsymbol{v}_{k(i+1)}^t$、$\boldsymbol{v}_{k(i-1)}^t$ 的外积之间的夹角的平均值，用来衡量立方体偏离正交性的程度：

$$E_3 = \frac{1}{K}\sum_{k=1}^{K}\frac{1}{3}(\theta_{k1} + \theta_{k2} + \theta_{k3}) \tag{9.11}$$

其中，θ_{k1} 表示向量 $\boldsymbol{v}_{k1}^t$ 和 $\boldsymbol{v}_{k2}^t \times \boldsymbol{v}_{k3}^t$ 之间的夹角；θ_{k2} 表示向量 $\boldsymbol{v}_{k2}^t$ 和 $\boldsymbol{v}_{k3}^t \times \boldsymbol{v}_{k1}^t$ 之间的夹角；θ_{k3} 表示向量 $\boldsymbol{v}_{k3}^t$ 和 $\boldsymbol{v}_{k1}^t \times \boldsymbol{v}_{k2}^t$ 之间的夹角。

第四个度量定义为变形前后局部坐标轴长度的差的平均值，用来衡量立方体出现缩放的程度：

$$E_4 = \sqrt{\frac{1}{K}\sum_{k=1}^{K}\frac{1}{3}\sum_{j=1}^{3}(l_{kj}^0 - l_{kj}^t)^2} \tag{9.12}$$

其中，$l_{k1}^0 = \left\|\boldsymbol{v}_{k1}^0\right\| = l$，$l_{k2}^0 = \left\|\boldsymbol{v}_{k2}^0\right\| = l$，$l_{k3}^0 = \left\|\boldsymbol{v}_{k3}^0\right\| = l$，$l_{k1}^t = \left\|\boldsymbol{v}_{k1}^t\right\|$，$l_{k2}^t = \left\|\boldsymbol{v}_{k2}^t\right\|$，$l_{k3}^t = \left\|\boldsymbol{v}_{k3}^t\right\|$。
当迭代收敛时（即 t 时刻），表 9-2 对几个例子的变形误差进行了统计，数据显示我们的求解框架可以有效地减少变形的误差。

表 9-2　几个变形结果的误差数据

模型	Bar twisting 误差	Dinosaur 误差	Armadillo 误差
E_1	0.058207	0.030282	0.025292
E_2	0.001437	0.002691	0.002064
E_3	1.026924	0.760235	0.832078
E_4	0.003544	0.002736	0.002216

9.2.4　实验结果与讨论

本章算法在 PC 机上，基于 C++语言得到了实现。其程序运行环境是 Windows XP，计算机配置为 Pentium4 1.9G CPU，512MB 内存和 Geforce FX 5700 显卡。

如图 9-4(c)所示，对 Bar 模型进行扭曲操作时，算法(Au et al.，2005)的结果出现了明显的体积收缩。本章算法在 Bar 模型的中间位置嵌入一个立方体(图 9-4(a))，防止了不合理的体积变化。同时，图 9-4(d)和图 9-4(e)给出了弯曲、扭曲加弯曲的结果。图 9-5 给出了本章算法与 Au 等(2005)的一组比较结果。图 9-6 给出了本章算法与 Lipman 等(2004)的比较。由于算法(Lipman et al.，2004)采用的是 Uniform 形式的 Laplacian 坐标，没有考虑到 Dinosaur 模型采样的不规则性，变形结果中不但出现了局部形状的塌陷，还出现了细节的扭曲。而本章提出的刚性约束和 Cotangent 形式的 Laplacian 坐标则防止了不自然的变形结果。

图 9-8 对复杂模型 Octopus 的触角进行了编辑。图 9-9 给出了 Dinosaur 模型的复杂变形结果。在图 9-10 中，根据用户指定的五个立方体，我们对 Armadillo 模型的四肢进行了大尺度的编辑。这些例子都证明了本章算法的有效性。

(a)原始模型　　　　　　　(b)用户施加的刚性约束　　　　　(c)本节算法的变形结果

图 9-8　Octopus 模型的变形结果

图 9-9　Dinosaur 模型的变形结果，左下角为用户施加的刚性约束

在迭代的求解框架中，最耗时的是对方程组(9.8)的求解。但由于它们的系数矩阵都是常数矩阵，在整个编辑过程中始终保持不变，因此可以将它们预分解为一些特殊矩阵的乘积，在迭代过程中只要进行逐次向后回代就可以得到方程组的解。而且由于 x、y、z 三个坐标轴方向是相互无关的，因此可以分开进行求解。一般情况下，迭代 10～30 次就可以使得优化问题(9.7)的能量值小于用户给定的阈值。表 9-3 给出了本节所用网格模型的几何信息和算法效率的统计数据。

为了进一步提高算法的效率，我们采用子空间技术(Huang et al.，2006)来加速对方程组(9.8)的求解。通过为原始网格构造一个稀疏的控制网格，并利用均值坐标将变形能量投影到控制网格，在迭代过程中需要求解的方程组就变为：

$$(AW)^{\mathrm{T}}(AW)p^{t+1} = (AW)^{\mathrm{T}}b^{t}$$

其中，p^{t+1} 是 $t+1$ 时刻控制网格的几何位置，W 是均值坐标矩阵。而 $t+1$ 时刻原始网格的几何位置则由公式 $x^{t+1} = Wp^{t+1}$ 计算。

表 9-3   Horse 模型、Armadillo 模型以及它们的控制网格的几何信息

模型	原始网格的顶点个数	控制网格的顶点个数
Horse	48485	51
Armadillo	15002	110

由表 9-4 可知，控制网格的顶点个数 $|p|$ 远远少于原始网格的顶点个数 $|x|$，每次所需求解的方程组的维数从 $|x|\times|x|$ 降为 $|p|\times|p|$，从而大大地提高了求解的效率。如图 9-11 所示，我们固定 Horse 模型的腿部，而编辑它的头部，并利用子空间技术进行加速。控制网格和用户施加的刚性约束在图 9-11(a) 中。图 9-11(b) 所示是相应的变形结果，其中右上角为控制网格的变形结果。在图 9-12 中，同样采用子空间技术对 Armadillo 模型进行编辑，控制网格和用户施加的刚性约束在图 9-12(a) 中。图 9-12(b) 所示是 Armadillo 模型的大尺度变形结果，几何细节和体积都得到了很好地保持，其中右上角为控制网格的变形结果。

表 9-4   本节算法效率的统计数据

模型	顶点个数	变形时间/ms
Armadillo	15002	2854.489
Dinosaur	16159	3085.326
Octopus	56981	12250.048

(a)用户施加的刚性约束   (b)不同视点下 Armadillo 模型的变形结果

图 9-10   Armadillo 模型的变形结果

(a) 原始模型、控制网格以及用户施加的刚性约束　(b) 本节方法的变形结果，右上角为控制网格的变形结果

图 9-11　Horse 模型在子空间技术加速下的变形结果

(a) 原始模型、控制网格以及用户施加的刚性约束　　(b) 本节方法的变形结果，右上角为控制网格的变形结果

图 9-12　Armadillo 模型在子空间技术加速下的变形结果

9.3　保细节的网格刚性变形算法

为了给算法提供一个合理的初始变形结果，本节提出了一个基于自适应聚类简化的变形传递技术：首先对原始网格进行自适应聚类简化得到其简化网格，并利用微分坐标技术对简化网格进行变形，然后将简化网格的变形传递给原始网格作为初始结果。由于变形是在简化网格上进行的，而且简化网格的顶点个数远远少于原始网格，因此我们可以非常高效地获得变形的初值。然后通过比较变形前后的细节保持区域，为每个网格顶点估算一个最优的刚性变换来得到其最终的几何位置，这样能够使得网格模型在编辑过程中进行尽量刚性的变形，从而有效地保持模型的几何细节。这是由于采用了一个迭代的变形框架来对刚性变换进行优化，使得相邻网格顶点的刚性变换尽量相近，从而保证了变形结果的连续性。

9.3.1　初始变形估计

由于交互式网格变形是一个典型的非线性问题，一个合理的初始变形结果对算法迭代优化的快速收敛是非常重要的。此处"合理"是指，初始变形结果要能够体现用户的交互并大致地反映最终变形结果的朝向、位置等信息。已有的变形算法的复杂度都与模型的顶点个数有关，若将它们直接应用于原始网格来获得初始变形结果，时间复杂度非常高。为了能够高效地获得变形的初值，我们提出了一个基于自适应聚类简化的变形传递技术：首先通过一个自适应聚类简化算法得到原始网格的简化网格，然后将原始网格的交互信息传递给简化网格，并利用微分坐标技术（Au et al.，2005）对简化网格进行变形，最后再通过局部坐标系编码的方法将简化网格的变形传递给原始网格作为初始变形结果。

设原始三角形网格模型为 $M = \{P, K\}$，其中 $P = \{p_i \in \mathbb{R}^3 \,|\, 1 \leqslant i \leqslant N\}$ 是所有网格顶点的集合，$K = \{(i, j) \,|\, p_i \text{与} p_j \text{相连}\}$ 是记录了网格顶点之间的连接关系的图。

1. 自适应聚类简化

我们通过二叉树空间剖分来实现自适应聚类简化。设 Ω 是原始网格上的一个区域，下面给出空间剖分的两个度量：曲面变分和法向变分。这里利用协方差分析（Pauly et al.，2002）对区域 Ω 的属性进行估计。首先构造协方差矩阵为：

$$C = \sum_{p_i \in \Omega} (p_i - \overline{p})^{\mathrm{T}} (p_i - \overline{p})$$

其中，$\overline{p}$ 是 Ω 的重心，并记 C 的特征值、特征向量为 λ_l、v_l $(0 \leqslant l \leqslant 2)$。$\lambda_l$ 反映了 Ω 在方向 v_l 上的变化，若 $\lambda_0 \leqslant \lambda_1 \leqslant \lambda_2$，则过点 $\overline{p}$ 且以 v_2 为法向的平面 $(x - \overline{p}) \cdot v_2 = 0$ 可以作为剖分平面，即 Ω 沿着变化最大的方向被剖分。而 $\sigma_g = \lambda_0 / (\lambda_0 + \lambda_1 + \lambda_2)$ 则被定义为曲面变分，其意义是：σ_g 越大，Ω 中几何的变化就越大。

虽然由曲面变分和剖分平面的定义，已经可以对原始网格进行简化，但在某些情况下，简化结果中会出现拓扑结构的错误，即网格曲面上距离很远的点会被聚为一类。因此引入了一个更敏感的度量：法向变分被定义为 Ω 中任一点的法向与平均法向之间夹角的最大值，即：

$$\sigma_n = \max_{p_i \in \Omega} \left\{ \arccos \left(\frac{< n_i, \overline{n} >}{\| n_i \| \cdot \| \overline{n} \|} \right) \right\}$$

其中，$\overline{n} = \dfrac{\sum_{p_i \in \Omega} n_i}{|\Omega|}$ 是平均法向；$|\Omega|$ 是 Ω 中顶点的个数；n_i 是顶点 p_i 的法向；$< \cdot >$ 是内积算子。由于法向的变化是高频信息，法向变分能够更为准确地反映出 Ω 中几何细节的丰富程度。那么基于曲面变分、法向变分和剖分平面的定义，我们可以递

归地将原始网格剖分为一系列的子区域,即 $M = \{C_1, C_2, \cdots, C_m\}$。我们称 C_i 为原始网格的类,则所有类的重心 c_i 构成了简化网格 $\bar{M}$ 的几何信息,即 $\bar{P} = \{c_i \in R^3 \mid 1 \leqslant i \leqslant m\}$,而相邻类的连接关系构成了拓扑信息,即 $\bar{K} = \{(i, j) \mid C_i 与 C_j 相邻\}$。

2. 变形的传递

1)交互信息的传递

为了对变形进行直接控制,通过交互将原始网格分为四部分(图 9-13(a)):待编辑区域(黄色)、操作点区域(绿色)、固定区域(蓝色)和边界区域(红色)。在变形时,我们可以通过直接编辑操作点,即为它们指定变形后的位置,来得到预期的变形结果。

为了对简化网格进行变形,将通过以下规则将交互信息传递给它(图 9-13(b))。对于简化网格的任一点 c_i,它对应于原始网格的一个类 C_i,①若 C_i 中所有顶点都属于待编辑区域,那么 c_i 就属于 $\bar{M}$ 的待编辑区域;②若 C_i 中至少存在一个顶点是操作点,那么 c_i 就是 $\bar{M}$ 的操作点;③若 C_i 中至少存在一个顶点属于边界区域,那么 c_i 就属于 $\bar{M}$ 的边界区域;④若 C_i 不符合以上条件,那么 c_i 就属于 $\bar{M}$ 的固定区域。

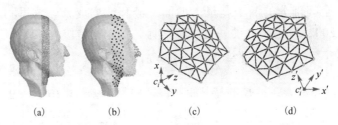

(a)　　　　　　(b)　　　　　　(c)　　　　　　(d)

图 9-13　交互信息的传递及变形的传递。(a)原始网格的交互信息;(b)简化网格的交互信息;(c)变形前的局部坐标系;(d)变形后的局部坐标系及重建的结果

2)变形的传递

在得到简化网格的交互后,可以利用算法(Au et al., 2005)得到其变形结果 $\bar{M}' = \{c_1', c_2', \cdots, c_m'\}$。下面通过局部坐标系编码的方法将简化网格的变形传递给原始网格作为初始变形结果。

对于简化网格的任一点 c_i,以该点的法向为 z 轴,以其任一条邻域边在切平面上的投影为 x 轴建立局部坐标系,如图 9-13(c)所示。对类 C_i 中的任一点 p_j,我们可以得到它在该局部坐标系中的局部坐标 (c_0^j, c_1^j, c_2^j),即 $p_j - c_i = c_0^j x + c_1^j y + c_2^j z$。当简化网格变形后,相应地建立 c_i' 处的局部坐标系(图 9-13(d)),那么通过保持变形前后局部坐标不变就可以重建出 p_j 变形之后的几何位置 p_j':$p_j' = c_0^j x' + c_1^j y' + c_2^j z' + c_i'$。

图 9-14 和图 9-15 分别给出了 Hand、Horse 的变形结果。如图 9-14(e)、图 9-15(d)所示,通过上述方法得到的初始变形结果是很不光顺,在类与类之间出现了不连续

的现象。这是因为属于不同类的网格顶点的初始变形位置是由不同的局部坐标系重建出来的，而局部坐标系之间又没有连贯性。然而这些初始变形结果已经能够体现出用户的编辑意图并大致地反映出最终变形结果的朝向、位置等信息。经过第四部分中保细节的优化，我们可以使得最终变形结果非常连续(图 9-14(f)、图 9-15(e))。

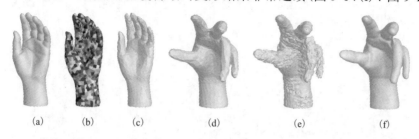

图 9-14　Hand 的变形结果。(a)原始网格；(b)自适应聚类；(c)简化网格；(d)简化网格的变形结果；(e)原始网格的初始变形结果；(f)原始网格的最终变形结果

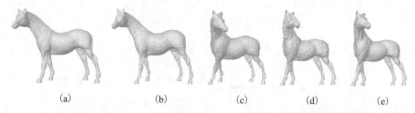

图 9-15　Horse 的变形结果。(a)原始网格；(b)简化网格；(c)简化网格的变形结果；(d)原始网格的初始变形结果；(e)原始网格的最终变形结果

9.3.2　模型变形中的局部细节保持

1. 网格模型上细节保持区域的定义

为了引入保细节的刚性变形算法，首先要给出不规则网格模型上细节保持区域的定义。该定义方式应该满足以下两个条件：①对每个网格顶点，其细节保持区域所包含的几何信息足以用来估算该顶点处的几何属性；②相邻网格顶点的细节保持区域应该具有重叠部分，从而使得估算出的刚性变换尽量相近。显然，对网格顶点 i，其如下的 m 环邻域满足以上条件：

$$\mathrm{LN}(i)=\{j\,|\,\boldsymbol{p}_i\text{与}\boldsymbol{p}_j\text{的最短路径上至多有}m+1\text{个顶点}\}$$

2. 网格模型上保细节的刚性变形算法

设网格顶点 i 的原始几何位置为 $\boldsymbol{p}_i$，变形后的几何位置为 $\boldsymbol{p}_i'$。为了使得网格模型在编辑过程中进行尽量刚性地变形，如图 9-16 所示，通过求解以下的能量最小化问题，即比较原始的和变形后的细节保持区域，为每个网格顶点引入一个刚性变换

$T_i = (R_i, t_i)$，其中 R_i 是一个旋转矩阵，t_i 是一个平移向量：

$$\min \sum_{j \in \mathrm{LN}(i)} w_{ij} \| R_i p_j + t_i - p_j' \|^2 \tag{9.13}$$

其中，$w_{ij} = \dfrac{1}{\mathrm{dist}(p_i, p_j)}$，而 $\mathrm{dist}(p_i, p_j)$ 是 p_i、p_j 之间的测地距离（通过 Dijkstra 算法计算）。

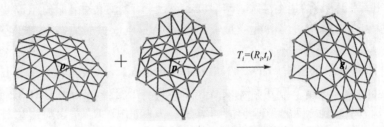

图 9-16　刚性变换估计。左边、中间分别为原始的和变形后的细节保持区域，
右边为最终的细节保持区域

由文献（Müller et al.，2005）可知，平移向量：

$$t_i = \frac{\displaystyle\sum_{j \in \mathrm{LN}(i)} w_{ij}(p_j' - R_i p_j)}{\displaystyle\sum_{j \in \mathrm{LN}(i)} w_{ij}} \tag{9.14}$$

而对旋转矩阵 R_i 的求解则相对困难，我们首先放宽约束并求出一个线性变换 A_i，使得满足：$\min\sum\limits_{j \in \mathrm{LN}(i)} w_{ij} \| A_i p_{ij} - p_{ij}' \|^2$，其中 $p_{ij} = p_j - p_i$，$p_{ij}' = p_j' - p_i'$，通过对 A_i 求导

等于零可得：$A_i = \left(\sum\limits_{j \in \mathrm{LN}(i)} w_{ij} p_{ij}' p_{ij}^\mathrm{T} \right)\left(\sum\limits_{j \in \mathrm{LN}(i)} w_{ij} p_{ij} p_{ij}^\mathrm{T} \right)^{-1}$，则由（Müller et al.，2005）可知，

旋转矩阵 R_i 可以通过对 A_i 进行极分解得到，即：

$$R_i = A_i \sqrt{A_i^\mathrm{T} A_i}^{-1} \tag{9.15}$$

那么网格顶点的最终几何位置为：

$$g_i = T_i(p_i) = R_i p_i + t_i \tag{9.16}$$

由于每个网格顶点的最终几何位置都是通过作用一个最优的局部刚性变换得到的，因此可以在最大程度上保持网格模型的局部几何细节。

3. 迭代的求解框架

我们将变形问题归结为求解一系列的刚性变换，但是为了保证变形结果的连续

性，必须对这些刚性变换进行优化，使得相邻网格顶点的刚性变换尽量相近。因此这里设计了一个迭代的求解框架：

设 p^t、$T^t=(R^t,t^t)=\{(R_i^t,t_i^t)\}$ 分别为 t 时刻网格模型的几何位置和刚性变换。特别地，p^0、p^1 分别表示原始状态和初始变形结果。

Step1：刚性变换的更新。通过对原始几何位置 p^0 和当前几何位置 p^t 求解能量最小化问题(9.13)，为所有网格顶点估算出当前刚性变换 T^t 的旋转部分 R^t (式 (9.15))和平移部分 t^t (式(9.14))。

Step2：几何位置的更新。将更新的刚性变换 T^t 作用于原始几何位置 p^0，得到下一时刻的几何位置 p^{t+1} (式(9.16))。

以上迭代可以一直持续下去，直到前后两次得到的几何位置的距离小于用户给定的阈值。

9.3.3 实验结果与讨论

本章算法利用 C++语言得到了实现。其程序运行环境是 Windows XP，计算机配置为 Pentium4 1.9G CPU，512MB 内存和 Geforce FX 5700 显卡。

图 9-17 和图 9-18 中分别给出了复杂物体 Dinosaur、Armadillo 的变形结果。它们都具有丰富的几何细节，并且顶点数也非常多。为了进行快速编辑，简化网格的顶点数分别只有原来的 4.4% 和 3.4%，但由于我们的聚类简化方法是自适应的，对于细节比较丰富的区域会保留更多的点，因此仍然可以很好地逼近原始网格。而且迭代的求解框架可以有效地消除初始变形结果中不连续的现象，同时最终变形结果是通过作用一系列的刚性变换得到的，因此在最大程度上保持了模型原有的几何特征。

细节保持区域的大小(k-环邻域的大小)、算法迭代优化的次数是影响本章算法的两个最重要的参数，图 9-19 中给出了不同参数下变形结果的比较。我们固定 Bar 的一端，对另一端进行扭曲操作，为了得到相同的变形结果，细节保持区域越大(k 越大)，所需的迭代优化的次数就越少。这是因为当 k 越大时，相邻顶点的细节保持区域的重叠区域就越大，可以使得它们的刚性变换越相似，从而更快地消除了初始变形结果中不连续的现象。

(a)　　　　(b)　　　　(c)　　　　(d)　　　　(e)

图 9-17　Dinosaur 的变形结果。(a)原始网格；(b)简化网格；(c)简化网格的变形结果；
(d)原始网格的初始变形结果；(e)原始网格的最终变形结果

图 9-18　Armadillo 的变形结果。(a)原始网格；(b)简化网格；(c)简化网格的变形结果；
(d)原始网格的初始变形结果；(e)原始网格的最终变形结果

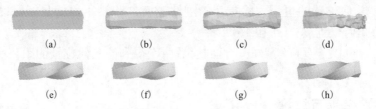

图 9-19　本章算法在不同参数下变形结果的比较。(a)原始网格；(b)简化网格；(c)简化网格的
变形结果；(d)原始网格的初始变形结果；(e)本章结果(m=1，迭代 24 次)；(f)本章结果(m=3，
迭代 12 次)；(g)本章结果(m=5，迭代 6 次)；(h)本章结果(m=8，迭代 3 次)

　　表 9-5 给出了本章所用网格模型的相关信息以及算法实现时所用参数的值。根据模型复杂度和变形尺度的不同，实现文中所示结果一般需要 7.5～12.22s，其中聚类简化 0.36～1.71s，初始变形 0.98～1.74s，保细节的优化 6.16～9.95s。

表 9-5　算法实现过程中的相关数据

网格模型	网格顶点数目	简化网格顶点数目	细节保持区域 k-环邻域大小	迭代次数
Hand	38219	1540	1	6
Horse	48485	1218	5	3
Dinosaur	56194	2497	5	4
Armadillo	172974	5905	5	3

　　图 9-20 中给出了本章算法与其他四个算法的比较，我们固定 Square-spikes(底面是平面，凸出部分垂直底面向上)的一端，对另一端进行平移操作。图 9-20(b)是 Lipman 等(2004)的变形结果，由于该算法采用的是 Uniform-Laplacian 算子，所以底面出现了扭曲。图 9-20(c)是 Yu 等(2006)的变形结果，由于该算法采用旋转扩散来矫正 Laplacian 坐标，因此对平移不敏感，细节的朝向出现错误，没有垂直于底面。图 9-20(d)和图 9-20(e)分别是 Au 等(2005)、Sorkine 等(2007)的变形结果，由于这两个算法都考虑了模型采样的不规则性，并且采用了迭代的变形框架，因此有效地保持了模型的几何细节。图 9-20(f)是本章变形结果，虽然在结果上与图 9-20(d)、图 9-20(e)相似，但由于本章算法只需要求出一系列的刚性变换，而且初始变形是在简化网格上进行的，因此算法效率要高于(Au et al.，2005；Sorkine et al.，2007)。

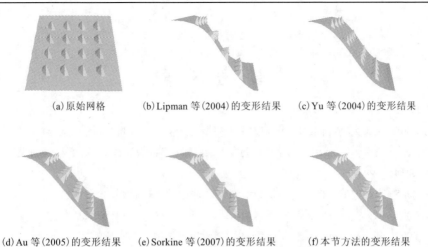

(a) 原始网格   (b) Lipman 等 (2004) 的变形结果   (c) Yu 等 (2004) 的变形结果

(d) Au 等 (2005) 的变形结果   (e) Sorkine 等 (2007) 的变形结果   (f) 本节方法的变形结果

图 9-20 不同算法的变形结果的比较

9.4 本 章 小 结

结合基于曲面的微分坐标技术，本章首先提出了一种新的刚性约束来防止大尺度变形过程中的局部塌陷、体积收缩等不自然的现象。本章的算法直接处理原始网格，不需要对其进行体剖分 (Zhou et al.，2005)。该算法简单直观，能够有效地提高变形的质量，可以应用于几何造型、数字娱乐、计算机动画、虚拟现实等领域，尤其是涉及三维复杂模型的大尺度、高保真变形的场合。目前，我们利用整个网格来表示用户指定的立方体，将来需要研究如何通过局部区域来表示它们，这样更有利于变形的局部控制。均值坐标使得该算法只能处理封闭的网格模型，而研究具有通用性的算法也是非常有意义的。

本章还提出了一种保细节的网格模型刚性变形算法。实验结果和对比数据显示，该算法支持用户的直接交互，能够有效地保持网格模型的几何细节，并且具有较低的时间和空间开销。虽然该算法是针对网格模型提出的，但由于并未用到相邻边的夹角、面片的面积等信息，因此可以被直接推广到点云模型上。

参 考 文 献

胡国飞. 2005. 三维数字表面去噪光顺技术研究[博士学位论文]. 杭州: 浙江大学

金耀, 李重, 石尖锋, 等. 2010. 网格曲面近似"最直路径"的快速计算. 计算机辅助设计与图形学学报, 22(4): 599-604

苗兰芳. 2005. 点模型的表面几何建模和绘制[博士学位论文]. 杭州: 浙江大学

缪永伟. 2007. 点模型的几何处理和形状编辑[博士学位论文]. 杭州: 浙江大学

缪永伟. 2009. 基于特征的三维模型几何处理[博士后出站报告]. 杭州: 浙江大学

缪永伟, 王洪军, 张旭东. 2014. 基于手绘线条的三维模型雕刻. 计算机辅助设计与图形学学报, 26(2): 263-271

缪永伟, 肖春霞. 2014. 三维点采样模型的几何处理和形状造型. 北京: 科学出版社

宋成芳, 彭群生, 丁子昂, 等. 2007. 基于草图的花开建模与动画. 软件学报, 18(Su): 45-53

王国瑾, 汪国昭, 郑建民. 2001. 计算机辅助几何设计. 北京: 高等教育出版社

肖春霞. 2006. 三维点采样模型的数字几何处理技术研究[博士学位论文]. 杭州: 浙江大学

肖春霞, 冯光普, 廖斌. 2010. 几何曲面的双边滤波多尺度表示及几何细节增强. 计算机辅助设计与图形学学报, 22(7): 1150-1157

张献颖, 周明全, 耿华国. 2003. 空间三角网格曲面的边界提取方法. 中国图像图形学报, 2003, 8(10): 1223-1226

赵勇. 2009. 近似刚性的几何变形研究[博士学位论文]. 杭州: 浙江大学

周昆. 2002. 数字几何处理: 理论和应用[博士学位论文]. 杭州: 浙江大学

朱薇, 刘利刚. 2011. 保色调的黑白卡通图像着色方法. 计算机辅助设计与图形学学报, 23(3): 392-398

Adamson A, Alexa M. 2003. Approximating and intersecting surfaces from points. Proceedings of Eurographics Symposium on Geometry Processing, Aachen, Germany, 245-254

Alexa M, Adamson A. 2004. On normals and projection operators for surfaces defined by point sets. Proceedings of Eurographics Symposium on Point-Based Graphics, Zurich, Switzerland, 149-155

Alexa M, Behr J, Cohen-Or D, et al. 2001. Point set surfaces. Proceedings of IEEE Visualization, San Diego, CA, USA, 21-28

Alexa M, Behr J, Cohen-Or D, et al. 2003. Computing and rendering point set surfaces. IEEE Transactions on Visualization and Computer Graphics, 9(1): 3-15

Alexa M. 2003. Differential coordinates for local mesh morphing and deformation. The Visual Computer, 19(2): 105-114

Au O K C, Fu H B, Tai C L, et al. 2007. Handle-aware isolines for scalable shape editing. ACM Transactions on Graphics, 26(3): Article No. 83

Au O K C, Tai C L, Liu L G, et al. 2006. Dual Laplacian editing for meshes. IEEE Transaction on Visualization and Computer Graphics, 12(3): 386-395

Au O K C, Tai C L, Liu L, et al. 2005. Mesh editing with curvature flow Laplacian operator. Computer Science Technical Report, Hong Kong University of Science Technology, HKUST-CS05-10, 2-12

Aubry M, Schlickewei U, Cremers D. 2011. The wave kernel signature: A quantum mechanical approach to shape analysis. Proceedings of the IEEE International Conference on Computer Vision Workshops, Barcelona, Spain, 1626-1633

Avidan S, Shamir A. 2007. Seam carving for content-aware image resizing. ACM Transaction on Graphics, 26(3): Article No. 10

Avron H, Sharf A, Greif C, et al. 2010. L1-sparse reconstruction of sharp point set surfaces. ACM Transactions on Graphics, 29(5): Article No. 135

Bae S H, Balakrishnan R, Singh K. 2008. ILoveSketch: As-natural-as-possible sketching system for creating 3D curve models. Proceedings of ACM Symposium on User Interface Software and Technology, Monterey, CA, USA, 151-160

Bajaj C, Xu G. 2003. Anisotropic diffusion of surfaces and functions on surfaces. ACM Transactions on Graphics, 22(1): 4-32

Barequet G, Shapiro D, Tal A. 2000. Multilevel sensitive reconstruction of polyhedral surfaces from parallel slices. The Visual Computer, 16(2): 116-133

Bedi S. 1992. Surface design using functional blending. Computer-Aided Design, 24(9): 505-511

Belyaev A, Anoshkina E. 2005. Detection of surface creases in range data. Proceedings of the 11th IMA International Conference on Mathematics of Surfaces, Loughborough, UK, 50-61

Biermann H, Martin I, Bernardini F, et al. 2002. A cut-and-paste editing of multiresolution surfaces. ACM Transactions on Graphics, 21(3): 330-338

Bischoff S, Kobbelt L. 2005. Structure preserving CAD model repair. Computer Graph Forum, 24(3): 527-536

Blair P. 1949. Advanced Animation. Mission Viejo: Walter Foster Publishing

Blinn J F. 1978. Simulations of wrinkled surfaces. Computer Graphics, 12(3): 286-292

Bloomenthal J. 2002. Medial-based vertex deformation. Proceedings of the Eurographics Symposium on Computer Animation, San Antonio, TX, USA, 147-151

Boroan P, Jin M, DeCarlo D, et al. 2012. Rigmesh: Automatic rigging for part-based shape modeling and deformation. ACM Transactions on Graphics, 31(6): Article No. 198

Botsch M, Kobbelt L. 2003. Multiresolution surface representation based on displacement volumes. Computer Graphics Forum, 22(3): 483-492

Botsch M, Pauly M, Gross M, et al. 2006. Primo: Coupled prisms for intuitive surface modeling. Proceedings of the Eurographics Symposium on Geometry Processing, Cagliari, Sardinia, Italy, 11-20

Botsch M, Pauly M, Kobbelt L, et al. 2007. Geometric modeling based on polygonal meshes. Proceedings of ACM SIGGRAPH Course Notes, San Diego, CA, USA

Botsch M, Sorkine O. 2008. On linear variational surface deformation methods. IEEE Transactions on Visualization and Computer Graphics, 14(1): 213-230

Botsch M, Spernat M, Kobbelt L. 2004. Phong splatting. Proceedings of Eurographics Symposium on Point-Based Graphics, Zurich, Switzerland, 25-32

Bradley D, Nowrouzezahrai D, Beardsley P. 2013. Image-based reconstruction and synthesis of dense foliage. ACM Transactions on Graphics, 32(4): Article No.74

Breckon T P, Fisher R B. 2012. A hierarchical extension to 3d non-parametric surface relief completion. Pattern Recognition, 45(1): 172-185

Breitmeyer B G. 2007. Visual masking: past accomplishments, present status, future developments. Advances in Cognitive Psychology, 3(1-2): 9-20

Brunton A, Wuhrer S, Chang S, et al. 2010. Filling holes in triangular meshes using digital images by curve unfolding. International Journal of Shape Modeling, 16(1/2): 151-171

Candesy E, Rombergy J, Tao T. 2006. Robust uncertainty principles: Exact signal reconstruction from highly incomplete frequency information. IEEE Transactions on Information Theory, 52(2): 489-509

Carr J C, Beaston R K, Cherrie J B, et al. 2001. Reconstruction and representation of 3D objects with radial basis functions. Proceedings of ACM SIGGRAPH, Los Angeles, CA, USA, 67-76

Carroll R, Agarwala A, Agrawala M. 2010. Image warps for artistic perspective manipulation. ACM Transactions on Graphics, 29(4): Article No.127

Centin M, Pezzotti N, Signoroni A. 2015. Poisson-driven seamless completion of triangular meshes. Computer Aided Geometric Design, 35: 42-55

Chang Y T, Chen B Y, Luo W C, et al. 2006. Skeleton-driven animation transfer based on consistent volume parameterization. Proceedings of the Computer Graphics International, Hangzhou, China, 78-89

Chen T, Zhu Z, Shamir A, et al. 2013. 3-sweep: Extracting editable objects from a single photo. ACM Transactions on Graphics, 32(6): Article No. 195

Cheng M M, Zhang F L, Mitra N J, et al. 2010. RepFinder: Finding approximately repeated scene elements for image editing. ACM Transactions on Graphics, 29(4): Article No.83

Cheng X, Zeng M, Liu X. 2014. Feature-preserving filtering with L0 gradient minimization. Computers & Graphics, 38: 150-157

Choi B K, Jerard R B. 1998. Sculptured Surface Machining: Theory and Application. Heidelberg: Springer

Cignoni P, Rocchini C, Scopigno R. 1998. Metro: Measuring error on simplified surfaces. Computer Graphics Forum, 17(2): 167-174

Clarenz U, Diewald U, Rumpf M. 2000. Anisotropic geometric diffusion in surface processing. Proceedings of IEEE Visualization, Salt Lake City, UT, US, 397-405

Cohen-Steiner D, Alliez P, Desbrun M. 2004. Variational shape approximation. ACM Transaction on Graphics, 23(3): 905-914

Cole F, Golovinskiy A, Limpaecher A, et al. 2008. Where do people draw lines? ACM Transactions on Graphics, 27(3): Article No. 88

Cole F, Sanik K, DeCarlo D, et al. 2009. How well do line drawings depict shape? ACM Transactions on Graphics, 28(3): Article No. 28

Comaniciu D, Meer P. 2002. Mean shift: A robust approach toward feature space analysis. IEEE Transactions on Pattern Analysis and Machine Intelligence, 24(5): 603-619

Cong G, Parvin B. 2001. Robust and efficient surface reconstruction from contours. The Visual Computer, 17(4): 199-208

Cook R L. 1984. Shade trees. Computer Graphics, 18(3): 223-231

Cordier F, Seo H, Melkemi M, et al. 2013. Inferring mirror symmetric 3d shapes from sketches. Computer-Aided Design, 45(2): 301-311

Cordier F, Seo H, Park J, et al. 2011. Sketching of mirror-symmetric shapes. IEEE Transactions on Visualization and Computer Graphics, 17(11): 1650-1662

Coxeter H. 1989. Introduction to Geometry. New York: John Wiley & Sons

Criminisi A, Perez P, Toyama K. 2004. Region filling and object removal by exemplar-based image inpainting. IEEE Transactions on Image Processing, 13(9): 1200-1212

Davis J, Marschner S R, Garr M, et al. 2002. Filling holes in complex surfaces using volumetric diffusion. Proceedings of International Symposium on 3D Data Processing Visualization and Transmission, Padova, Italy, 428-438

De Toledo R, Wang B, Levy B. 2008. Geometry textures and applications. Computer Graphics Forum, 27(8): 2053-2065

DeCarlo D, Finkelstein A, Rusinkiewicz S, et al. 2003. Suggestive contours for conveying shape. ACM Transactios on Graphics, 22(3): 848-855

DeCarlo D, Rusinkiewicz S. 2007. Highlight lines for conveying shape. Proceedings of the 5th International Symposium on Non-Photorealistic Animation and Rendering, San Diego, CA, USA, 63-70

Decarlo D, Santella A. 2002. Stylization and abstraction of photographs. ACM Transactions on

Graphics, 21(3): 769-776

Desbrun M, Meyer M, Schröder P, et al. 1999. Implicit fairing of irregular meshes using diffusion and curvature flow. Proceedings of ACM SIGGRAPH, Los Angeles, CA, USA, 317-324

Dey T K, Giesen J, Hudson J. 2001. Decimating samples for mesh simplification. Proceedings of 13th Canadian Conference on Computational Geometry, Waterloo, Ontario, Canada, 85-88

Ding Z, Xu S C, Ye X Z, et al. 2008. Flower solid modeling based on sketches. Journal of Zhejiang University-Science A, 9(4): 481-488

doCarmo M P. 1976. Differential Geometry of Curves and Surfaces. New Jersey: Prentice-Hall Inc

Dong W, Zhou N, Paul J C, et al. 2009. Optimized image resizing using seam carving and scaling. ACM Transactions on Graphics, 28(5): Article No. 125

Dui G S. 1998. Determination of the rotation tensor in the polar decomposition. Journal of Elasticity, 50(3): 197-208

Dutta S, Banerjee S, Biswas P K, et al. 2015. Mesh denoising using multi-scale curvature-based saliency. Lecture Notes in Computer Science, 9009: 507-516

Edward A, Angel E. 2005. Interactive Computer Graphics a Top-Down Approach Using OpenGL (4th Edition). Reading, MA: Addison-Wesley

Endress P K. 1999. Symmetry in flowers: Diversity and evolution. International Journal of Plant Sciences, 160(S6): S3-S23

Fan H, Yu Y, Peng Q. 2011. Robust feature-preserving mesh denoising based on consistent subneighborhoods. IEEE Transactions on Visualization and Computer Graphics, 16(2): 312-324

Fan L, Liu L, Liu K. 2011. Paint mesh cutting. Computer Graphics Forum, 30(2): 603-611

Farbman Z, Fattal R, Lischinski D, et al. 2008. Edge-preserving decompositions for multi-scale tone and detail manipulation. ACM Transactions on Graphics, 27(3): Article No. 67

Farin G. 2002. Curves and Surfaces for CAGD: A Practical Guide. 5th Edition. San Francisco: Morgan Kaufmann Publishers

Feixas M, Sbert M, Gonzalez F. 2009. A unified information-theoretic framework for viewpoint selection and mesh saliency. ACM Transactions on Applied Perception, 6(1): 1-23

Fleishman S, Drori I, Cohen-Or D. 2003. Bilateral mesh denoising. ACM Transactions on Graphics, 22(3): 950-953

Floater M S, Kós G, Reimers M. 2005. Mean value coordinates in 3d. Computer Aided Geometric Design, 22(7): 623-631

Frisken G S F, Perry R N, Rockwood A P, et al. 2000. Adaptively sampled distance fields: A general representation of shape for computer graphics. Proceedings of ACM SIGGRAPH, New Orleans, LA, USA, 249-254

Fu H, Tai C L, Zhang H. 2004. Topology-free cut-and-paste editing over meshes. Proceedings of

Geometric Modeling and Processing, Beijing, China, 173-184

Gal R, Cohen-Or D. 2006. Salient geometric features for partial shape matching and similarity. ACM Transactions on Graphics, 25(1): 130-150

Garland M, Heckbert P. 1997. Surface simplification using quadric error metrics. Proceedings of ACM SIGGRAPH, Los Angeles, CA, USA, 209-216

Garland M, Heckbert P. 1998. Simplifying surfaces with color and texture using quadric error metrics. Proceedings of IEEE Visualization, North Carolina, USA, 263-269

Gatzke T, Grimm C, Garland M, et al. 2005. Curvature maps for local shape comparison. Proceedings of the International Conference on Shape Modeling and Applications, Cambridge, MA, USA, 244-253

Gelfand N, Guibas L J. 2004. Shape segmentation using local slippage analysis. Proceedings of Eurographics Symposium on Geometry Processing, Nice, France, 214-223

Georgescu B, Shimshoni I, Meer P. 2003. Mean shift based clustering in high dimensional: A texture classification example. Proceedings of International Conference on Computer Vision, Nice, France, 456-463

Gingold Y, Igarashi T, Zorin D. 2009. Structured annotations for 2d-to-3d modeling. ACM Transactions on Graphics, 28(5): Article No. 148

Gooch B, Sloan P J, Gooch A, et al. 1999. Interactive technical illustration. Proceedings of ACM Symposium on Interactive 3D Graphics, Atlanta, Georgia, USA, 31-38

Gross M, Pfister H. 2007. Point Based Graphics. Burlington, MA: Morgan Kaufmann Publisher

Gu B, Li W J, Zhu M Y, et al. 2013. Local edge-preserving multiscale decomposition for high dynamic range image tone mapping. IEEE Transactions on Image Processing, 22(1): 70-79

Guennebaud G, Barthe L, Paulin M. 2006. Splat/mesh blending, perspective rasterization and transparency for point-based rendering. Proceedings of Eurographics Symposium on Point-Based Graphics, Boston, MA, USA, 49-57

Guskov I, Sweldens W, Schröder P. 1999. Multiresolution signal processing for meshes. Proceedings of ACM SIGGRAPH, Los Angeles, CA, USA, 325-334

Guskov I, Vidimce K, Sweldens W, et al. 2000. Normal meshes. Proceedings of ACM SIGGRAPH, New Orleans, Louisiana, USA, 95-102

Guy G, Medioni G. 1996. Inferring global perceptual contours from local features. International Journal of Computer Vision, 20(1-2): 113-133

Halli A, Saaidi A, Satori K, et al. 2010. Extrusion and revolution mapping. ACM Transactions on Graphics, 29(5): Article No.132

Harary G, Tal A, Grinspun E. 2014. Context-based coherent surface completion. ACM Transactions on Graphics, 33(1): Article No.5

He L, Schaefer S. 2013. Mesh denoising via L0 minimization. ACM Transactions on Graphics, 32(4):
Article No.64

Heckbert, P S. 1986. Survey of texture mapping. IEEE Computer Graphics and Applications, 6(11):
56-67

Hertzmann A, Zorin D. 2000. Illustrating smooth surfaces. Proceedings of ACM SIGGRAPH, New
Orleans, Louisiana, USA, 517-526

Hildebrandt K, Polthier K, Wardetzky M. 2005. Smooth feature lines on surface meshes. Proceedings
of the 3rd Eurographics Symposium on Geometry Processing, Vienna, Austria, 85-90

Hildebrandt K, Polthier K. 2004. Anisotropic filtering of non-linear surface features. Computer
Graphics Forum, 23(3): 391-400

Hisada M, Belyaev A G, Kunii T L. 2002. A skeleton-based approach for detection of perceptually
salient features on polygonal surfaces. Computer Graphics Forum, 21(4): 689-700

Hoger A, Carlson D E. 1984. Determination of the stretch and rotation in the polar decomposition of
the deformation gradient. Quarterly of Applied Mathematics, 42(1): 113-117

Howlett S, Hamill J, O' Sullivan C. 2004. An experimental approach to predicting saliency for
simplified polygonal models. Proceedings of the Symposium on Applied Perception in Graphics and
Visualization, Los Angeles, CA, USA, 57-64

Huang H, Li D, Zhang H, et al. 2009. Consolidation of unorganized point clouds for surface
reconstruction. ACM Transactions on Graphics, 28(5): Article No.176

Huang H, Yin K X, Gong M L, et al. 2013. "Mind the gap": Tele-registration for structure-driven
image completion. ACM Transactions on Graphics, 32(6): Article No.174

Huang J, Chen L, Liu X G, et al. 2008. Efficient mesh deformation using tetrahedron control mesh.
Proceedings of the ACM Symposium on Solid and Physical Modeling, Stony Brook, New York,
241-247

Huang J, Shi X H, Liu X G, et al. 2006. Subspace gradient domain mesh deformation. ACM
Transactions on Graphics, 25(3): 1126-1134

Huang Y, Tung Y, Chen J, et al. 2005. An adaptive edge detection based colorization algorithm and its
applications. Proceedings of ACM International Conference on Multimedia, Singapore, 351-354

Igarashi T, Matsuoka S, Tanaka H. 1999. Teddy: A sketching interface for 3d freeform design.
Proceedings of ACM SIGGRAPH, Los Angeles, CA, USA, 409-416

Ijiri T, Owada S, Igarashi T. 2006. Seamless integration of initial sketching and subsequent detail
editing in flower modeling. Computer Graphics Forum, 25(3): 617-624

Ijiri T, Owada S, Okabe M, et al. 2005. Floral diagrams and inflorescences: Interactive flower
modeling using botanical structural constraints. ACM Transactions on Graphics, 24(3): 720-726

Intel Math Kernel Library (Intel MKL). http://software.intel.com/en-us/intel-mkl

Interrante V, Fuchs H, Pizer S. 1995. Enhancing transparent skin surfaces with ridge and valley lines. Proceedings of IEEE Visualization, Atlanta, Georgia, USA, 52-59

Isenberg T, Freudenberg B, Halper N, et al. 2003. A developer's guide to silhouette algorithms for polygonal models. IEEE Computer Graphics and Applications, 23(4): 28-37

Itti L, Koch C, Niebur E. 1998. A model of saliency-based visual attention for rapid scene analysis. IEEE Transactions on Pattern Analysis and Machine Intelligence, 20(11): 1254-1259

James D L, Twigg C D. 2005. Skinning mesh animations. ACM Transactions on Graphics, 24(3): 399-407

Jeschke S, Cline D, Wonka P. 2009. Rendering surface details with diffusion curves. ACM Transactions on Graphics, 28(5): Article No.117

Ji Z, Liu L, Chen Z, et al. 2006. Easy mesh cutting. Computer Graphics Forum, 25(3): 283-291

Jiang N, Tan P, Cheong L F. 2009. Symmetric architecture modeling with a single image. ACM Transaction on Graphics, 28(5): Article No. 113

Jin X G, Lin J C, Wang C L, et al. 2006. Mesh fusion using functional blending on topologically incompatible sections. The Visual Computer, 22(4): 266-275

Jones M W, Baerentzen J A, Sramek M. 2006. 3D distance fields: A survey of techniques and applications. IEEE Transactions on Visualization and Computer Graphics, 12(4): 581-599

Jones T R, Durand F, Desbrun M. 2003. Non-iterative, feature-preserving mesh smoothing. ACM Transactions on Graphics, 22(3): 943-949

Joshi P, Meyer M, Tony D, et al. 2007. Harmonic coordinates for character articulation. ACM Transactions on Graphics, 26(3): Article No. 71

Ju T, Schaefer S, Warren. 2005. Mean value coordinates for closed triangular meshes. ACM Transactions on Graphics, 24(3): 561-566

Ju T. 2004. Robust repair of polygon models. ACM Transactions on Graphics, 23(3): 888-895

Judd T, Durand F, Adelson E H. 2007. Apparent ridges for line drawing. ACM Transactions on Graphics, 26(3): 19-26

Kalaiah A, Varshney A. 2003. Modeling and rendering of points with local geometry. IEEE Transactions on Visualization and Computer Graphics, 9(1): 30-42

Kalnins R D, Davidson P L, Markosian L, et al. 2003. Coherent stylized silhouettes. ACM Transactions on Graphics, 22(3): 856-861

Kanai T, Suzuki H, Kimura F. 1998. Three dimensional geometric metamorphosis based on harmonic maps. The Visual Computer, 14(4): 166-176

Kanai T, Suzuki H, Mitani J, et al. 1999. Interactive mesh fusion based on local 3d metamorphosis. Proceedings of Graphics Interface, Kingston, Ontario, Canada, 148-156

Katz S, Tal A. 2003. Hierarchical mesh decomposition using fuzzy clustering and cuts. Proceedings of

ACM SIGGRAPH, San Diego, CA, USA, 954-961

Kerber J, Wang M, Chang J, et al. 2012. Computer assisted relief generation: A surveys. Computer Graphics Forum, 31(8): 2363-2377

Kholgade N, Simon T, Efros A, et al. 2014. 3D object manipulation in a single photograph using stock 3d models. ACM Transactions on Graphics, 33(4): Article No.127

Kim Y, Varshney A. 2008. Persuading visual attention through geometry. IEEE Transactions on Visualization and Computer Graphics, 14(4): 772-82

Kircher S, Garland M. 2006. Editing arbitrarily deforming surface animations. ACM Transactions on Graphics, 25(3): 1098-1107

Kobbelt L, Botsch M. 2004. A survey of point-based techniques in computer graphics. Computers & Graphics, 28(6): 801-814

Kobbelt L, Campagna S, Vorsatz J, et al. 1998 Interactive multi-resolution modeling on arbitrary meshes. Proceedings of SIGGRAPH, Orlando Florida, USA, 105-114

Kobbelt L, Vorsatz J, Labsik U, et al. 1999. A shrink wrapping approach to remeshing polygonal surfaces. Computer Graphics Forum, 18(3):119-130

Koch C, Ullman S. 1985. Shifts in selective visual attention: Towards the underlying neural circuitry. Human Neurobiology, 4(4): 219-227

Koenderink J J. 1990. Solid Shape. Cambridge: MIT Press

Kolomenkin M, Shimshoni I, Tal A. 2008. Demarcating curves for shape illustration. ACM Transactions on Graphics, 27(5): Article No. 157

Kraevoy V, Sheffer A, Shamir A, et al. 2008. Non-homogeneous resizing of complex models. ACM Transactions on Graphics, 27(5): Article No. 111

Kraevoy V, Sheffer A. 2005. Template-based mesh completion. Proceedings of the Eurographics/ACM SIGGRAPH Symposium on Geometry Processing, Vienna, Austria, 13-22

Kumar A, Shih A M, Ito Y, et al. 2008. A hole-filling algorithm using non-uniform rational B-splines. Proceedings of the 16th International Meshing Roundtable, Seattle, Washington, USA, 169-182

Kwatra V, Essa I, Bobick A, et al. 2005. Texture optimization for example-based synthesis. ACM Transactions on Graphics, 24(3): 795-802

Lai Y, Hu S, Martin R, et al. 2009. Rapid and effective segmentation of 3D models using random walks. Computer Aided Geometric Design, 26(6): 665-679

Lai Y, Zhou Q, Hu S, et al. 2007. Robust feature classification and editing. IEEE Transactions on Visualization and Computer Graphics, 13(1): 34-45

Lavoué G. 2009. A local roughness measure for 3D meshes and its application to visual masking. ACM Transactions on Applied Perception, 5(4): Article No. 21

Lee A W F, Sweldens W, Schröder Peter, et al. 1998. MAPS: Multiresolution adaptive parameterization of surfaces. Proceedings of ACM SIGGRAPH, Orlando, Florida, USA, 95-104

Lee C H, Varshney A, Jacobs D W. 2005. Mesh saliency. ACM Transactions on Graphics, 24(3): 659-666

Lee K W, Wang W P. 2005. Feature-preserving mesh denoising via bilateral normal filtering. Proceedings of the 9th International Conference on Computer Aided Design and Computer Graphics, Hong Kong, China, 275-280

Lee Y T, Fang F. 2011. 3D reconstruction of polyhedral objects from single parallel projections using cubic corner. Computer Aided Design, 43(8): 1025-1034

Lee Y T, Fang F. 2012. A new hybrid method for 3D object recovery from 2D drawings and its validation against the cubic corner method and the optimization-based method. Computer Aided Design, 44(11): 1090-1102

Lee Y, Markosian L, Lee S, et al. 2007. Line drawings via abstracted shading. ACM Transactions on Graphics, 26(3): Article No. 18

Leifman G, Tal A. 2012. Mesh colorization. Computer Graphics Forum, 31(2): 421-430

Leifman G, Tal A. 2013. Pattern-driven colorization of 3D surfaces. Proceedings of IEEE Conference on Computer Vision and Pattern Recognition, Portland, Oregon, USA, 241-248

Levi Z, Gotsman C. 2013. ArtiSketch: A system for articulated sketch modeling. Computer Graphics Forum, 32(2): 235-244

Levin A, Lischinski D, Weiss Y. 2004. Colorization using optimization. ACM Transactions on Graphics, 23(3): 689-694

Levoy M, Pulli K, Curless B, et al. 2000. The digital Michelangelo project: 3D scanning of large statues. Proceedings of ACM SIGGRAPH, New Orleans, Louisiana, USA, 131-144

Levoy M, Whitted T. 1985. The use of points as display primitive. Technical Report TR-85-022, The University of North Carolina at Chappel Hill, Department of Computer Science

Levy B, Petitjean S, Ray N, et al. 2002. Least squares conformal maps for automatic texture atlas generation. ACM Transactions on Graphics, 21(3): 362-371

Lévy B. 2001. Constrained texture mapping for polygonal meshes. Proceedings of ACM SIGGRAPH, Los Angeles, CA, USA, 417-424

Lewis J P, Cordner M, Fong N. 2000. Pose space deformation: A unified approach to shape interpolation and skeleton-driven deformation. Proceedings of ACM SIGGRAPH, New Orleans, Louisiana, USA, 165-172

Liang H Y, Mahadevan L. 2011. Growth, geometry, and mechanics of a blooming lily. Proceedings of the National Academy of Sciences, 108(14): 5516-5521

Liepa P. 2003. Filling holes in meshes. Proceedings of the Eurographics/ACM SIGGRAPH Symposium on Geometry Processing, Aachen, Germany, 200-205

Lin J C, Jin X G, Wang C, et al. 2008. Mesh composition on models with arbitrary boundary topology. IEEE Transactions on Visualization and Computer Graphics, 14(3): 653-665

Lipman Y, Cohen-Or D, Ran G, et al. 2007. Volume and shape preservation via moving frame manipulation. ACM Transactions on Graphics, 26(1): Article No. 5

Lipman Y, Levin D, Cohen-Or D. 2008. Green coordinates. ACM Transactions on Graphics, 27(3): Article No. 78

Lipman Y, Sorkine O, Cohen-Or D, et al. 2004. Differential coordinates for interactive mesh editing. Proceedings of the IEEE International Conference on Shape Modeling and Applications, Genova, Italy, 181-190

Lipman Y, Sorkine O, Levin D, et al. 2005. Linear rotation-invariant coordinates for meshes. ACM Transactions on Graphics, 2005, 24(3): 479-487

Liu S, Wang C C L. 2012. Quasi-interpolation for surface reconstruction from scattered data with radial basis function. Computer Aided Geometric Design, 29(7): 435-447

Liu Y J, Luo X, Joneja A, et al. 2013. User-adaptive sketch-based 3D CAD model retrieval. IEEE Transactions on Automation Science and Engineering, 10(3): 783-795

Liu Y J, Ma C X, Zhang D L. 2009. EasyToy: Plush toy design using editable sketching curves. IEEE Computer Graphics and Applications, 31(2): 49-57

Liu Y S, Liu M, Kihara D, et al. 2007. Salient critical points for meshes. Proceedings of the ACM Symposium on Solid and Physical Modeling, Beijing, China, 277-282

Loop C, Blinn J. 2005. Resolution independent curve rendering using programmable graphics hardware. ACM Transactions on Graphics, 24(3): 1000-1009

Lu X, Deng Z, Chen W. 2016. A robust scheme for feature-preserving mesh denoising. IEEE Transactions on Visualization and Computer Graphics, 22(3): 1181-1194

Ma Y, Zheng J, Xie J. 2015. Foldover-free mesh warping for constrained texture mapping. IEEE Transactions on Visualization and Computer Graphics, 21(3): 375-388

Maaten L J P, Boon P J, Paijmans J J, et al. 2006. Computer vision and machine learning for archaeology. Proceedings of Computer Applications and Quantitative Methods in Archaeology, Fargo, USA, 112-130

Magnenat-Thalmann N, Laperriére R, Thalmann D. 1988. Joint-dependent local deformations for hand animation and object grasping. Proceedings of Graphics Interface, Edmonton, Alberta, Canada, 26-33

Meng M, Fan L, Liu L. 2011. iCutter: A direct cut-out tool for 3D shapes. Computer Animation and Virtual Worlds, 22(4): 335-342

Meyer M, Desbrun M, Schroder P, et al. 2002. Discrete differential-geometry operators for triangulated 2-manifolds. Proceedings of Visualization and Mathematics III, Berlin: Springer

Miao Y W, Feng J Q, Pajarola R. 2011. Visual saliency guided normal enhancement technique for 3D shape depiction. Computers & Graphics, 35(3): 706-712

Miao Y W, Hu F X, Zhang X D, et al. 2015. SymmSketch: Creating symmetric 3D free-form shapes from 2D sketches. Computational Visual Media, 1(1): 3-16

Miao Y, Bosch J, Pajarola R. 2012a. Feature sensitive re-sampling of point set surfaces with Gaussian spheres. Science China Information Sciences, 55(9): 2075-2089

Miao Y, Diaz-Gutierrez P, Pajarola R, et al. 2009a. Shape isophotic error metric controllable re-sampling for point-sampled surfaces. Proceedings of the IEEE International Conference on Shape Modeling and Applications, Beijing, China, 28-35

Miao Y, Feng J, Wang J. 2012b. A multi-channel salience based detail exaggeration technique for 3D relief surfaces. Journal of Computer Science and Technology, 27(6): 1100-1109

Miao Y, Feng J, Xiao C, et al. 2007. Differentials-based segmentation and parameterization for point-sampled surfaces. Journal of Computer Science and Technology, 22(5): 749-760

Miao Y, Pajarola R, Feng J. 2009b. Curvature-aware adaptive resampling for point-sampled geometry. Computer-Aided Design, 41(6): 395-403, 2009

Moenning C, Dodgson N A. 2004. Intrinsic point cloud simplification. Proceedings of the 14th GrahiCon, Moscow, 1147-1154

Mohr A, Tokheim L, Gleicher M. 2003. Direct manipulation of interactive character skins. Proceedings of the Symposium on Interactive 3D Graphics, Monterey, CA, USA, 27-30

Müller M, Heidelberger B, Teschner M, et al. 2005. Meshless deformations based on shape matching. ACM Transactions on Graphics, 24(3): 471-478

Nealen A, Igarashi T, Sorkin O, et al. 2007. FiberMesh: Designing freeform surfaces with 3D curves. ACM Transactions on Graphics, 26(3): Article No. 41

Nealen A, Igarashi T, Sorkine O, et al. 2006. Laplacian mesh optimization. Proceedings of ACM GRAPHITE, Kuala Lumpur, Malaysia, 381-389

Nealen A, Sorkine O, Alexa M, et al. 2005. A sketch-based interface for detail-preserving mesh editing. ACM Transactions on Graphics, 24(3): 1142-1147

Nehab D, Shilane P. 2004. Stratified point sampling of 3d models. Proceedings of Eurographics Symposium on Point-Based Graphics, Zurich, Switzerland, 49-56

Nguyen M X, Yuan X R, Chen B Q. 2005. Geometry completion and detail generation by texture synthesis. The Visual Computer, 21(9): 669-678

Nooruddin F S, Turk G. 2003. Simplification and repair of polygonal models using volumetric techniques. IEEE Transactions on Visualization and Computer Graphics, 9(2): 191-205

Noris G, Hornung A, Sumner R W, et al. 2013. Topology-driven vectorization of clean line drawings. ACM Transactions on Graphics, 32(1): Article No. 4

Oh B M, Chen M, Dorsey J, et al. 2001. Image-based modeling and photo editing. Proceedings of ACM SIGGRAPH, Los Angeles, CA, USA, 433-442

Ohtake Y, Belyaev A, Seidel H P. 2002. Mesh smoothing by adaptive and anisotropic Gaussian filter applied to mesh normals. Proceedings of the Vision, Modeling and Visualization, Erlangen, Germany, 203-210

Ohtake Y, Belyaev A, Seidel H P. 2003. A multi-scale approach to 3D scattered data interpolation with compactly supported basis functions. Proceedings of International Conference on Shape Modeling and Applications, Seoul, Korea, 153-161

Ohtake Y, Belyaev A, Seidel H P. 2004. Ridge-valley lines on meshes via implicit surface fitting. ACM Transactions on Graphics, 23(3): 609-612

Oliveira M M, Bishop G, McAllister D. 2000. Relief texture mapping. Proceedings of ACM SIGGRAPH, New Orleans, LA, USA, 359-368

Olsen L, Samavati F, Sousa M, et al. 2009. Sketch-based modeling: A survey. Computers & Graphics, 33(1): 85-103

Osher S, Sethian J A. 1988. Fronts propagating with curvature dependent speed: Algorithms based on Hamilton-Jacobi formulations. Journal of Computational Physics, 79(1): 12-49

Owens A, Cieslak M, Hart J, et al. 2016. Modeling dense inflorescences. ACM Transactions on Graphics, 35(4): Article No.136

Oztireli A, Uyumaz U, Popa T, et al. 2011. 3D modeling with a symmetric sketch. Proceedings of the 8th Eurographics Symposium on Sketch-Based Interfaces and Modeling, Vancouver, BC, Canada, 23-30

Pajarola R, Sainz M, Guidotti P. 2004. Confetti: Object-space point blending and splatting. IEEE Transactions on Visualization and Computer Graphics, 10(5): 598-608

Parilov E, Zorin D. 2008. Real-time rendering of textures with feature curves. ACM Transactions on Graphics, 27(1): Article No. 3

Park S I, Hodgins J K. 2006. Capturing and animating skin deformation in human motion. ACM Transactions on Graphics, 25(3): 881-889

Pauly M, Gross M, Kobbelt L. 2002. Efficient simplification of point-sampled surfaces. Proceedings of IEEE Visualization, Boston, MA, USA, 163-170

Pauly M, Keiser R, Gross M. 2003. Multi-scale feature extraction on point sampled surfaces. Computer Graphics Forum, 22(3), 281-290

Pauly M, Keiser R, Kobbelt L, et al. 2003. Shape modeling with point-sampled geometry. ACM Transactions on Graphics, 22(3): 641-650

Pernot J P, Moraru G, Veron P. 2006. Filling holes in meshes using a mechanical model to simulate the curvature variation minimization. Computers & Graphics, 30(6): 892-902

Perona P, Malik J. 1990. Scale-space and edge detection using anisotropic diffusion. IEEE Transactions on Pattern Analysis and Machine Intelligence, 12(7): 629-639

Peters J, Reif U. 2008. Subdivision Surfaces. Berlin: Springer

Petitjean, S. 2002. A Survey of methods for recovering quadrics in triangle meshes. ACM Computing Surveys, 2(34): 1-61

Pfister H, Zwicker M, van Baar J, et al. 2000. Surfels: Surface elements as rendering primitives. Proceedings of ACM SIGGRAPH, New Orleans, LA, USA, 335-342

Pottmann H, Steiner T, Hofer M, et al. 2004. The isophotic metric and its applications to feature sensitive morphology on surfaces. Lecture Notes in Computer Science, 3024: 560-572

Press W H, Teukolsky S A, Vetterling W T. 1992. Numerical recipes in C: The art of scientific computing (2nd Edition). New York: Cambridge University Press

Proenca J, Jorge J A, Sousa M C. 2007. Sampling point-set implicits. Proceedings of Eurographics Symposium on Point-Based Graphics, Prague, Czech Republic, 11-18

Qu L J, Meyer G W. 2008. Perceptually guided polygon reduction. IEEE Transactions on Visualization and Computer Graphics, 14(5): 1015-29

Qu Y, Wong T, Heng P. 2006. Manga colorization. ACM Transactions on Graphics, 25(3): 1214-1220

Quan L, Tan P, Zeng G, et al. 2006. Image-based plant modeling. ACM Transactions on Graphics, 25(3): 599-604

Ramanarayanan G, Bala K, Walter B. 2004. Feature-based textures. Proceedings of the 15th Eurographics Workshop on Rendering Techniques, Norköping, Sweden, 265-274

Rivers A R, James D L. 2007. FastLSM: Fast lattice shape matching for robust real-time deformation. ACM Transactions on Graphics, 26(3): Article No. 82

Rother C, Kolmogorov V, Blake A. 2004. GrabCut: Interactive foreground extraction using iterated graph cuts. ACM Transactions on Graphics, 23(3): 309-314

Rubinstein M, Shamir A, Avidan S. 2008. Improved seam carving for video retargeting. ACM Transaction on Graphics, 27(3): Article No. 16

Rubinstein M, Shamir A, Avidan S. 2009. Multi-operator media retargeting. ACM Transactions on Graphics, 28(3): Article No. 23

Rusinkiewicz S, Burns M, DeCarlo D. 2006. Exaggerated shading for depicting shape and detail. ACM Transactions on Graphics, 25(3): 1199-1205

Rusinkiewicz S, Cole F, DeCarlo D, et al. 2008. Course Notes: Line drawings from 3D models. Proceedings of ACM SIGGRAPH Course Notes, Los Angeles, CA, USA

Sahay P, Rajagopalan A N. 2015. Geometric inpainting of 3D structures. Proceedings of the IEEE Conference on Computer Vision and Pattern Recognition Workshops, Boston, Massachusetts, USA, 994-1000

Saito T, Takahashi T.1990.Comprehensible rendering of 3-d shapes. Proceedings of ACM SIGGRAPH, Dallas, TX, USA, 197-206

Samet H. 1990. The Design and Analysis of Spatial Data Structures. Reading, MA: Addison-Wesley

Sander P V, Snyder J, Gortler S J, et al. 2001. Texture mapping progressive meshes. Proceedings of ACM SIGGRAPH, Los Angeles, California, USA, 409-416

Sander P V, Wood Z J, Gortler S J, et al. 2003. Multi-chart geometry images. Proceedings of Eurographics/ACM SIGGRAPH Symposium on Geometry Processing, Aachen, Germany, 146-155

Sauvage B, Hahmann S, Bonneau G P. 2007. Volume preservation of multiresolution meshes. Computer Graphics Forum, 26(3): 275-283

Sawyers K. 1986. Comments on the paper "Determination of the stretch and rotation in the polar decomposition of the deformation gradient" by A. Hoger and D.E. Carlson. Quarterly of Applied Mathematics, 44(2): 309-311

Schmidt R.2013. Stroke parameterization. Computer Graphics Forum, 32(2pt2): 255-263

Sederberg T W, Parry S R. 1986. Free-form deformation of solid geometric models. Proceedings of ACM SIGGRAPH, Dallas, Texas, USA, 151-160

Sen P, Cammarano M, Hanrahan P. 2003. Shadow silhouette maps. ACM Transactions on Graphics, 22(3): 521-526

Severn S, Samavati F, Cherlin J, et al. 2011. Sketch based modeling and assembling with few strokes. Proceedings of the 8th Eurographics Symposium Sketch-Based Interfaces and Modeling, Vancouver, BC, Canada, 255-286

Shen Y, Barner K. 2004. Fuzzy vector median-based surface smoothing. IEEE Transactions on Visualization and Computer Graphics, 10(3): 252-265

Shi X H, Zhou K, Tong Y Y, et al. 2007. Mesh puppetry: Cascading optimization of mesh deformation with inverse kinematics. ACM Transactions on Graphics, 26(3): Article No. 81

Shi X H, Zhou K, Tong Y Y, et al. 2008. Example-based dynamic skinning in real time. ACM Transactions on Graphics, 27(3): Article No. 29

Shilane P, Funkhouser T. 2007. Distinctive regions of 3D surfaces. ACM Transactions on Graphics, 26(2): Article No. 7

Singh K, Parent R. 2001. Joining polyhedral objects using implicitly defined surfaces. The Visual Computer, 17(7): 415-428

Sinha S, Steedly D, Szeliski R, et al. 2008. Interactive 3D architectural modeling from unordered photo collections. ACM Transaction on Graphics, 25(5): Article No. 159

Sloan P-P J, Rose C F, Cohen M F. 2001. Shape by example. Proceedings of the Symposium on Interactive 3D Graphics, Chapel Hill, NC, USA, 135-143

Sorkine O, Alexa M. 2007. As-rigid-as-possible surface modeling. Proceedings of the 5th Eurographics

Symposium on Geometry Processing, Barcelona, Spain, 109-116

Sorkine O, Cohen-Or D. 2004a. Least-squares meshes. Proceedings of the International Conference on Shape Modeling and Applications, Genova, Italy, 191-199

Sorkine O, Cohen-Or D, Lipman Y, et al. 2004b. Laplacian surface editing. Proceedings of the Eurographics/ACM SIGGRAPH Symposium on Geometry Processing, Nice, France, 175-184

Steinemann D, Otaduy M A, Gross M. 2008. Fast adaptive shape matching deformations. Proceedings of the Eurographics Symposium on Computer Animation, Dublin, Ireland, 87-94

Strothotte T, Schlechtweg S. 2002. Non-Photorealistic Computer Graphics. San Francisco: Morgan Kaufmann

Stylianou G, Farin G. 2004. Crest lines for surface segmentation and flattening. IEEE Transactions on Visualization and Computer Graphics, 10(5): 536-544

Subr K, Soler C, Durand F. 2009. Edge-preserving multiscale image decomposition based on local extrema. ACM Transactions on Graphics, 28(5): Article No. 147

Suh B, Ling H B, Bederson B, et al. 2003. Automatic thumbnail cropping and its effectiveness. Proceedings of ACM Symposium on User Interface Software and Technology, Vancouver, BC, Canada, 95-104

Sumner R W, Popović J. 2004. Deformation transfer for triangle meshes. ACM Transactions on Graphics, 23(3): 399-405

Sumner R W, Schmid J, Pauly M. 2007. Embedded deformation for shape manipulation. ACM Transactions on Graphics, 26(3): Article No. 80

Sun J, Ovsjanikov M, Guibas L. 2009. A concise and provably informative multi-scale signature based on heat diffusion. Computer Graphics Forum, 28(5): 1383-1392

Sun X F, Rosin P L, Martin R R, et al. 2007. Fast and effective feature-preserving mesh denoising. IEEE Transactions on Visualization and Computer Graphics, 13(5): 925-938

Sun X F, Rosin P L, Martin R R, et al. 2008. Random walks for feature-preserving mesh denoising. Computer Aided Geometric Design, 25(7): 437-456

Sun Y, Schaefer S, Wang W. 2015. Denoising point sets via L0 minimization. Computer Aided Geometric Design, 35: 2-15

Tai Y, Brown M, Tang C, et al. 2008. Texture amendment: Reducing texture distortion in constrained parameterization. ACM Transactions on Graphics, 27(5): Article No. 136

Takayama K, Schmidt R, Singh K, et al. 2011. GeoBrush: Interactive mesh geometry cloning. Computer Graphics Forum, 30(2): 613-622

Tan P, Fang T, Xiao J X, et al. 2008. Single image tree modeling. ACM Transactions on Graphics, 27(5): Article No.108

Tan P, Zeng G, Wang J D, et al. 2007. Image-based tree modeling. ACM Transactions on Graphics,

26(3): Article No.87

Tanaka T, Naito S, Takahashi T. 1989. Generalized symmetry and its application to 3D shape generation. The Visual Computer, 5(1-2): 83-94

Taubin G. 1995a. A signal processing approach to fair surface design. Proceedings of ACM SIGGRAPH, Los Angeles, California, USA, 351-358

Taubin G. 1995b. Estimating the tensor of curvature of a surface from a polyhedral approximation. Proceedings of IEEE International Conference on Computer Vision, Cambridge, Massachusetts, USA, 902-907

Thomas W S, Zheng J, Bakenov A, et al. 2003. T-splines and T-NURCCs. ACM Transactions on Graphics, 22(3): 477-484

Tomasi C, Manduchi R. 1998. Bilateral filtering for gray and color images. Proceedings of the 6th International Conference on Computer Vision, Bombay, India, 839-846

Tong Y Y, Lombeyda S, Hirani A N, et al. 2003. Discrete multiscale vector field decomposition. ACM Transactions on Graphics, 22(3): 445-452

Tood J T. 2004. The visual perception of 3D shape. TRENDS in Cognitive Sciences, 8(3): 115-121

Tsuchie S, Higashi M. 2012. Surface mesh denoising with normal tensor framework. Graphical Models, 74(4): 130-139

Turk G. 1992. Re-tiling polygonal surfaces. Proceedings of ACM SIGGRAPH, Chicago, Illinois, USA, 55-64

Tzur Y, Tal A. 2009. Flexistickers: Photogrammetric texture mapping using casual images. ACM Transactions on Graphics, 28(3): Article No. 45

Vaquero D, Turk M, Pulli K, et al. 2010. A survey of image retargeting techniques. SPIE Applications of Digital Image Processing XXXIII, International Society for Optics and Photonics, 7798: 1-15

Verdera J, Caselles V, Bertalmio M, et al. 2003. Inpainting surface holes. Proceedings of International Conference on Image Processing, Barcelona, Catalonia, Spain, 903-906

Wall R. 2006. Positive projection. Aviation Week & Space Technology, 165: 57-58

Wang H, Su Z X, Cao J J, et al. 2012. Empirical mode decomposition on surfaces. Graphical Models, 74(4): 173-183

Wang J N, Oliveira M M. 2007. Filling holes on locally smooth surfaces reconstructed from point clouds. Image and Vision Computing, 25(1): 103-113

Wang J, Zhang X, Yu Z. 2012. A cascaded approach for feature-preserving surface mesh denoising. Computer-Aided Design, 44(7): 597-610

Wang K, Torkhani F, Montanvert A. 2012. A fast roughness-based approach to the assessment of 3D mesh visual quality. Computers & Graphics, 36(7): 808-818

Wang K, Zhang C. 2009. Content-aware model resizing based on surface deformation. Computers &

Graphics, 33(3): 433-438

Wang L, Wang X, Tong X, et al. 2003. View-dependent displacement mapping. ACM Transactions on Graphics, 22(3): 334-339

Wang L, Zhou K, Yu Y, et al. 2010. Vector solid textures. ACM Transactions on Graphics, 29(4): Article No. 86

Wang P-S, Liu Y, Tong X. 2016. Mesh denoising via cascaded normal regression. ACM Transactions on Graphics, 35(6): Article No. 232

Wang R, Yang Z, Liu L, et al. 2014. Decoupling noise and features via weighted L1-analysis compressed sensing. ACM Transactions on Graphics, 33(2): Article No. 18

Wang S F, Hou T B, Su Z X, et al. 2011. Multi-scale anisotropic heat diffusion based on normal-driven shape representation. The Visual Computer, 27 (6-8): 429-439

Wang S Y, Tai C L, Sorkine O, et al. 2008. Optimized scale-and-stretch for image resizing. ACM Transactions on Graphics, 27(5): Article No. 118

Wang X C, Liu X P, Lu L F, et al. 2012. Automatic hole-filling of CAD models with feature-preserving. Computers & Graphics, 36(2): 101-110

Wang X H, Corina P C. 2002. Multi-weight enveloping: Least-squares approximation techniques for skin animation. Proceedings of the ACM SIGGRAPH/Eurographics Symposium on Computer Animation, San Antonio, TX, USA, 129-138

Wang Y S, Lee T Y. 2008. Example-driven animation synthesis. The Visual Computer, 24(7): 765-773

Watanabe K, Belyaev A G. 2001. Detection of salient curvature features on polygonal surfaces. Computer Graphics Forum, 20(3): 385-392

Wei M, Liang L, Pang W-M, et al. 2017. Tensor voting guided mesh denoising. IEEE Transactions on Automation Science and Engineering, 14(2): 931-945

Wei M, Yu J, Pang W-M, et al. 2015. Bi-normal filtering for mesh denoising. IEEE Transactions on Visualization and Computer Graphics, 21(1): 43-55

Welsh T, Ashikhmin M, Mueller K. 2002. Transferring color to grey scale images. ACM Transactions on Graphics, 21(3): 277-280

Weyrich T, Pauly M, Keiser R, et al. 2004. Post-processing of scanned 3D surface data. Proceedings of Eurographics Symposium on Point-Based Graphics, Zurich, Switzerland, 85-94

Witkin A P, Heckbert P S. 1994. Using particles to sample and control implicit surfaces. Proceedings of ACM SIGGRAPH, Orlando, FL, USA, 269-278

Wolf L, Guttmann M, Cohen-Or D. 2007. Non-homogeneous content-driven video-retargeting. Proceedings of the IEEE International Conference on Computer Vision, Rio de Janeiro, Brazil, 1-6

Wu J, Kobbelt L. 2003. Piecewise linear approximation of signed distance fields. Proceedings of

Vision, Modeling and Visualization, Berlin, Germany, 513-520

Wu J, Kobbelt L. 2004. Optimized sub-sampling of point sets for surface splatting. Computer Graphics Forum, 23(3): 643-652

Wu X, Zheng J, Cai Y, et al. 2015. Mesh denoising using extended ROF model with L1 fidelity. Computer Graphics Forum, 34(7): 35-45

Xiao C X, Miao Y W, Liu S, et al. 2006. A dynamic balanced flow for filtering point-sampled geometry. The Visual Computer, 22(3): 210-219

Xiao J, Fang T, Tan P, et al. 2008. Image-based facade modeling. ACM Transaction on Graphics, 25(5): Article No. 161

Xie X, He Y, Tian F, et al. 2007. An effective illustrative visualization framework based on photic extremum lines (PELs). IEEE Transactions on Visualization and Computer Graphics, 13(6): 1328-1335

Xiong Z H, Zheng Q S. 1988. General algorithms for the polar decomposition and strains. Acta Mechanica Sinica, 4(2): 175-181

Xu L, Lu C, Xu Y, et al. 2011. Image smoothing via L0 gradient minimization. ACM Transactions on Graphics, 30(6): Article No. 174

Xu W W, Zhou K, Yu Y Z, et al. 2007. Gradient domain editing of deforming mesh sequences. ACM Transactions on Graphics, 26(3): Article No. 84

Xu W W, Zhou K. 2009. Gradient domain mesh deformation - a survey. Journal of Computer Science and Technology, 24(1): 6-18

Yagou H, Ohtake Y, Belyaev A. 2002. Mesh smoothing via mean and median filtering applied to face normals. Proceedings of the Geometric Modeling and Processing - Theory and Applications, Wako, Saitama, Japan, 124-131

Yan F L, Gong M L, Cohen-Or D, et al. 2014. Flower reconstruction from a single photo. Computer Graphics Forum, 33(2): 439-447

Yee H, Pattanaik S, Greenberg D P. 2001. Spatiotemporal sensitivity and visual attention for efficient rendering of dynamic environments. ACM Transactions on Graphics, 20(1): 39-65

Yoshizawa S, Belyaev A, Seidel H P. 2005. Fast and robust detection of crest lines on meshes. Proceedings of ACM Symposium on Solid and Physical Modeling, Boston, MA, USA, 227-232

Yoshizawa S, Belyaev A, Yokota H, et al. 2007. Fast and faithful geometric algorithm for detecting crest lines on meshes. Proceedings of the Pacific Conference on Computer Graphics and Applications, Maui, Hawaii, 231-237

Yu Y Z, Zhou K, Xu D, et al. 2004. Mesh editing with Poisson-based gradient field manipulation. ACM Transactions on Graphics, 23(3): 644-651

Zatzarinni R, Tal A, Shamir A. 2009. Relief analysis and extraction. ACM Transactions on Graphics,

28(5): Article No.136

Zayer R, Rössl C, Karni Z, et al. 2005. Harmonic guidance for surface deformation. Computer Graphics Forum, 24(3): 601-609

Zeleznik R, Herndon K, Hughes J. 1996. SKETCH: An interface for sketching 3D scenes. Proceedings of ACM SIGGRAPH, New Orleans, LA, USA, 163-170

Zhang C X, Ye M, Fu B, et al. 2014. Data-driven flower petal modeling with botany priors. Proceedings of IEEE Conference on Computer Vision and Pattern Recognition, Columbus, Ohio, USA, 636-643

Zhang G X, Cheng M M, Hu S M, et al. 2009. A shape-preserving approach to image resizing. Computer Graphics Forum, 28(7): 1897-1906

Zhang J, Zheng J, Cai J. 2011. Interactive mesh cutting using constrained random walks. IEEE Transactions on Visualization and Computer Graphics, 17(3): 357-367

Zhang L, He Y, Xie X, et al. 2009. Laplacian lines for real-time shape illustration. Proceedings of ACM Symposium on Interactive 3D Graphics and Games, Boston, MA, USA, 129-136

Zhang R, Zhu J, Isola P, et al. 2017. Real-time user-guided image colorization with learned deep priors. ACM Transactions on Graphics, 36(4): Article No. 119

Zhang W, Deng B, Zhang J, et al. 2015. Guided mesh normal filtering. Computer Graphics Forum, 34(7): 23-34

Zhang Y W, Zhou Y Q, Zhao X F, et al. 2013. Real-time bas-relief generation from a 3D mesh. Graphical Models, 75(1): 2-9

Zhang Y, Hu S, Martin R. 2008. Shrinkability maps for content-aware video resizing. Computer Graphics Forum, 27(7): 1797-1804

Zhao W, Gao S M, Li H W. 2007. A robust hole-filling algorithm for triangular mesh. The Visual Computer, 23(12): 987-997

Zhao Y, Dong J, Pan B, et al. 2014. Hierarchical mesh deformation with shape preservation. Computer Animation and Virtual Worlds, 25(3): 413-422

Zhao Y, Liu J. 2012. Volumetric subspace mesh deformation with structure preservation. Computer Animation and Virtual Worlds, 23(5): 519-532

Zhao Y, Liu X, Xiao C, et al. 2009. A unified shape editing framework based on tetrahedral control mesh. Computer Animation and Virtual Worlds, 20(2): 301-310

Zhao Y, Lu S, Qian H, et al. 2016. Robust mesh deformation with salient features preservation. Science China Information Sciences, 59: Article No. 052106

Zhao Y, Qian H, Lu S, et al. 2015. A deformation-aware hierarchical framework for shape-preserving editing of static and time-varying mesh data. Computers & Graphics, 46: 80-88

Zheng Y, Chen X, Cheng M, et al. 2012. Interactive images: cuboid proxies for smart image manipulation. ACM Transactions on Graphics, 31(4): Article No.99

Zheng Y, Fu H, Au O K-C, et al. 2011. Bilateral normal filtering for mesh denoising. IEEE Transactions on Visualization and Computer Graphics, 17(10): 1521-1530

Zheng Y, Tai C. 2010. Mesh decomposition with cross-boundary brushes. Computer Graphics Forum, 29(2): 527-535

Zhou K, Huang J, Snyder J, et al. 2005. Large mesh deformation using the volumetric graph Laplacian. ACM Transactions on Graphics, 24(3): 496-503

Zhou K, Huang X, Wang X, et al. 2006. Mesh quilting for geometric texture synthesis. ACM Transactions on Graphics, 25(3): 690-697

Zorin D, Schröder P, DeRose T, et al. 2000. Subdivision for modeling and animation. ACM SIGGRAPH Courses Notes, New Orleans, Louisiana, USA

Zorin D, Schröder P, Sweldens W. 1997. Interactive multiresolution mesh editing. Proceedings of ACM SIGGRAPH 1997, Los Angeles, California, USA, 259-268

Zwicker M, Pauly M, Knoll O, et al. 2002. Pointshop 3d: An interactive system for point-based surface editing. ACM Transactions on Graphics, 21(3): 322-329

彩　图

(a) 原始模型

(b) 粗糙度估计

(c) 高斯曲率估计

图 2-2　Bimba 模型的粗糙度估计和高斯曲率估计

(a) 原始模型

(b) 噪声模型

(c) 噪声模型粗糙度估计

图 2-3　Bimba 噪声模型的粗糙度估计

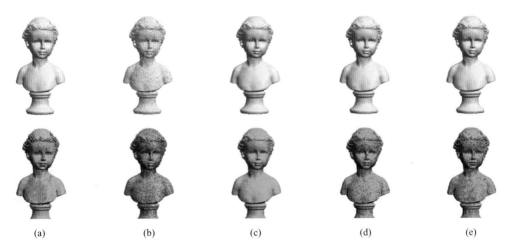
(a)　　　　　　　(b)　　　　　　　(c)　　　　　　　(d)　　　　　　　(e)

图 2-8　Bust 模型利用不同方法滤波下最佳效果的比较。(a) 原始模型；(b) 噪声模型；(c) 双边滤波方法 (Fleishman et al.，2003)；(d) 基于显著度的滤波方法 (Dutta et al.，2015)；(e) 本节方法

(a) 原始模型 U_0 (b) 第 1 次分层结果 U_1 (c) 第 1 层细节图 D_1 (d) 第 2 次分层结果 U_2 (e) 第 2 层细节图 D_2

图 2-9　Bust 模型的二次细节分层

(a) 原始模型

(b) 本节方法的显著性图

(c) (Lee et al.，2005) 显著性图

(d) (Liu et al.，2007) 显著性图

图 3-1　山体浮雕模型视觉显著性图

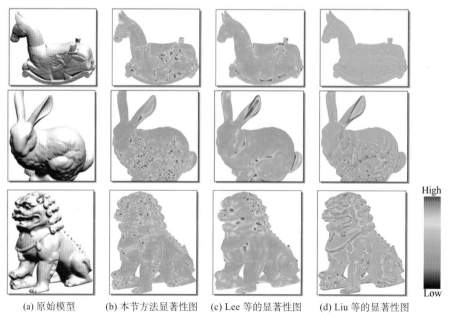

(a) 原始模型　(b) 本节方法显著性图　(c) Lee 等的显著性图　(d) Liu 等的显著性图

图 3-2　不同模型的视觉显著性图 (从上到下依次为模型 Horse，Stanford Bunny，Lion)

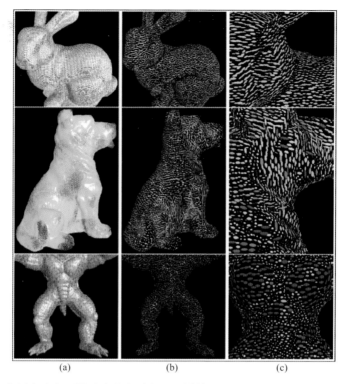

(a)	(b)	(c)

图 3-8　由采样点位置和法向属性决定的自适应重采样结果。(a) 原始点采样模型 ；(b) 在位置
信息欧氏空间域和法向信息特征空间域上执行 Meanshift 聚类操作的重采样结果，其中不同的
颜色反映了聚类的不同大小，粉红色表示相对较小的聚类，蓝色表示相对较大的聚类 ；
(c) 模型采样结果的局部放大图

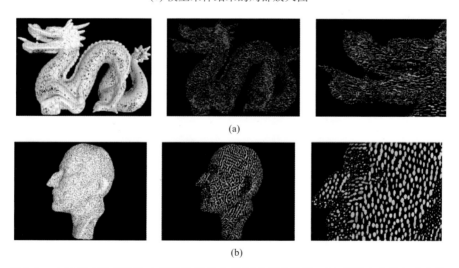

(a)

(b)

图 3-9　由采样点位置和法向属性决定的自适应重采样结果。(a) 采样点非均匀分布的
Dragon 模型的重采样结果 ；(b) 带有噪声的 Max-Planck 模型的重采样结果

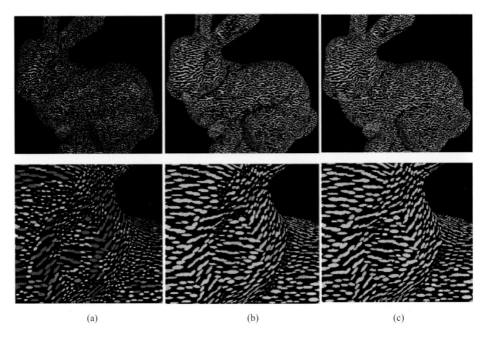

图 3-10　Meanshift 聚类阈值的不同选取对模型重采样结果的影响，其局部模式点聚类位置
变化和法向变化的权值分别取为 (0.2，0.8)。(a)，(b) 和 (c)：Meanshift 聚类阈值分别取
0.05，0.10 和 0.20 下的模型重采样结果，下一行是相应重采样结果的放大图

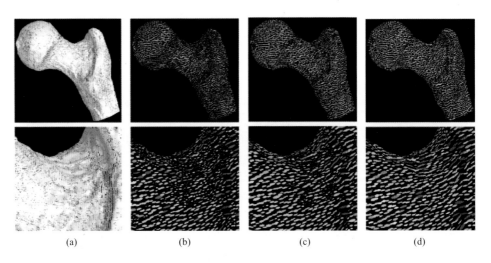

图 3-11　局部模式点聚类的位置变化权值和法向变化权值的不同选取对模型重采样结果的影响，
其中 Meanshift 聚类阈值取为 0.10。(a)Balljoint 模型的原始采样；(b)，(c)，(d) 为
局部模式点聚类的位置变化权值和法向变化权值分别取 (0.2，0.8)，(0.5，0.5) 和
(0.8，0.2) 下的模型重采样结果。下一行是相应重采样结果的放大图

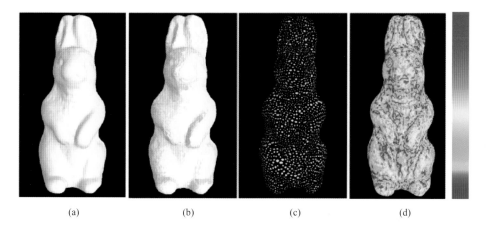

图 3-12　简化 Rabbit 模型的几何误差分析。(a) 和 (b)：Rabbit 模型的原始模型和简化模型；
(c) 局部模式点聚类的位置变化权值和法向变化权值取 (0.2，0.8) 下的模型重采样结果和简化
模型的几何误差分析，其中不同颜色反映了简化采样点处规范化几何误差的不同大小

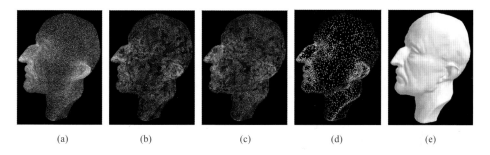

图 3-14　特征敏感的模型重采样流程。(a)Max Planck 模型的原始均匀采样；(b) 利用顶点
索引扩散过程的模型初始聚类；(c) 利用聚类的正则化和孤立点合并后的模型优化聚类；
(d)Max Planck 模型的特征敏感的重采样结果；(e) 简化模型的 Splatting 绘制结果

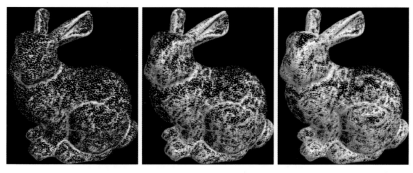

(a)

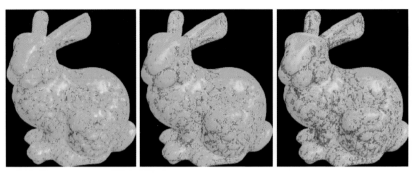

(b)

图 3-16 基于 Gauss 球的细分层次的不同选取对模型重采样结果的影响。(a) 在 Gaussian 球的
细分层次分别取 $n = 8$，16 和 24 下，Stanford Bunny 模型的不同重采样结果；(b) 在不同的
细分层次下简化模型的几何误差分析，其中不同颜色表示采样点处的不同规范化几何误差，
黄色表示较大的几何误差，蓝色表示较小的几何误差，而绿色介于其中

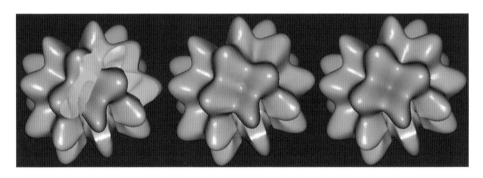

(a) 待修复拼接模型　　　(b) 利用本节方法进行修复拼接　　　(c) 未破损原始模型

图 4-5　Bumpy Torus 模型的修复拼接

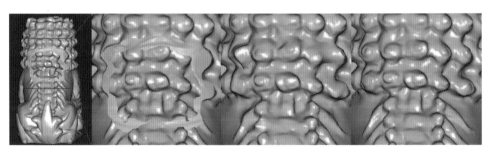

(a) 待修复拼接模型　　(b) 缺损区域局部放大　　(c) 利用本节方法进行修复拼接　　(d) 未破损原始模型

图 4-6　Chinese Lion 模型的修复拼接

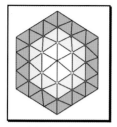 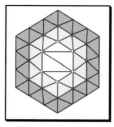 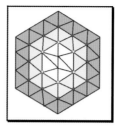

(a) 层内部边界为一个顶点　　　(b) 层内部边界为空集　　　(c) 层内部边界为退化折线

图 4-11　模型孔洞区域的层分解

(a) Bunny 模型　　(b) Davis 方法　　(c) Ju 方法　　(d) 本节方法无特征增强结果　(e) 本节方法

图 4-12　Bunny 模型修复及其平均曲率分布

图 5-5　Column 模型的平均曲率极值线和模型的感知显著性极值线提取 (第 1 行为平均
曲率分布及其极值线提取 ；第 2 行为感知显著性分布及其极值线提取)

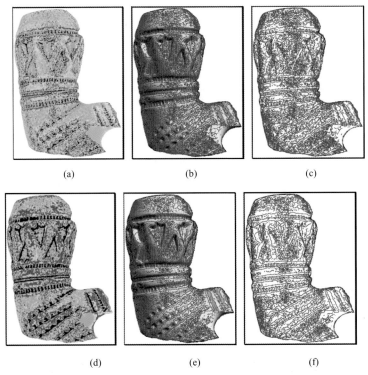

(a)   (b)   (c)

(d)   (e)   (f)

图 5-6   Ottoman Pipe 模型的平均曲率极值线和模型的感知显著性极值线提取 (第 1 行为平均曲率分布及其极值线提取；第 2 行为感知显著性分布及其极值线提取)

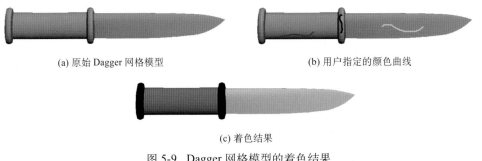

(a) 原始 Dagger 网格模型   (b) 用户指定的颜色曲线

(c) 着色结果

图 5-9   Dagger 网格模型的着色结果

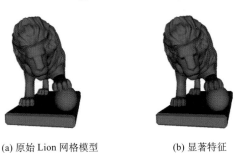

(a) 原始 Lion 网格模型   (b) 显著特征

图 5-10   显著特征的提取和分类

(a) 原始 Torch 网格模型　　　　　　(b) 着色结果

图 5-11　Torch 网格模型的着色结果

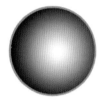  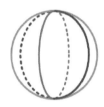 

(a) 边界轮廓线　　　　(b) 手绘线条　　　　(c) 线框图　　　　(d) 俯视图

图 6-12　用户描绘的手绘线条与物体的边界轮廓线

(a) 输入图　　　　(b) 花朵三维模型　　　　(c) 模型正视图　　　　(d) 模型侧视图

图 6-31　基于圆锥代理的花朵三维建模

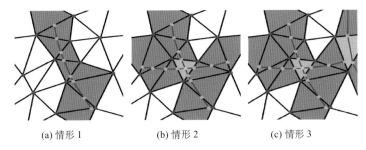

(a) 情形 1   (b) 情形 2   (c) 情形 3

图 7-3　手绘曲线经过的三角面片

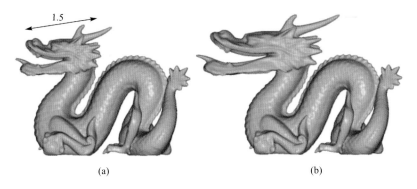

(a)   (b)

图 7-26　Dragon 模型的局部缩放结果。(a) 原始 Dragon 模型，黄色部分为 ROI 区域；
(b) 敏感度驱动的模型局部保特征缩放的结果